中等职业教育课程改革规划新教材
机械工业职业教育专家委员会审定

机 械 制 图

（少学时）

第 3 版

主　编　钱可强　王　瑶
副主编　姜尤德　周玉凯　朱祥根
参　编　唐　莉　张　伟　李建梅　张辽川
　　　　王　利　钟本安　杨　柳　尹　丹
　　　　付玉红　刘金果　陈　刚　张　沙
　　　　王洪军　余成辉
主　审　董国耀

机械工业出版社

本书是中等职业教育课程改革规划新教材，是根据教育部发布的《中等职业学校机械制图教学大纲》编写的。

本书主要内容包括制图基本知识、正投影法与三视图基础、组合体、图样画法、常用标准件及结构要素的表示法、零件图、装配图和专用图样 8 个单元。

为便于教学，本书配套有电子教案、多媒体课件、主要知识点的动画等教学资源，选择本书作为教材的教师可登录 www.cmpedu.com 网站，注册、免费下载。与本书配套的由钱可强、王瑶主编的《机械制图习题集（少学时）》第 3 版由机械工业出版社同时出版。

本书可作为中等职业学校工程技术类各专业的教材，也可作为企业人员培训的教材。

图书在版编目（CIP）数据

机械制图：少学时/钱可强，王瑶主编. —3 版. —北京：机械工业出版社，2023.3（2024.8 重印）

机械工业职业教育专家委员会审定　中等职业教育课程改革规划新教材

ISBN 978-7-111-72403-2

Ⅰ.①机… Ⅱ.①钱… ②王… Ⅲ.①机械制图-中等专业学校-教材 Ⅳ.①TH126

中国国家版本馆 CIP 数据核字（2023）第 070995 号

机械工业出版社（北京市百万庄大街 22 号　邮政编码 100037）
策划编辑：汪光灿　　　　　　　　　责任编辑：汪光灿
责任校对：潘　蕊　张　薇　　封面设计：马精明
责任印制：单爱军
北京虎彩文化传播有限公司印刷
2024 年 8 月第 3 版第 3 次印刷
184mm×260mm・13 印张・221 千字
标准书号：ISBN 978-7-111-72403-2
定价：39.80 元

电话服务　　　　　　　　　　网络服务
客服电话：010-88361066　　　机　工　官　网：www.cmpbook.com
　　　　　010-88379833　　　机　工　官　博：weibo.com/cmp1952
　　　　　010-68326294　　　金　书　网：www.golden-book.com
封底无防伪标均为盗版　　　　机工教育服务网：www.cmpedu.com

第3版前言

本书自 2016 年修订以来，已被众多中等职业技术学校、技工院校及岗位培训机构作为教材。"做中学、做中教""以例代理"的创新理念始终贯穿于教材之中，通过近几年的教学实践，反映良好。在这次修订的过程中，修订人员贯彻党的二十大精神和理念，以融入"知识学习、技能提升、立德树人"，让学生树立"科技兴国、科技强国、科技报国"的使命感为培养目标，对教材进行了认真的修订。本次修订仍保持第 2 版的课程体系不变，针对部分章节的内容做了适当的调整和补充，具体修订内容如下。

1. 将原第一单元第三节"尺规绘图"改为第一单元第一节"图样的基本规定"。

2. 在本书第一单元第三节"绘制复杂平面图形"中的"尺寸注法示例"增加了对称机件及圆球面的标注，同时增加了简化的尺寸标注内容。

3. 在本书第二单元"正投影法与三视图基础"中增加了一节"斜二轴测图画法"。

4. 在本书第五单元"常用标准件及结构要素的表示法"中增加了第四节"弹簧"的内容。

5. 依据 2020 年前颁布的《技术制图》《机械制图》以及与机械制图相关的现行国家标准，对有关的名词术语、标记、图例和数据等都做了相应的更新。对全书的文字叙述进行了优化、理顺和调整。

6. 附录增加了双头螺柱、弹簧垫圈、螺钉、销的国家标准内容。

7. 全书采用双色印刷，配套的多媒体课件、电子教案等教学资源齐全，微课、3D 动画、习题答案等均以二维码的形式呈现，把平面的、不易理解的知识点进行了立体化、信息化，给读者带来不一样的学习效果。其中的试题库内容，可供教师在测评学生的学业时选用。

本书由同济大学钱可强、成都市现代制造职业技术学校王瑶任主编，成都市现代制造职业技术学校姜尤德、周玉凯及成都市龙泉驿区教科院朱祥根任副主编。参加修订的人员还有成都市现代制造职业技术学校唐莉、张伟、李建梅、张辽川、王利，成都市工程职业技术学校钟本安、杨柳、尹丹、付玉红，成都市工业职业技术学院刘金果，中国五冶职工大学陈刚，四川机电高级技工学校张沙，成都市洞子口职业高级中学王洪军，成都核工业机电学校余成辉。

本书吸纳了具有在国有大型企业生产、管理第一线经验的高级工程师张辽川老师参与修订。他根据企业的实际需要，在制图标准、公差配合和视图的简化画法等方面，针对本书的修订，提出了许多宝贵意见。

本书由北京理工大学董国耀教授任主审，他在审阅中提出了很好的修改意见和建议，在此表示衷心的感谢。

在本书修订的过程中，参考了其他版本的同类教材以及专家学者的文献资料，在此向编著者表示衷心的感谢。

欢迎选用本书的师生提出宝贵意见和建议，以便今后修订时不断补充、完善，谢谢。

第2版前言

本书在第1版的基础上，以教育部《中等职业学校机械制图教学大纲》为依据，在广泛征求教学一线教师的意见和建议的基础上，经过全体编者的认真讨论修订而成。

本次修订的主要内容如下。

1) 在保持第1版结构体系不变的基础上，删除了第四单元的第五节"表达与识读剖视图"、第六单元的第六节"零件测绘"、第七单元第三节"常见装配结构"和第四节"读装配图和拆画零件图"中的"拆画零件图"内容，删除了第四单元第一节"视图"中的"课堂练习"，并增加了基本视图与其他视图相区别的"小知识"。

2) 在第1版的基础上重新修订了"第三角画法简介"，调整了第三单元第三节"标注组合体的尺寸"中的"组合体尺寸标注"的图例。

3) 将第四单元"图样画法"中的第五节"第三角画法简介"、第六单元"零件图"中的第三节"零件上常见工艺结构的画法"及第八单元"专用图样"列入了选修内容。

4) 对全书的图例与文字叙述做了优化，相关文字内容进行了修改、理顺和调整，可读性更强。

5) 采用了近年来新颁布的有关国家标准和相关内容。

6) 本书与《机械制图（多学时）》是"姊妹篇"，内容和图例大体一致，配套的电子教案、电子挂图、多媒体课件、习题答案、试题库等可共用。

7) 本书二维码视频资源建议在WiFi环境下使用，未经许可不得擅自他用。

本书参考课时和各单元课时分配与第1版一致，在教学过程中可适当调整。

本书第2版由同济大学钱可强、成都市现代制造职业技术学校姜尤德任主编，成都市现代制造职业技术学校王瑶、周玉凯，中国五冶职工大学张旭林，四川航天职业技术学院罗清任副主编，参与修订工作的还有成都市工业职业技术学院王调品，四川机电高级技工学校李建华、张沙，成都市工程职业技术学校钟本安、杨柳，成都市现代制造职业技术学校张伟、顾亮、韩钊、唐莉、李梅、赵燕、李建梅、李明春、刘穿峡、邹文韩，成都市洞子口职业高级中学王洪军，中国五冶职工大学黄宗慧，四川川化集团技工学校谢贤萍。

  本书由北京理工大学董国耀教授任主审，他在审阅中提出了很好的修改意见和建议，在此表示感谢。

  欢迎广大读者和选用本书及习题集的教师提出宝贵意见和建议，以便今后修订时进行补充、完善，谢谢！

第1版前言

本书是以教育部 2009 年发布的《中等职业学校机械制图教学大纲》为依据，针对中职学生的心理特点和认知规律，适应职业教育特色和教学模式需要而编写的。

本书以"简明实用"为编写宗旨，以"识图为主"为编写思路，采用"以例代理"的编写风格和"零装结合"的编写体系，努力做到：基本理论以应用为目的，以必需和够用为度；对于后续课程要讲授的基本知识，如技术要求、合理标注尺寸等内容，采取广而不深、点到为止的叙述方法；基本技能不以狭义理解为绘图基本功，而以培养识图能力为重点，并贯穿始终。

机械制图是中等职业学校工程技术类各专业必修的一门基础课程，本课程的目的是培养学生掌握正确识读和表达机械图样的能力，为其今后职业生涯的发展奠定基础。为此，本书力求体现以下特点：

1. 通俗易懂、图文并茂

本书文字叙述简明扼要，深入浅出，贴近中职学生的年龄特征。对于一些绘图时易犯的错误，列出正误对比图例；对比较复杂的形体采用分解图示的方式，并附加立体图帮助理解；通过举例阐明概念，将基础理论融入大量实例中。多年的教学实践证明，这种"以例代理"的编写风格对于中等职业教育是恰当而有效的。

2. 淡化理论、简明实用

画法几何是本课程的理论基础，也是中职学生学习本课程的障碍。本书尝试舍弃如点、直线、平面的投影作图等并无实用价值的内容，将投影理论与图示应用相结合，强化工程素质教育，以培养技能为教学重点。

3. 精讲多练、师生互动

"做中学、做中教"是职业教育的创新理念。本书尝试将基本概念融入大量实例之中，每节后面都安排课堂练习，使学生在教师的启发引导下，以课堂练习的形式，边听边练，边做边学，由一个知识点扩大思维空间，培养举一反三、多向思维的能力和自主学习的习惯。

4. 贴近生活、激发兴趣

本书将生活实例适当地融入制图教学。例如，在第一单元叙述多边形作图方法以后，让学生观察足球是由哪些多边形拼接而成，在习题中布置一道"多功能扳手"的设计作业，学生会兴趣盎然，从而激发学习本课程的浓厚兴趣。

本书是在钱可强主编的中等职业教育课程改革国家规划新教材《机械制图（多学时）》的基础上，经过全体编者认真思考、反复讨论后，进行必要的删减和补充编写而成。"多学时"和"少学时"两套教材堪称"姊妹篇"，多数内容和图例一致，并且配套的电子教案、电子挂图、多媒体课件也都通用。同一学校的不同专业可按需选用，教师在执教过程中既可减少备课工作量，又有利于学校的教学管理。

本书的内容包括制图基本知识与技能等八个单元，其中第八单元为专用图样（焊接图、展开图、管路图），适用于资源环境、轻纺食品、石油化工、交通运输等工程技术类相关专业。参考课时数为72学时+（0.5～1）教学专用周。

各单元参考课时见下表：

教学内容	建议课时	教学内容	建议课时
绪论	1	常用标准件及结构要素的表示法	6
制图基本知识与技能	5	零件图的表达与识读	14
正投影作图基础	10	装配图的表达与识读	8
组合体	12	专用图样（选学）	6
图样画法	10	合计 72学时+（0.5～1）周	

本书由同济大学钱可强和新都职业技术学校姜尤德任主编。参加编写的有江山职业中等专业学校周达飞、长兴职教中心金建生、宁海县教研室陈玲、成都工业职业技术学院王调品、惠山职教中心陆浩刚、安徽省汽车工业学校郝结来、石家庄市机械技工学校柳海强、平湖职业中专龚跃明、成都市技师学院徐健、绵阳师范学院姜莹莹。本书由北京理工大学董国耀教授任主审。董教授在审阅过程中提出了很好的修改意见和建议，在此表示衷心感谢。

欢迎选用本书的师生和广大读者提出宝贵意见，以便下次修订时调整与改进，谢谢。

二维码索引

序号与名称	图形	页码	序号与名称	图形	页码
0-02 投影的方法和分类		3	1-20 扳手的画图步骤		26
0-04 多面正投影图		4	2-01 正投影法		28
1-06 图板和丁字尺的应用		11	2-04 三视图的形成		30
1-07 用三角板和丁字尺画垂直线		12	2-05 三视图的展开		31
1-08 用三角板画常用角度倾斜线		12	2-14 平面切割六棱柱		42
表 1-4（三六等分）圆周的三等分和六等分画法		13	2-25 坐标法画正等轴测图		49
表 1-4（五等分）五等分圆周		13	2-26 切割法画正等轴测图		50
1-10 平面图形		14	2-28 圆柱的正等测画法		51

（续）

序号与名称	图形	页码	序号与名称	图形	页码
3-14 组合体的尺寸标注示例		71	4-17 几个平行的剖切平面		94
3-19 用形体分析法读图		75	4-19 两个相交剖切面		95
3-22 面形分析		78	4-24 重合断面图画法		99
3-24 读图过程的线、面分析		79	4-28 肋、孔等结构的简化画法		102
4-06 压紧杆斜视图的形成		85	4-31 八个分角		103
4-07 压紧杆的两种表达方案		86	5-04 螺栓连接的简化画法		114
4-08 剖视图的形成		87	5-05 螺柱连接的简化画法		115
4-09 画剖视图的方法与步骤		88	5-09 单个圆柱齿轮的画法		119
4-10 半剖视图		90	5-11 圆柱齿轮的啮合画法		120
4-11 局部剖视图		90	6-01 球阀零件分解		128
4-16 单一剖切面		93	6-03 轴承座零件分析		129

(续)

序号与名称	图形	页码	序号与名称	图形	页码
6-09 轴承座的尺寸标注		132	6-28 阀体的绘制		151
6-20 配合的概念		143	7-02 装配图的规定画法和简化画法		158
6-26 阀杆的绘制		149	7-03 推杆阀装配图		159
6-27 阀盖的绘制		150			

目 录

第3版前言
第2版前言
第1版前言
二维码索引
绪论 ·· 1
第一单元　制图基本知识 ················ 6
　第一节　图样的基本规定 ·············· 6
　第二节　绘制简单平面图形 ·········· 11
　第三节　绘制复杂平面图形 ·········· 15
第二单元　正投影法与三视图基础 ·· 28
　第一节　正投影法的基本概念 ······ 28
　第二节　基本形体的三视图 ·········· 36
　第三节　平面切割立体 ·················· 39
　第四节　正等轴测图画法 ·············· 46
　第五节　斜二轴测图画法 ·············· 54
　第六节　轴测草图画法 ·················· 56
第三单元　组合体 ···························· 60
　第一节　组合体的组合形式 ·········· 60
　第二节　画组合体的方法和步骤 ·· 64
　第三节　标注组合体的尺寸 ·········· 68
　第四节　识读组合体视图 ·············· 73
第四单元　图样画法 ························ 81
　第一节　视图 ································ 81
　第二节　剖视图 ···························· 86
　第三节　断面图 ···························· 97
　第四节　局部放大图和简化画法 ·· 100
　*第五节　第三角画法简介 ·········· 103
**第五单元　常用标准件及结构要素的
　　　　　　表示法** ······················ 107
　第一节　螺纹和螺纹紧固件 ·········· 107
　第二节　直齿圆柱齿轮 ·················· 117
　第三节　键、销连接与滚动轴承 ·· 121
　第四节　弹簧 ································ 124
第六单元　零件图 ···························· 127
　第一节　零件表达方案的确定 ······ 127
　第二节　零件图的尺寸标注 ·········· 132
　*第三节　零件上常见工艺结构的画法 ······ 136
　第四节　机械图样中的技术要求 ·· 138
　第五节　读零件图 ························ 147
第七单元　装配图 ···························· 154
　第一节　装配图概述 ···················· 154
　第二节　装配图的画法 ················ 157
　第三节　读装配图 ························ 158
第八单元　专用图样 ························ 161
　第一节　焊接图 ···························· 161
　第二节　展开图 ···························· 166
　第三节　管路图 ···························· 176
附录 ·· 182
　附录A　螺纹 ·································· 182
　附录B　螺栓 ·································· 182
　附录C　螺柱 ·································· 183
　附录D　螺母 ·································· 184
　附录E　垫圈 ·································· 185
　附录F　螺钉 ·································· 187
　附录G　销 ······································ 189
　附录H　键 ······································ 190
　附录I　公差 ···································· 191
参考文献 ·· 194

绪 论

一、图样的内容和作用

在现代工业生产中，无论是设计制造机床、车辆、船舶、机械设备、化工设备、各种仪表还是电子仪器等，都离不开图样。我们知道，任何机器都是由许多零件和部件组合而成的。从图0-1中可看到，齿轮泵是汽车中的一个部件，而齿轮

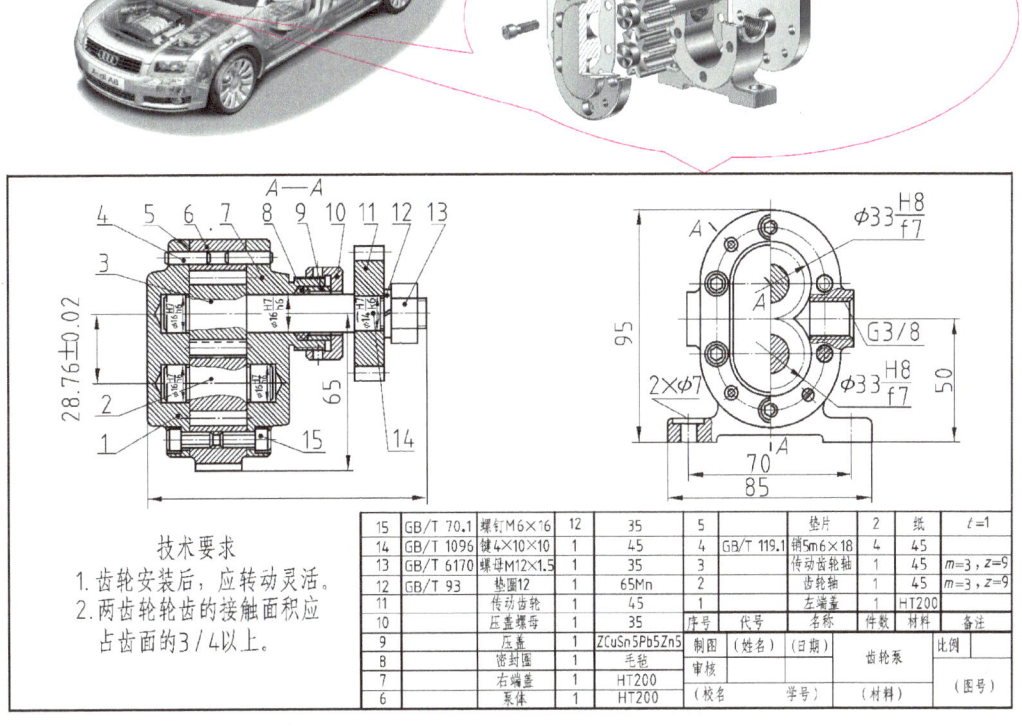

图0-1　汽车齿轮泵

泵又由若干零件所组成。在设计汽车时，要画出它的总装图、部件装配图和零件图；在制造汽车时，要根据零件图加工零件，然后按装配图把零件装配成部件，再和其他零件或部件按总装图装配成汽车。由此可见，图样是工业生产中的重要技术文件。

根据投影原理、国家标准或有关规定表示的工程对象，并配有必要技术说明的"图"称为图样。工程图样是现代工业生产不可缺少的依据。设计者通过图样表达设计意图；制造者通过图样了解设计要求、组织制造和指导生产；使用者通过图样了解机器设备的结构和性能，进行操作、维修和保养。因此，图样是传递、交流技术信息及思想的媒介和工具，是工程界通用的技术语言。

机械制图主要是应用投影原理来研究表达机器的部件或零件的图示方法。一张生产图样，不仅要表达零件的结构形状和尺寸，还要注写各种技术要求，因此，它涉及的知识比较广。本课程学习的基本内容，主要是用图形来表达零件或根据已经画好的图样来想象零件的形状。而对于按工艺要求合理标注尺寸和技术要求的内容等，本书只做适当介绍，具体内容有待学习其他课程和在今后工作中进一步掌握。

本课程研究的图样主要是机械图样。本课程是学习识读和绘制机械图样的原理及方法的一门主干技术基础课。通过本课程的学习，可为学习后续的机械基础和专业课程以及发展自身的职业能力奠定基础。

二、投影的方法和分类

物体在光线照射下，会在地面或墙面上产生影子。人们根据这种自然现象加以抽象研究，总结其中规律，创造了投影法。投影法是根据投射线通过物体，向选定的面投射，并在该面上得到图形的方法。

工程上常用的投影法分为两类，即中心投影法和平行投影法。

1. 中心投影法

如图 0-2a 所示，点 S 为投射中心，SA、SB、SC 为投射线，平面 P 为投影面。延长 SA、SB、SC 与投影面 P 相交，交点 a、b、c 即为三角形顶点 A、B、C 在 P 面上的投影。由于投射线都由投射中心出发，所以称这种投影法为中心投影法。在日常生活中，照相、放映电影等均为中心投影法的实例。

2. 平行投影法

当投射中心位于无限远处，所有投射线互相平行，这种投影法称为平行投影法。在平行投影法中，S 表示投射方向。根据投射线与投影面倾斜或垂直，平行投影法又分为斜投影法和正投影法两种。

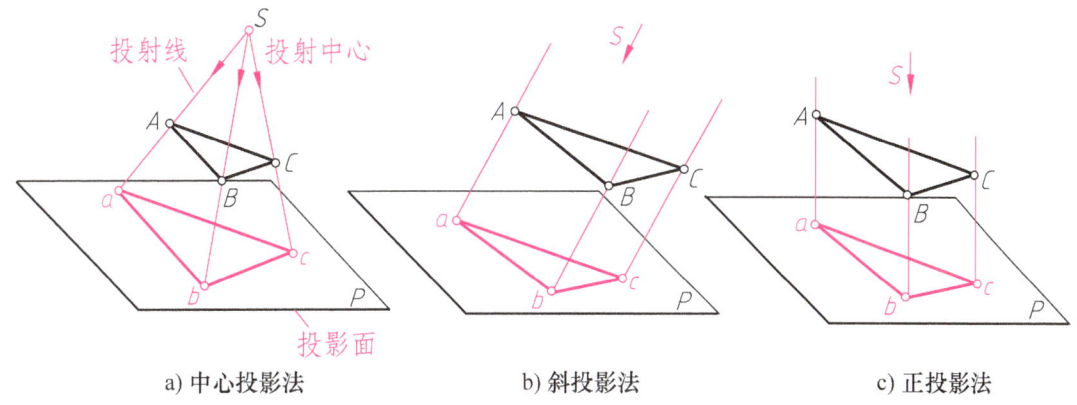

a) 中心投影法　　　　　b) 斜投影法　　　　　c) 正投影法

图 0-2　中心投影法和平行投影法

1）斜投影法：投射线与投影面相倾斜的平行投影法，如图 0-2b 所示。

2）正投影法：投射线与投影面相垂直的平行投影法，如图 0-2c 所示。

三、工程上常用的投影图

1. 透视图

用中心投影法将物体投射到单一投影面上所得到的图形称为透视图。由于透视图与人的视觉相符，能体现近大远小的效果，所以形象逼真，具有丰富的立体感。但作图比较麻烦，且度量性差，因此常用于建筑效果图。

2. 轴测图

将物体正放用斜投影法画出的图或将物体斜放用正投影法画出的、可同时表达三个侧面的图称为轴测图。如图 0-3 所示的千斤顶轴测图，具有很强的直观性，所以在工程上特别是机械图样中得到广泛应用。

3. 多面正投影图

通过正投影法得到的图形称为正投影图，如图 0-4a 所示。

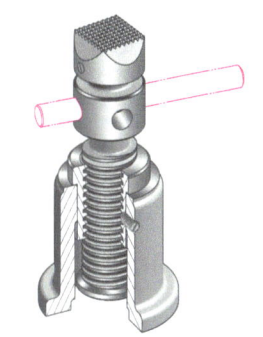

图 0-3　千斤顶轴测图

用正投影法将物体分别投射到互相垂直的几个投影面（如图 0-4b 所示的正面 V、水平面 H 和侧面 W）上得到三个投影（然后将 H、W 面旋转到与 V 面同一平面上，如图 0-4c 所示）。这种用一组投影表达物体形状的图称为多面正投影图。

正投影图直观性不强，但它能正确反映物体的形状和大小，且作图方便，度量性好，所以在工程上应用最广。

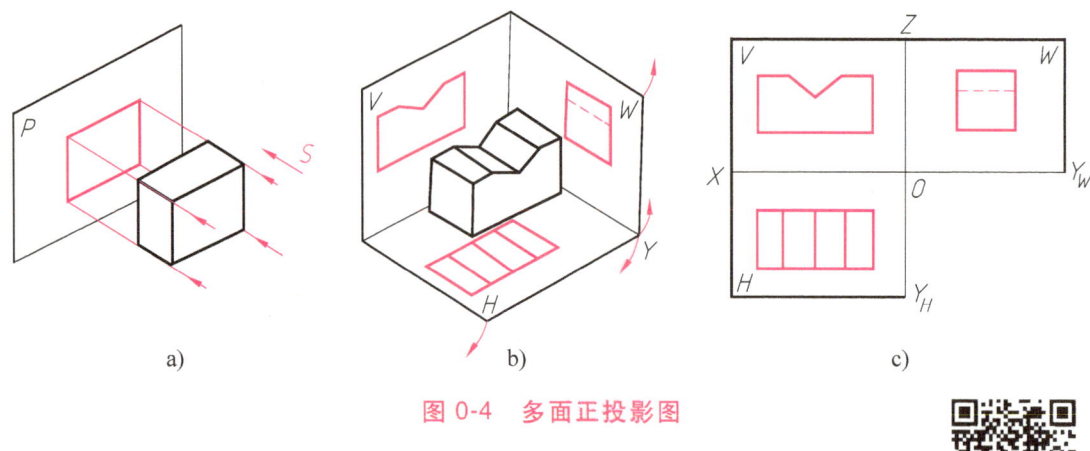

图 0-4 多面正投影图

四、本课程的主要内容和基本要求

本课程的主要内容包括制图基本知识、正投影法与三视图基础、组合体、图样画法、常用标准件及结构要素的表示法、零件图、装配图及专用图样。

学完本课程应达到以下基本要求。

1)通过学习制图基本知识,应了解和熟悉国家标准《机械制图》的基本规定,学会正确使用绘图工具和仪器,初步掌握绘图基本技能。

2)正投影法基本原理是识读和绘制机械图样的理论基础,是本课程的核心内容。通过学习正投影法与三视图基础,应掌握运用正投影法表达空间形体的图示方法,并具备一定的空间想象和思维能力。

3)机械图样的表示法包括图样的基本表示法和常用机件及标准结构要素的特殊表示法。熟练掌握并正确运用各种表示法是识读和绘制机械图样的重要基础。

4)机械图样的表达与识读是本课程的主干内容,也是学习本课程的最终目的。通过学习应了解各种技术要求的符号、代号和标记的含义,具备表达和识读中等复杂程度零件图和装配图的基本能力。

五、学习方法提示

1. 由物画图、由图想物

本课程是一门具有较强实践性的技术基础课,其核心内容是学习如何用二维平面来表达三维空间形体,以及由二维平面图形想象三维空间物体的形状。因此,学习本课程的重要方法是自始至终把物体的投影与物体的空间形状紧密联系,不断地由物画图和由图想物,既要想象构思物体的形状,又要思考作图的投影规律,使固有的三维形态思维提升到形象思维和抽象思维相融合的境界，逐步提高空间想象和思维能力。

2. 学与练相结合

每堂课后，只有认真完成相应的习题或作业，才能使所学知识得到巩固。虽然本课程的教学目标是以识图为主，但是，读图源于画图，所以要读画结合，通过画图训练来促进读图能力的培养。

3. 执行国标

工程图样不仅是我国工程界的技术语言，也是国际通用的工程技术语言。不同国家、不同语言的工程技术人员都能看懂。工程图样之所以具有这种性质，是因为它是按国际上共同遵守的若干规则绘制的。这些规则可归纳为两个方面，一方面是规律性的投影作图，另一方面是规范性的制图标准。学习本课程时，应同时遵循这两方面的规律和规定，不仅要熟练地掌握空间形体与平面图形的对应关系，具备丰富的空间想象力以及识读和绘制图样的基本能力，还要了解并熟悉《机械制图》等国家标准的相关内容，并严格遵守。

第一单元

制图基本知识

工程图样是现代工业生产中的重要技术资料，也是工程界交流技术信息的共同语言，具有严格的规范性。掌握制图基本知识与技能，是画图和读图能力的基础。本单元将着重介绍国家标准《机械制图》中的有关规定，并简要介绍绘图工具的使用以及平面图形的画法。

第一节 图样的基本规定

本节简要介绍图纸幅面和格式、比例、字体、图线等国家标准有关规定。

一、图纸幅面和格式（GB/T 14689—2008 ⊖）

1. 图纸幅面

图纸幅面是指由图纸宽度与长度组成的图面。

为了使图纸幅面统一，便于装订和管理，并符合缩微复制原件的要求，绘制技术图样时应按以下规定选用图纸幅面。

1）应优先采用表1-1中规定的图纸基本幅面（表中符号 B、L、e、c、a 如图1-2所示）。基本幅面共有5种，其尺寸关系如图1-1所示。

2）必要时允许选用加长幅面，其尺寸必须由基本幅面的短边成整数倍增加后得出。

2. 图框格式

图纸上限定绘图区域的线框称为图框。

⊖ 《标准化法》规定，国家标准分为强制性标准和推荐性标准。"G""B""T"分别为"国家""标准""推荐"汉语拼音第一个字母。14689为标准顺序号，2008是年号。

表 1-1　图纸幅面及图框尺寸　　　　　　　　　　（单位：mm）

幅面代号	B×L	e	c	a
A0	841×1189	20	10	25
A1	594×841	20	10	25
A2	420×594	20	10	25
A3	297×420	10	5	25
A4	210×297	10	5	25

1）在图纸上必须用粗实线画出图框，其格式分为留装订边（图 1-2a）和不留装订边（图 1-2b）两种。

2）同一产品图样只能采用一种格式。

3. 对中符号和方向符号

为了使图样复制时定位方便，应在图纸各边长的中点处分别画出对中符号（粗实线）。如果使用预先印制的图纸，需要改变标题栏的方位时，必须将其旋转至图纸的右上角。此时，为了明确绘图与看图的方向，应在图纸的下边对中符号处画出方向符号（图 1-2c）。

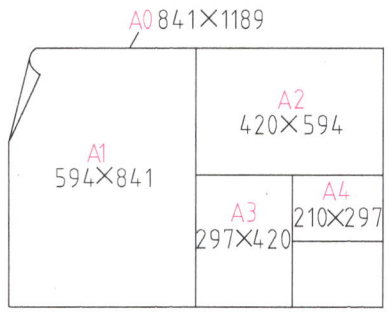

图 1-1　基本幅面的尺寸关系

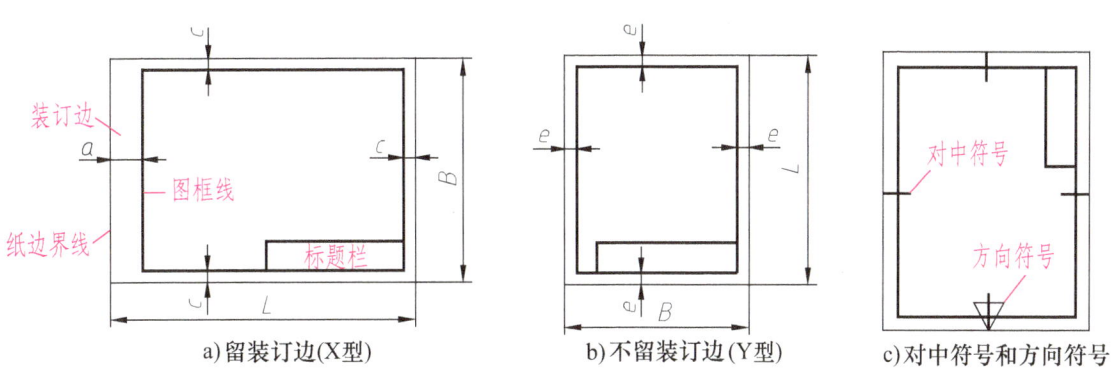

a) 留装订边(X型)　　b) 不留装订边(Y型)　　c) 对中符号和方向符号

图 1-2　图框格式和看图方向

4. 标题栏

国家标准（GB/T 10609.1—2008）对标题栏的内容、格式及尺寸做了统一规定（图 1-3a）。本书在制图作业中建议采用图 1-3b 所示的格式。

二、比例（GB/T 14690—1993）

比例是指图样中图形的线性尺寸与其实物相应要素的线性尺寸的比。绘图时，

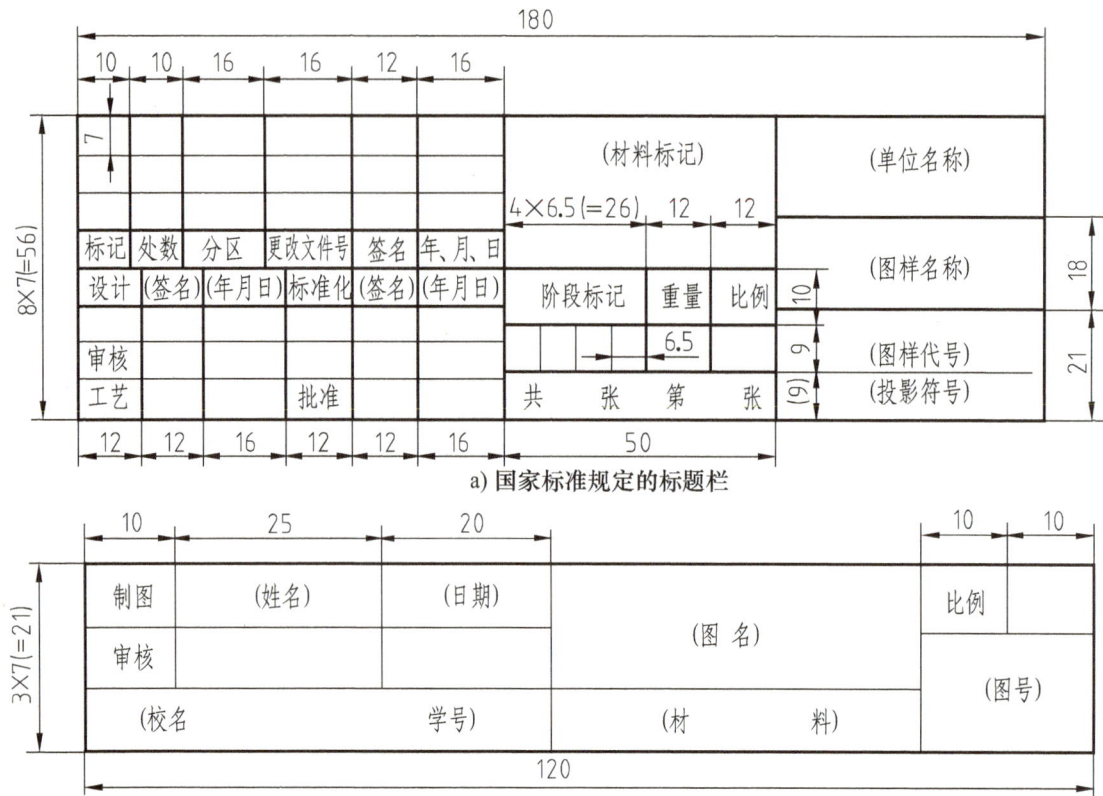

图 1-3 标题栏

常用的比例见表 1-2。

表 1-2 常用的比例

种 类	比 例
原值比例	1∶1
放大比例	2∶1 2.5∶1 4∶1 5∶1 10∶1
缩小比例	1∶1.5 1∶2 1∶2.5 1∶3 1∶4 1∶5

三、字体（GB/T 14691—1993）

图样中书写的汉字、数字和字母，必须做到：字体工整、笔画清楚、间隔均匀、排列整齐。字体的号数即字体的高度 h 分为八种，即 20、14、10、7、5、3.5、2.5、1.8（单位：mm）。

汉字应写成长仿宋体，并采用国家正式公布的简化字。汉字的高度不应小于 3.5mm，其宽度一般为字高 h 的 $1/\sqrt{2}$。

数字和字母分为 A 型和 B 型。A 型字体的笔画宽度 d 为字高 h 的 1/14；B 型字体的笔画宽度 d 为字高 h 的 1/10。数字和字母可写成直体或斜体（常用斜体），斜体字字头向右倾斜，与水平基准线约成 75°。

字体示例：

汉字　10 号字

字体工整笔画清楚间隔均匀排列整齐

7 号字

横平竖直　注意起落　结构均匀　填满方格

5 号字

图术制图机械电子汽车船舶土木建筑矿山井港口纺织服装

3.5 号字

螺纹齿轮端子接线飞行指导驾驶舱位挖填施工引水通风闸阀坝棉麻化纤

阿拉伯数字　*0123456789*

大写拉丁字母　*ABCDEFGHIJKLMNO PQRSTUVWXYZ*

小写拉丁字母　*abcdefghijklmnopq rstuvwxyz*

罗马数字　*I II III IV V VI VII VIII IX X*

四、图线（GB/T 4457.4—2002）

1. 图线的型式及应用

绘图时应采用国家标准规定的图线型式和画法。GB/T 17450—1998《技术制图 图线》规定了绘制各种技术图样的 15 种基本线型。根据基本线型及其变形，机械图样中规定了 9 种图线，其名称、型式、宽度及应用见表 1-3。

表 1-3 图线的名称、型式、宽度及应用（摘自 GB/T 4457.4—2002）

图线名称	图线型式	图线宽度	一般应用举例
粗实线	———————	粗（d）	可见轮廓线
细实线	———————	细（$d/2$）	尺寸线及尺寸界线、剖面线、重合断面的轮廓线、过渡线、指引线、基准线
细虚线	- - - - - - -	细（$d/2$）	不可见轮廓线
细点画线	— · — · — · —	细（$d/2$）	轴线、对称中心线
粗点画线	— · — · — · —	粗（d）	限定范围的表示线
细双点画线	— ·· — ·· — ·· —	细（$d/2$）	相邻辅助零件的轮廓线、轨迹线、可动零件的极限位置的轮廓线、中断线
波浪线	～～～～	细（$d/2$）	断裂处的边界线、视图与剖视图的分界线
双折线	—⌐—⌐—	细（$d/2$）	断裂处的边界线、视图与剖视图的分界线
粗虚线	- - - - - - -	粗（d）	允许表面处理的表示线

2. 图线宽度

机械图样中采用粗细两种图线宽度，它们的比例关系为 2∶1。图线宽度（d）应按图样的类型和尺寸大小，在下列数系中选取：0.13、0.18、0.25、0.35、0.5、0.7、1.0、1.4、2（单位：mm）。粗线宽度通常采用 $d=0.5$mm 或 0.7mm。为了保证图样清晰、便于复制，图样上尽量避免出现线宽小于 0.18mm 的图线。

3. 图线的画法

1）在同一图样中，同类图线的宽度应一致，虚线、点画线、双点画线的画线长度和间隔应大致相同。

2）画圆的中心线时，圆心应是长画的交点，细点画线的两端应超出圆外

3mm 左右（图 1-4a）；当圆的图形较小（如圆的直径小于 8mm）时，可用细实线代替细点画线（图 1-4b）。

3）图线相交时，都应以画相交，而不应在点或间隔处相交；当细虚线为粗实线的延长线时，虚、实线之间应留空隙（图 1-5）。

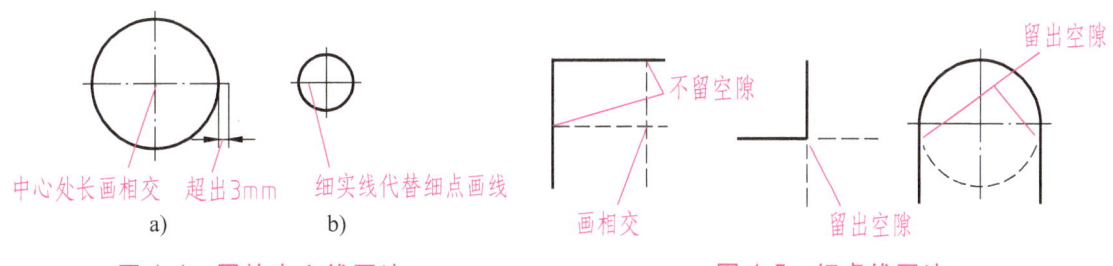

图 1-4 圆的中心线画法　　　　图 1-5 细虚线画法

第二节　绘制简单平面图形

通过绘制简单平面图形，学会使用绘图工具作图，掌握等分圆周及作正多边形的方法，了解图样中各种线型规格，从而具备绘图的初步能力。

一、尺规绘图工具和仪器的用法

1. 图板和丁字尺

画图时，先将图纸用胶带纸固定在图板上，丁字尺头部靠紧图板左边。画线时，铅笔垂直纸面向右倾斜约 30°（图 1-6a）。丁字尺上下移动到画线位置，自左向右画水平线（图 1-6b）。

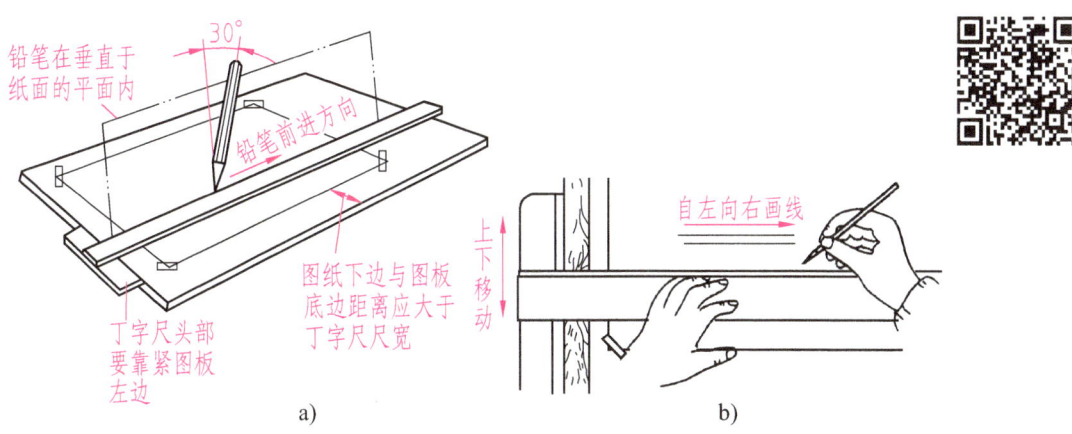

图 1-6 图板和丁字尺

2. 三角板

一副三角板由 45°和 30°（60°）两块直角三角板组成。三角板与丁字尺配合使用可画垂直线（图 1-7），还可画出与水平线成 45°、60°、30°以及 75°、15°的倾斜线（图 1-8）。

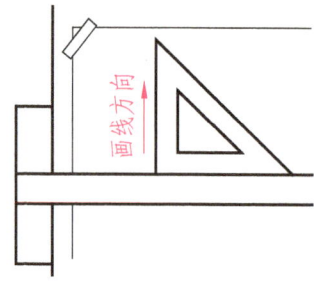

图 1-7　用三角板和丁字尺画垂直线

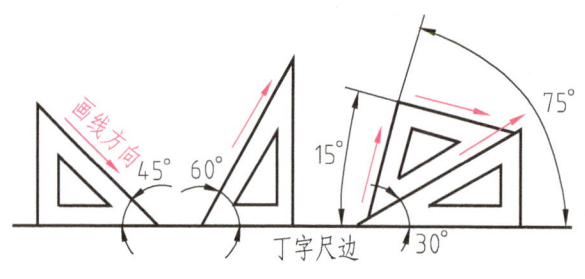

图 1-8　用三角板画常用角度斜线

3. 圆规

圆规用来画圆和圆弧。画圆时，圆规的钢针应使用有台阶的一端，以避免图纸上的针孔不断扩大，并使笔尖与纸面垂直。圆规的使用方法如图 1-9 所示。

4. 铅笔

绘图铅笔用"B"和"H"代表铅芯的软硬程度。"B"表示软性铅笔，B 前面的数字越大，表

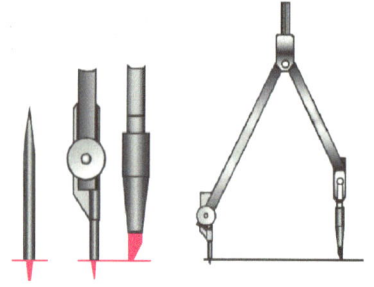

图 1-9　圆规的使用方法

示铅芯越软（颜色越黑）；"H"表示硬性铅笔，H 前面的数字越大，表示铅芯越硬（颜色越淡）。"HB"表示铅芯软硬适中。画粗线常用 B 或 HB，画细线常用 H 或 2H，写字常用 HB 或 H。画底稿时，建议用 2H 铅笔。画圆或圆弧时，圆规插脚中的铅芯应比画直线的铅芯软 1~2 档。

除了上述工具外，绘图时还要备有削铅笔的小刀、磨铅芯的砂纸、橡皮擦以及固定图纸的胶带纸等。

二、等分圆周作正多边形

机件轮廓形状虽各有不同，但都是由各种基本几何图形组成的，所以绘制平

面图形前应掌握常见几何图形的画法。表 1-4 列出了常见的圆周等分以及正多边形的作图方法和步骤。

表 1-4 常见的圆周等分以及正多边形的作图方法和步骤

项目	作图方法和步骤
圆周四、八等分	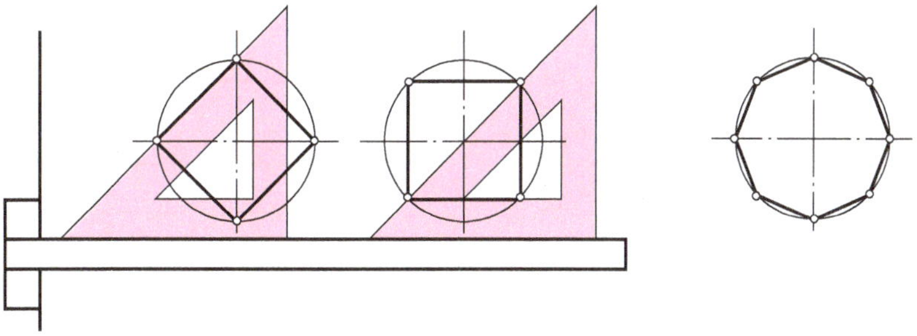 用 45°三角板和丁字尺配合作图,可直接作出圆周的四、八等分,并作出正四边形和正八边形
圆周三、六等分	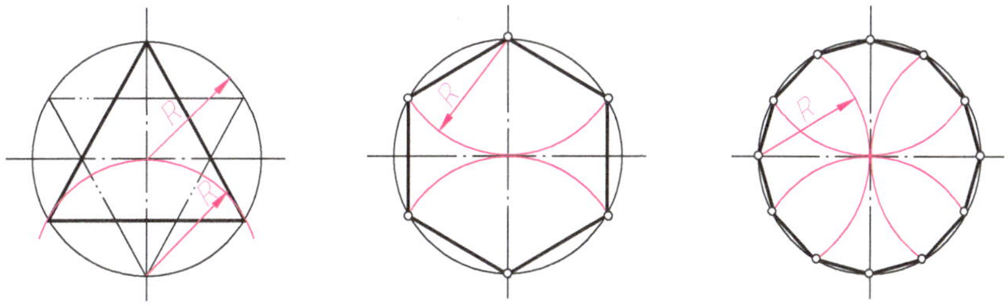 用圆规作出圆周的三、六等分,并作出正三角形、正六边形和正十二边形
	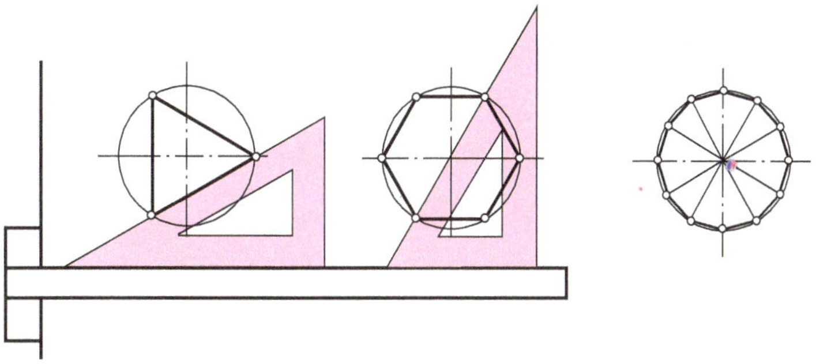 用 30°(60°)三角板和丁字尺配合作图,可作出更多的正多边形
圆周五等分	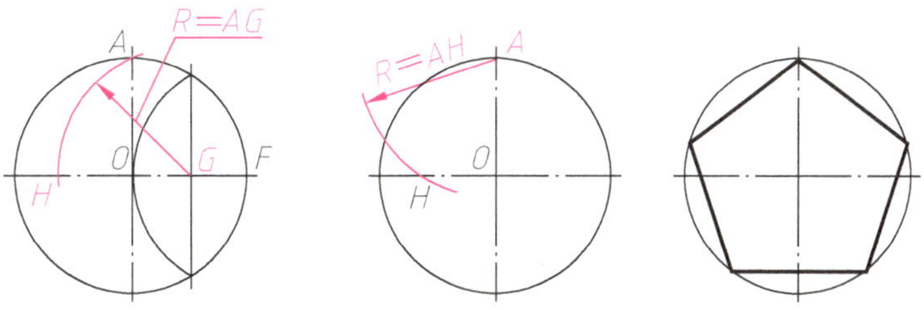 1)作半径 OF 的等分点 G,以 G 为圆心,AG 为半径画圆弧交水平直径线于点 H 2)以 AH 为半径,分圆周为五等份,顺序连接各等分点即作出正五边形

三、简单平面图形绘图举例

【例 1-1】 抄绘图 1-10 所示的平面图形（大小从图形中直接量取）。

作图

先画出水平和垂直的两条中心线，再按给出的尺寸画出大小两个矩形，然后定出四角小圆的圆心，最后画出小圆和圆弧。

平面图形作图步骤如图 1-11 所示。

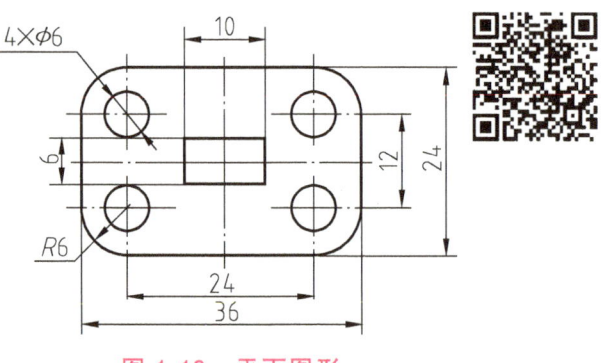

图 1-10 平面图形

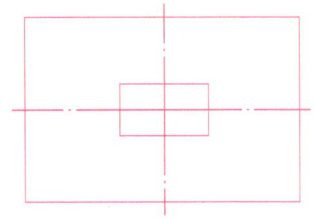 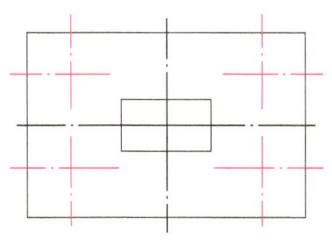 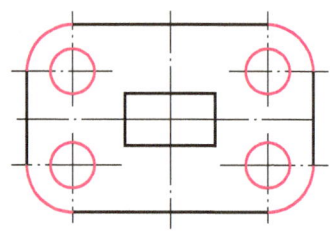

图 1-11 平面图形作图步骤

课堂讨论与练习

1. 几个正三角形可以拼成一个正六边形？蜂巢的造型由哪个多边形构成？仔细观察足球由哪些多边形组合而成。

2. 参考左图在右图中作五角星（放大一倍）。

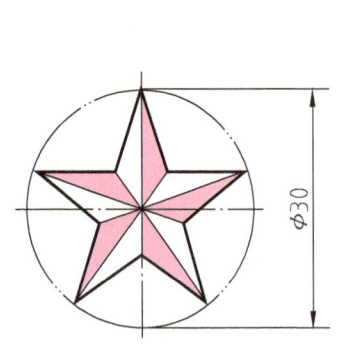 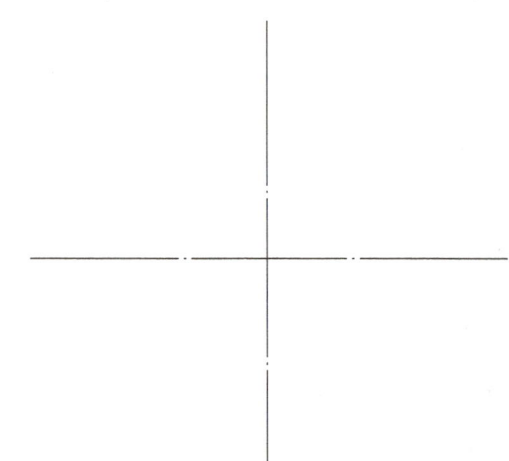

> 小技巧

铅笔应从没有标号的一端开始削起，木杆削去 25～30mm，铅芯外露约 8mm。用于画底稿线、细线和写字的铅笔，其铅芯宜磨成圆锥形，如图 1-12a 所示；用于画粗线的铅笔，其铅芯建议磨成宽度 d 接近粗线宽度的扁四棱柱形，如图 1-12b 所示；修磨铅芯，可在砂纸上进行，如图 1-12c 所示。如果采用自动铅笔绘图，应备有 0.3mm（画细线）和 0.5mm（画粗线及写字）两种铅芯。

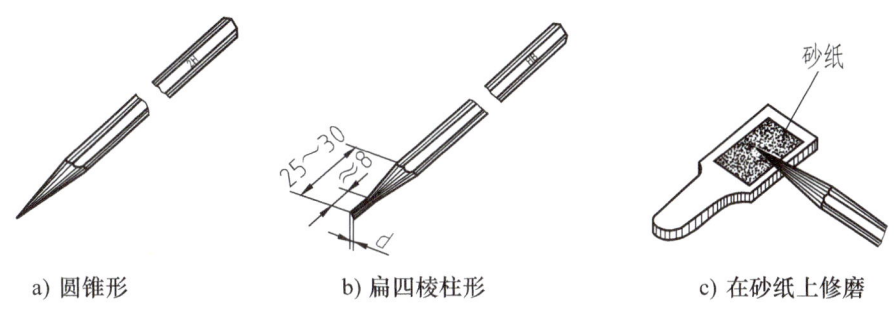

a) 圆锥形　　　b) 扁四棱柱形　　　c) 在砂纸上修磨

图 1-12　削铅笔和磨铅芯

第三节　绘制复杂平面图形

如图 1-13 所示，连杆和扳手等机件（轮廓形状）的平面图形通常由若干线段（直线或圆弧）连接而成，图形比较复杂。作图前应对图形中的线段和尺寸进行必要的分析。通过绘制这些机件的平面图形，学会各种圆弧连接的作图方法，了解标注尺寸的规则和方法。

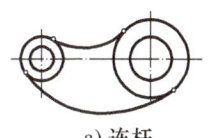 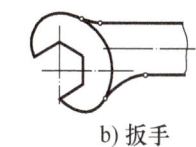

a) 连杆　　　b) 扳手

图 1-13　连杆和扳手

一、圆弧连接

用一段圆弧光滑地连接相邻两已知线段（直线或圆弧）的作图方法称为圆弧连接。例如，在图 1-14 中，用 $R16$mm 圆弧连接两直线，用 $R12$mm 圆弧连接一直线和一圆弧，用 $R35$mm 圆弧连接两圆弧等。要保证圆弧连接光滑，作图时必须先求作连接圆弧的圆心以及连接圆弧与已知线段的切点，以保证线段与线段在连接处相切。

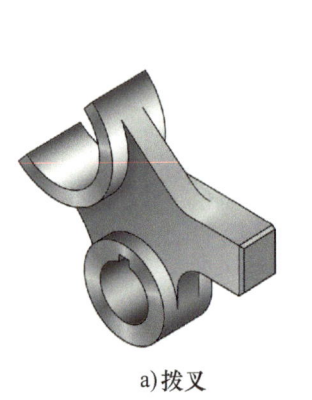
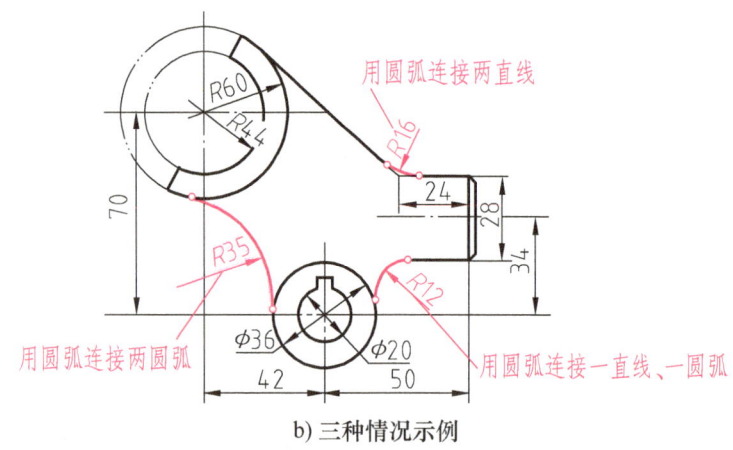

a) 拨叉　　　　　　　　b) 三种情况示例

图 1-14　圆弧连接的三种情况

1. 用圆弧连接两直线

已知两直线 EF、MN，用 R16mm 圆弧连接两直线（图 1-15a）。

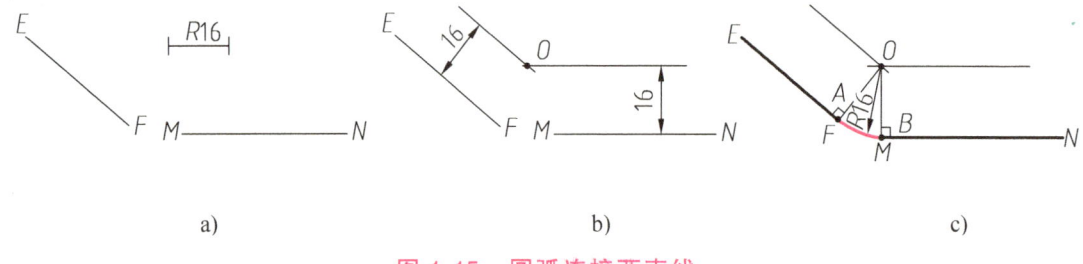

a)　　　　　　　　b)　　　　　　　　c)

图 1-15　圆弧连接两直线

1）求连接弧圆心。作与已知两直线分别相距 16mm 的平行线，交点 O 即为连接弧圆心（图 1-15b）。

2）求连接弧切点。从圆心 O 分别向直线 EF、MN 作垂线，垂足 A、B 即为切点（图 1-15c）。

3）以 O 为圆心，R16mm 为半径，在两切点 A、B 之间作圆弧。

2. 用圆弧连接一直线、一圆弧

已知圆弧的圆心 O_1，半径 R_1 和直线 MN，用 R12mm 圆弧连接圆弧与直线（图 1-16a）。

1）求连接弧圆心。作与直线 MN 相距 12mm 的平行线，以 O_1 为圆心，$R+R_1$ = 12mm+18mm = 30mm 为半径画圆弧，该圆弧与平行线的交点 O 即为连接弧圆心（图 1-16b）。

2）求连接弧切点。由点 O 向直线 MN 作垂线得垂足 B，连接 OO_1，与已知圆弧相交得交点 A，点 A、B 即为切点（图 1-16c）。

3）以 O 为圆心，$R12\text{mm}$ 为半径，在两切点 A、B 之间作圆弧。

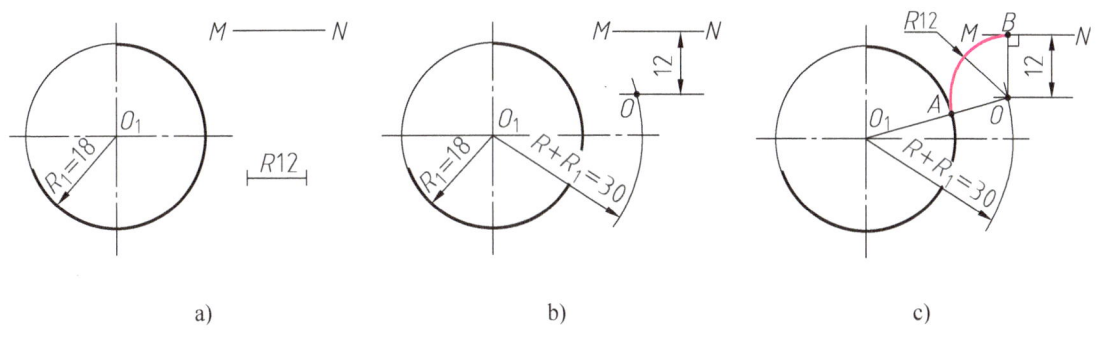

图 1-16 圆弧连接圆弧和直线

3. 用圆弧连接两圆弧

已知两圆弧圆心 O_1、O_2 及半径 $R_1 = 30\text{mm}$、$R_2 = 18\text{mm}$，用 $R35\text{mm}$ 圆弧连接两圆弧（图 1-17a）。

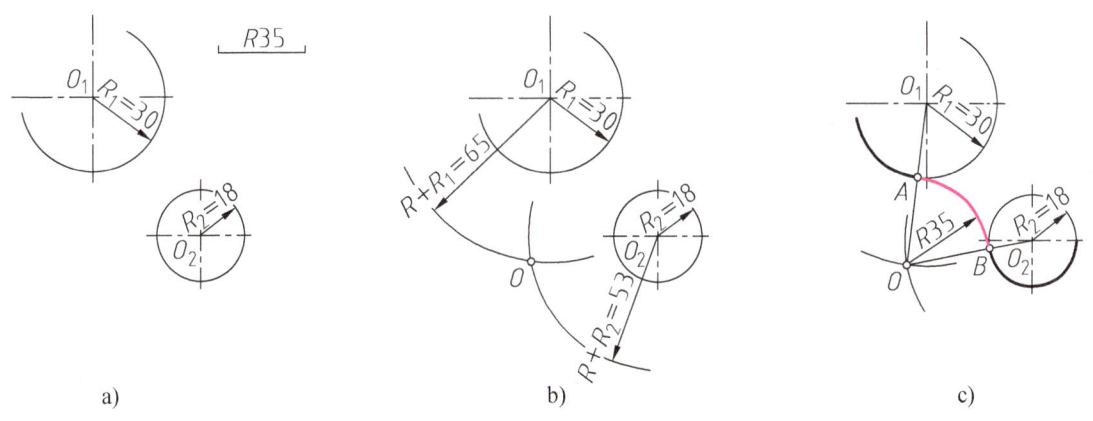

图 1-17 圆弧连接两圆弧

1）求连接弧圆心。以 O_1 为圆心，$R+R_1 = 35\text{mm}+30\text{mm} = 65\text{mm}$ 为半径画圆弧，以 O_2 为圆心，$R+R_2 = 35\text{mm}+18\text{mm} = 53\text{mm}$ 为半径画圆弧，两圆弧的交点 O 即为连接弧圆心（图 1-17b）。

2）求连接弧切点。连接 OO_1 交圆 O_1 得点 A，连接 OO_2 交圆 O_2 得点 B，点 A、B 即为切点（图 1-17c）。

3）以 O 为圆心，$R35\text{mm}$ 为半径，在两切点 A、B 之间作圆弧。

二、尺寸注法（GB/T 4458.4—2003）

1. 标注尺寸的基本规则

1）机件的真实大小应以图样上所注的尺寸数值为依据，与图形的大小及绘图的准确度无关。

2) 图样中的尺寸以 mm 为单位时,不必标注单位符号(或名称)。如果采用其他单位,则必须注明相应的单位符号。本书中没有注明单位符号的尺寸,均以 mm 为单位。

3) 图样中所注的尺寸为该图样所示机件的最后完工尺寸,否则应另加说明。

4) 机件的每一尺寸,一般只标注一次,并应标注在反映该结构最清晰的图形上。

2. 尺寸的要素及画法规定

尺寸由尺寸界线、尺寸线和尺寸数字三个要素组成,如图 1-18 所示。

尺寸界线和尺寸线画成细实线,尺寸线的终端有箭头(图 1-19a)和斜线(图 1-19b)两种形式。通常,机械图样的尺寸线终端画箭头,土建图的尺寸线终端画斜线。尺寸数字一般注写在尺寸线的上方或中断处(表 1-5)。

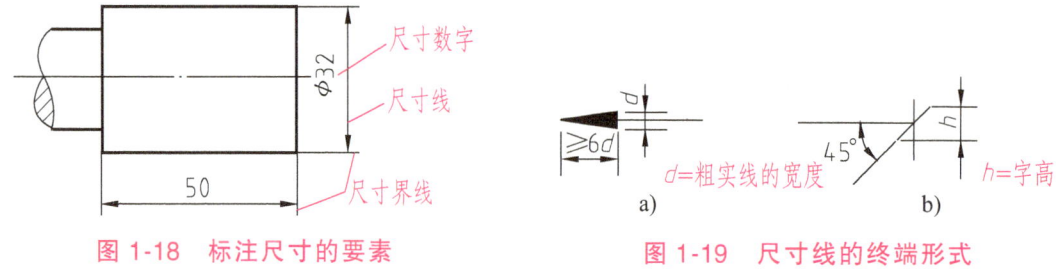

图 1-18 标注尺寸的要素　　　　图 1-19 尺寸线的终端形式

3. 尺寸注法示例(表 1-5)

表 1-5 尺寸注法示例

项目	图例	说明
尺寸界线		尺寸界线应由图形的轮廓线、轴线或对称中心线处引出,也可利用轮廓线、轴线或对称中心线作为尺寸界线 尺寸界线一般应与尺寸线垂直并超过尺寸线 2~3mm

（续）

项目	图 例	说 明
尺寸线	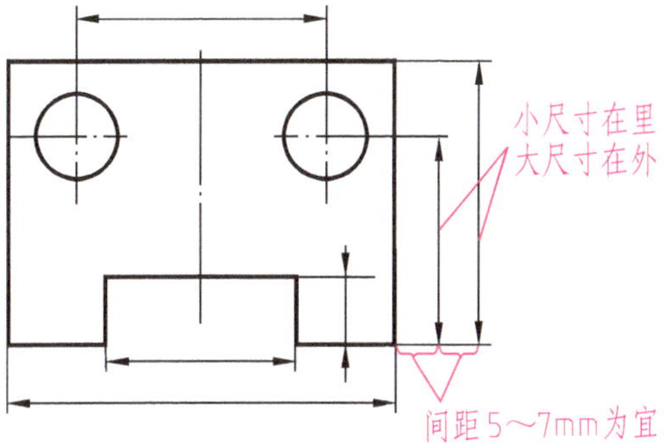	尺寸线不能用其他图线代替，一般也不得与其他图线重合或画在其他图线的延长线上 尺寸线应平行于被标注的线段，其间隔以及两平行的尺寸线的间距以 5~7mm 为宜 尺寸线间应尽量避免相交
尺寸数字	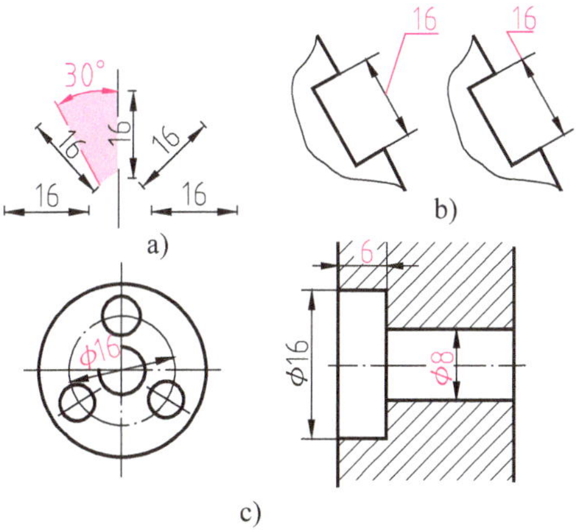	尺寸数字一般书写在尺寸线的上方或中断处 线性尺寸数字的注写方向如图 a 所示，并尽量避免在 30°范围内标注尺寸，当无法避免时，可按图 b 所示的形式标注 尺寸数字不能被图样上的任何图线通过，当不可避免时，必须将图线断开，如图 c 所示
直径和半径	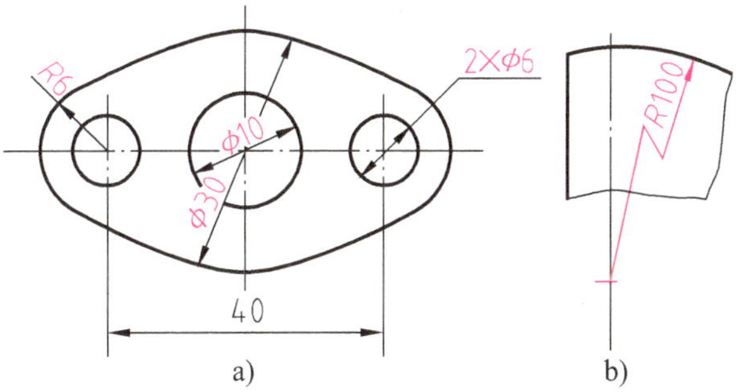	标注直径时，在尺寸数字前加注符号"ϕ"，标注半径时，在尺寸数字前加注符号"R"，其尺寸线应通过圆心，尺寸线的终端应画成箭头（图 a），2×ϕ6 表示两个直径相同的圆形 当圆弧半径过大或在图纸范围内无法标出其圆心位置时，可按图 b 所示的形式标注
角度	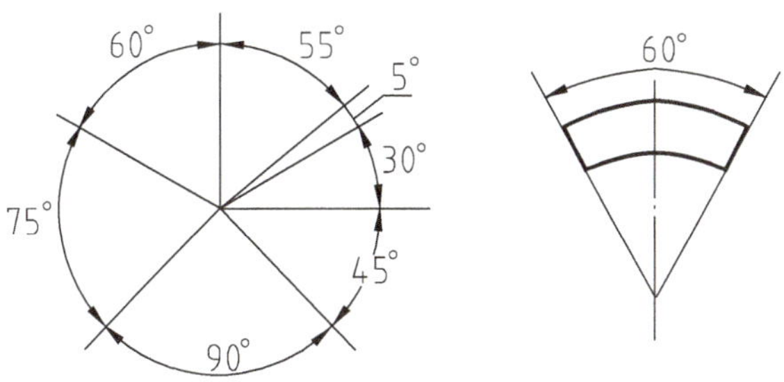	标注角度尺寸的尺寸界线应沿径向引出，尺寸线是以角度顶点为圆心的圆弧线，角度的数字应水平注写，一般注写在尺寸线的中断处，必要时也可注写在尺寸线的上方、外侧或引出标注，角度数字应写单位

(续)

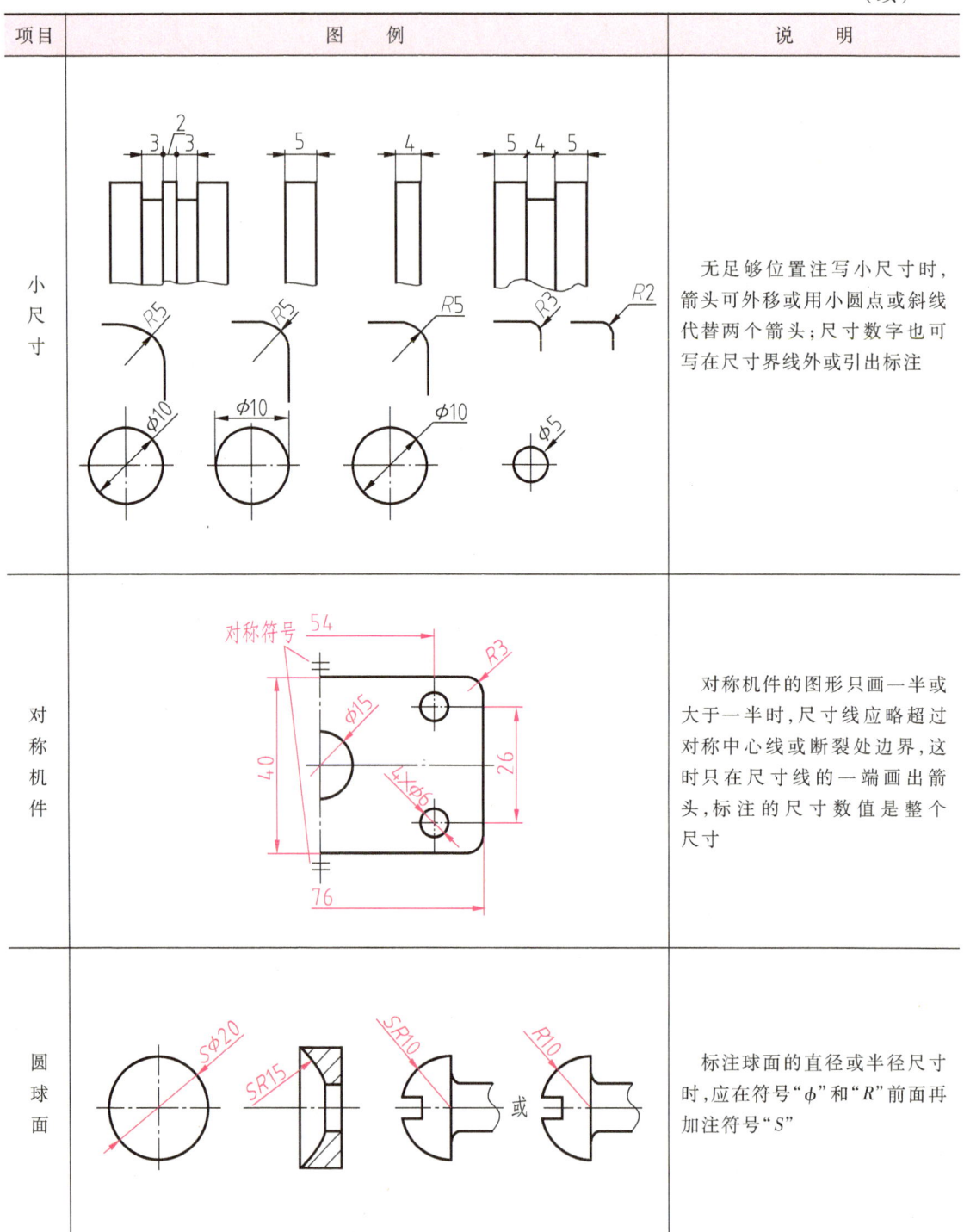

4. 简化的尺寸标注（GB/T 16675.2—2012）

在很多情况下，只要不会产生误解，可以用简化形式标注尺寸。常见的尺寸标注的简化形式见表1-6。

表 1-6 常见的尺寸标注的简化形式

标注要求	简化示例	说　明
全部相同的尺寸	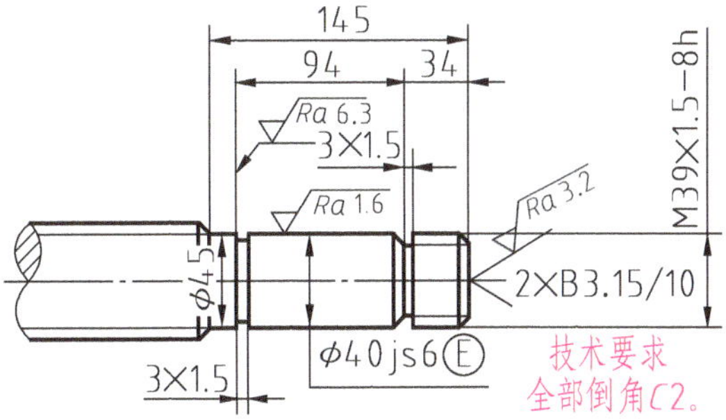	在图样空白处（一般在右下角）做总的说明，如"全部倒角C2"
大部分相同的尺寸	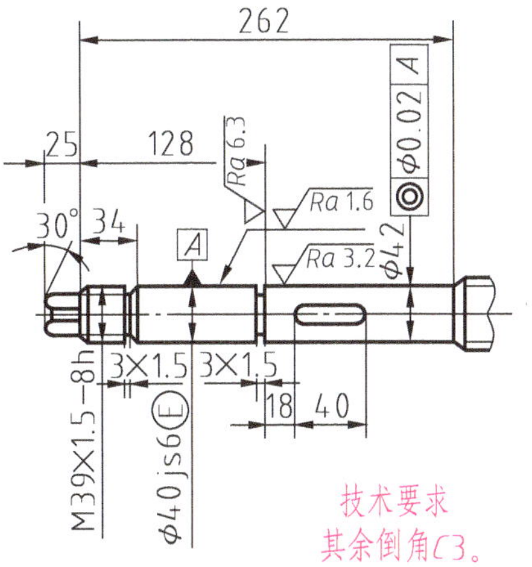	将不同部分注出，相同部分统一在图样空白处（一般在右下角）说明，如"其余倒角C3"
相同的重复要素的尺寸	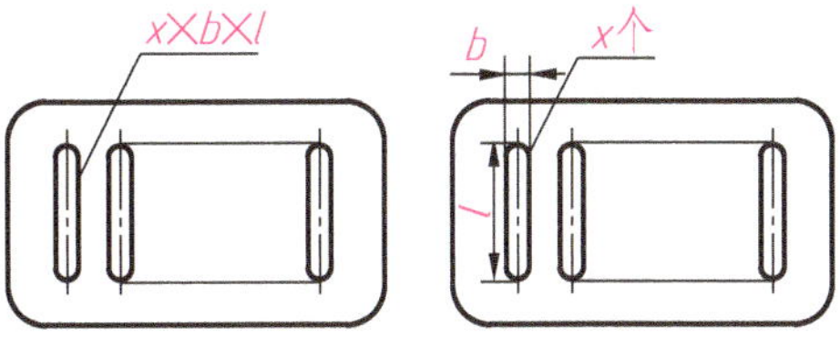 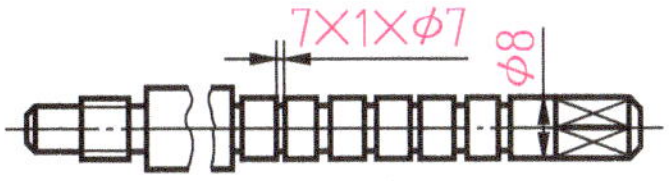	仅在一个要素上注清楚其尺寸和数量
均布要素的尺寸	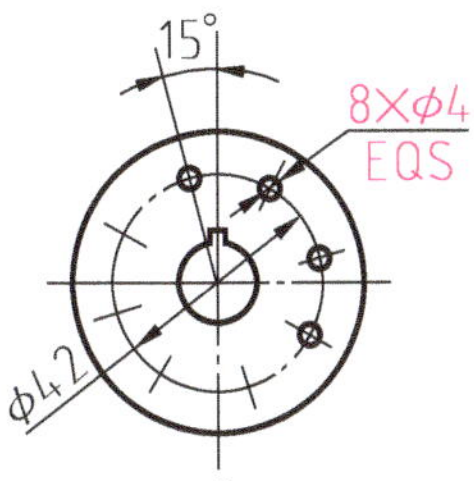 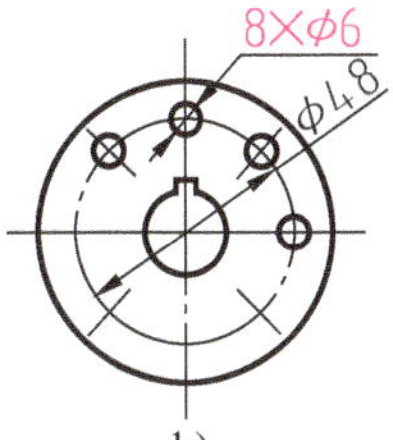	相同要素均布者，需标均布符号"EQS"（图a）。均布明显者，不需标符号"EQS"（图b）

(续)

标注要求	简化示例	说　明
尺寸数值相近，不易分辨的成组要素的尺寸	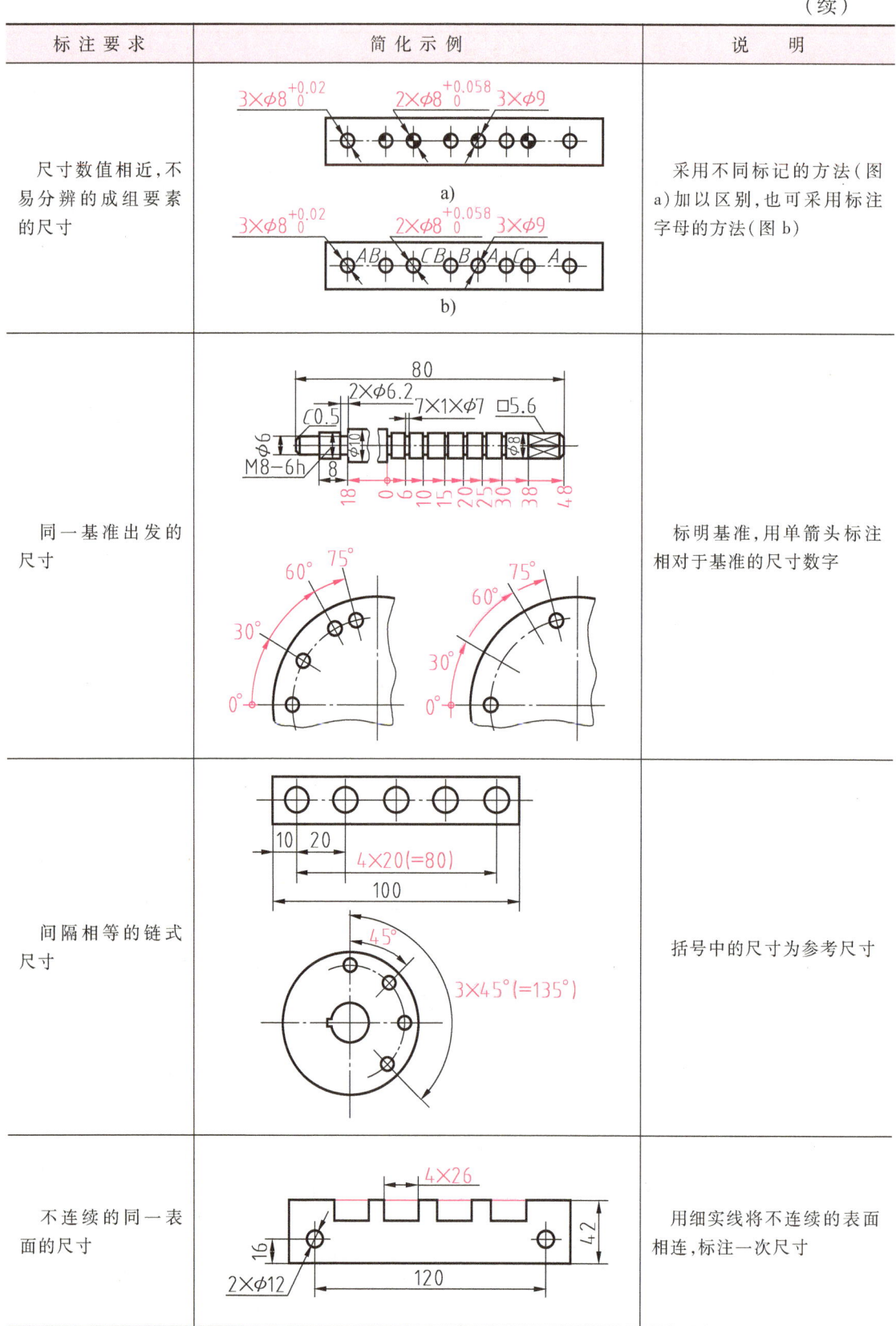	采用不同标记的方法（图a）加以区别，也可采用标注字母的方法（图b）
同一基准出发的尺寸		标明基准，用单箭头标注相对于基准的尺寸数字
间隔相等的链式尺寸		括号中的尺寸为参考尺寸
不连续的同一表面的尺寸		用细实线将不连续的表面相连，标注一次尺寸

（续）

标注要求	简化示例	说 明
45°倒角	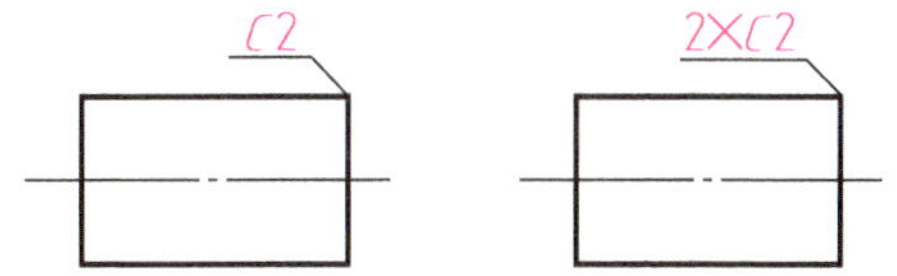	用符号 C 表示 45°，不必画出倒角，如两边均有 45°倒角，可用 2×C2 表示
滚花规格	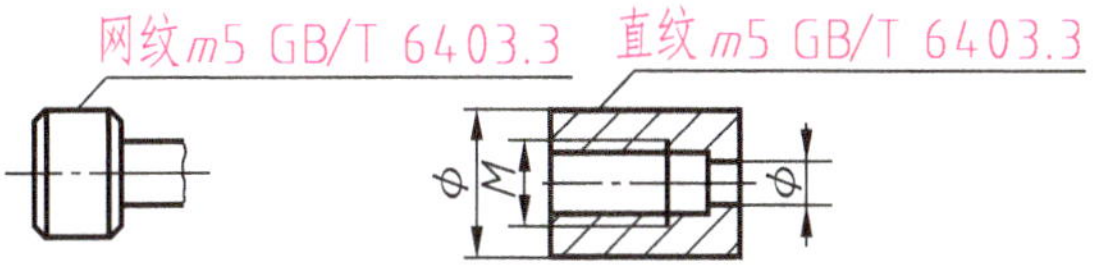	将网纹形式、规格及标准号标注在滚花表面上，外形圆不必画出滚花符号
同心圆弧或同心圆的尺寸	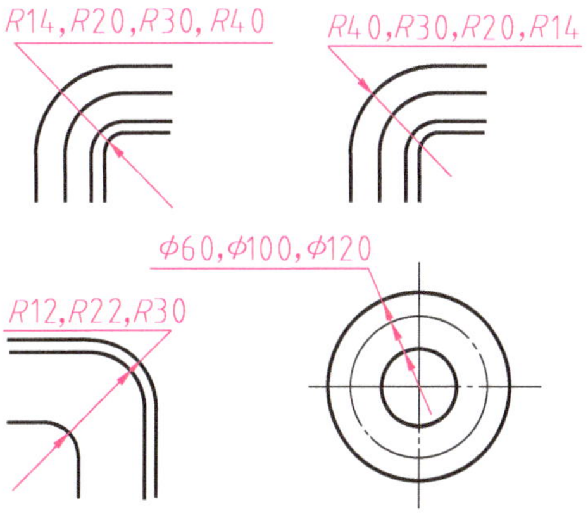	用箭头指向圆弧并依次标出半径值（或直径值），在不致引起误解时，除起始第一箭头外，其余箭头可省略，但尺寸仍应以第一个箭头为首，依次表示
阶梯孔的尺寸	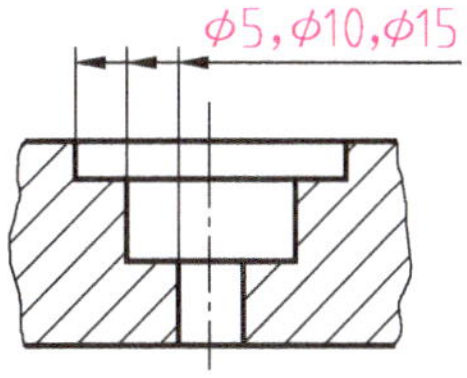	几个阶梯孔可共用一个尺寸线，并以箭头指向不同的尺寸界线，同时以第一个箭头为首，依次标出直径
不同直径的阶梯轴的尺寸	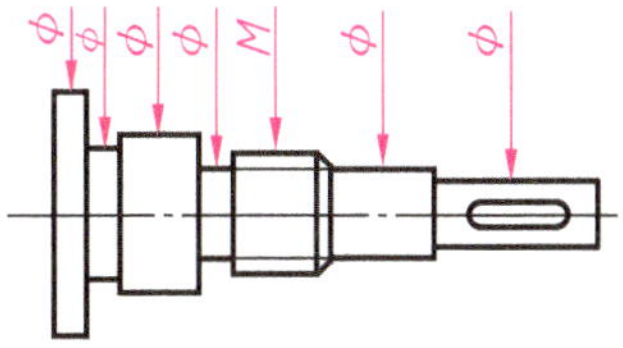	用带箭头的指引线指向各个不同直径的圆柱表面，并标出相应的尺寸
尺寸线终端形式	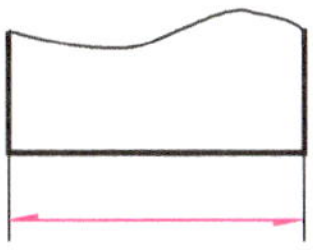	可使用单边箭头

标注要求	简化示例	说 明
在不反映真实大小的投影上的要素尺寸	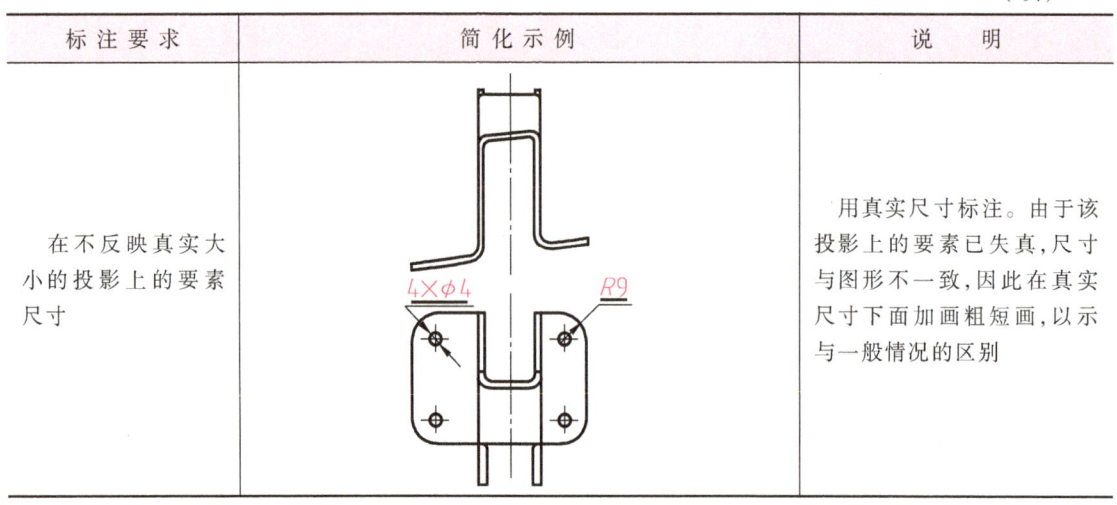	用真实尺寸标注。由于该投影上的要素已失真，尺寸与图形不一致，因此在真实尺寸下面加画粗短画，以示与一般情况的区别

三、斜度和锥度

1. 斜度

斜度是指一直线或平面对另一直线或平面的倾斜程度，在图样上通常以 $1:n$ 的形式标注，并在前面加上斜度符号。

2. 锥度

锥度是指正圆锥底圆直径与圆锥高度的比，在图样上通常以 $1:n$ 的形式标注，并在前面加上锥度符号。

斜度和锥度的画法示例见表 1-7。

表 1-7 斜度和锥度的画法示例

项目	作图步骤			说 明
斜度	1)	2)	3)	1)给出图形 2)作斜度 1：6 的辅助线 3)完成作图并标注尺寸 注：标注斜度符号时，其符号斜边的斜向应与斜度的方向一致
锥度	1)	2)	3)	1)给出图形 2)作锥度 1：3 的辅助线 3)完成作图并标注尺寸 注：标注锥度符号时，其锥度符号的尖端应与圆锥的锥顶方向一致

四、绘图的方法和步骤

1. 画图前的准备工作

1) 分析图形的尺寸与线段，拟订作图步骤。

2) 确定比例，选取图纸幅面。

3) 画出图框和标题栏。

2. 画底稿

1) 画作图基准线，确定图形位置。

2) 依次画出已知线段、中间线段和连接线段，完成图形。

3) 画尺寸界线和尺寸线。

4) 检查底稿，修正错误，擦去多余作图线。

底稿宜用 H 或 2H 铅笔轻淡地画出，便于修改。

3. 描深

按标准线型描深图线，描深的顺序如下。

1) 先粗后细。先描深全部粗实线（HB 或 B 铅笔），再描深全部细虚线、细点画线和细实线（H 或 2H 铅笔），以提高绘图速度和保证同类线型粗细一致。

2) 先曲后直。描深同一种线型时，应先画圆弧，后画直线段，以保证连接光滑。

3) 先水平后垂直。先从上而下画水平线，再从左到右画垂直线，最后画倾斜线，以保证图面清洁。

4) 画箭头，填写尺寸数字，填写标题栏内容等。

【例 1-2】 绘制图 1-20a 所示扳手的平面轮廓图形。

（1）图形分析 扳手钳口是正六边形的四条边。扳手弯头形状由一个 $R18mm$ 圆弧和两个 $R9mm$ 圆弧组成，圆心位置已知，$R16mm$、$R8mm$、$R4mm$ 圆弧的圆心未定，必须作出圆心方可画出。

（2）画底稿 底稿一般用较硬的铅笔（H 或 2H）轻淡地画出。画底稿的步骤如下。

1) 根据已知尺寸画出扳手轴线和中心线及手柄的轮廓，如图 1-20b 所示。

2) 根据尺寸 16mm 作出正六边形的四条边，再由 $R18mm$ 圆弧和两个 $R9mm$ 圆弧作出扳手头部弯头的图形，圆弧的连接点是 1 和 2，如图 1-20c 所示。

3) 作连接圆弧 $R16mm$ 的圆心。以 O_1 为圆心，以 $R = 18mm + 16mm = 34mm$ 为半径画弧，作与直线Ⅰ平行且距离为 16mm 的直线Ⅱ，直线Ⅱ与圆弧的交点 O 即为圆心。作 $R16mm$ 圆弧，点 3、4 为切点，如图 1-20d 所示。$R8mm$ 和 $R4mm$ 圆弧的圆心求法相同。

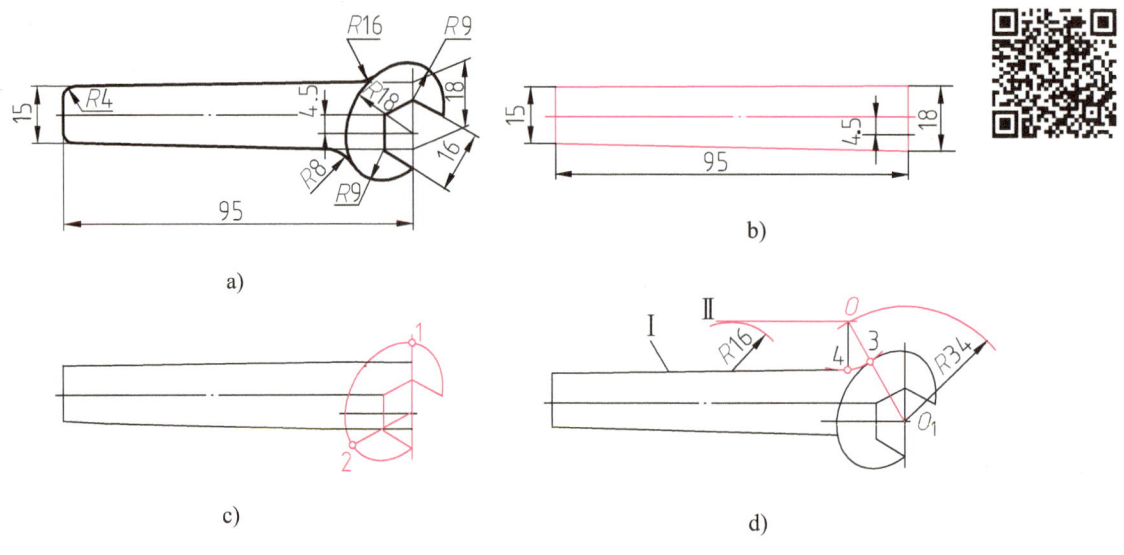

图 1-20 扳手的画图步骤

(3) 描深　底稿完成后，要仔细校对，修正错误，并擦去多余的作图线，再按各种图线的线宽要求进行描深，一般用 B 或 HB 铅笔描深粗实线，圆规用的铅芯应比画直线用的铅笔芯软一号。描深粗实线时，先描深圆或圆弧，再从图的左上方开始，顺次向下描深所有水平方向的粗实线；仍从图的左上方开始，顺次向右描深所有垂直方向的粗实线。

按上述顺序，用 H 铅笔描深全部细线（细实线、细点画线、细虚线）。

(4) 画箭头、注尺寸、填写标题栏　图 1-21 所示为完成的扳手平面图形。

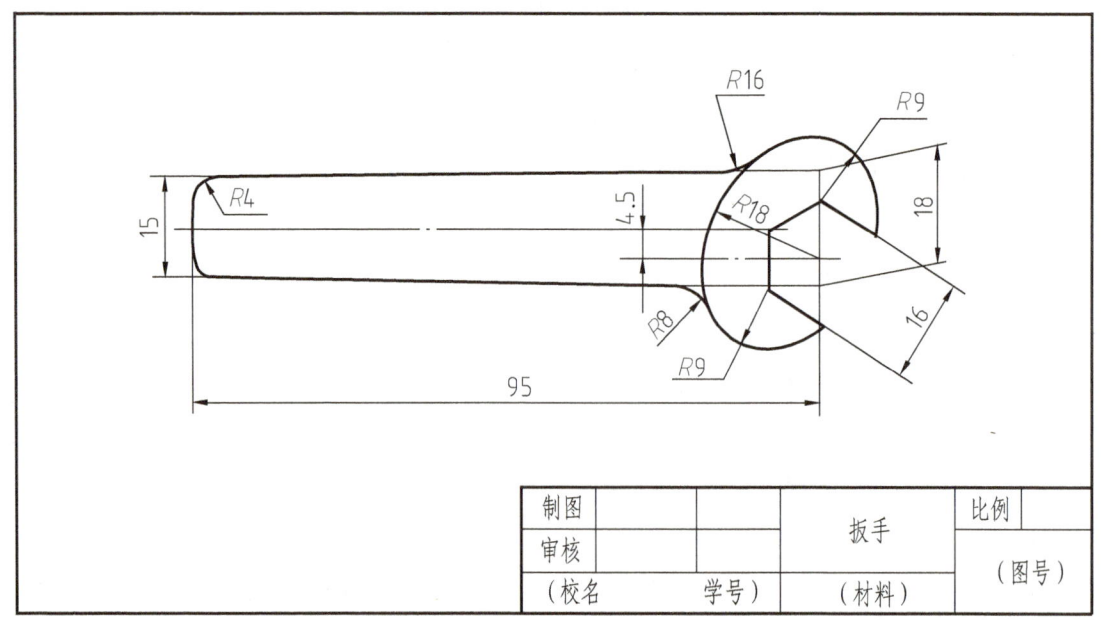

图 1-21 扳手的平面图形

课堂练习

根据图 1-22a 所示拨钩的图形，在图 1-22b 画出已知线段的图形中，逐步作出中间圆弧和连接圆弧。

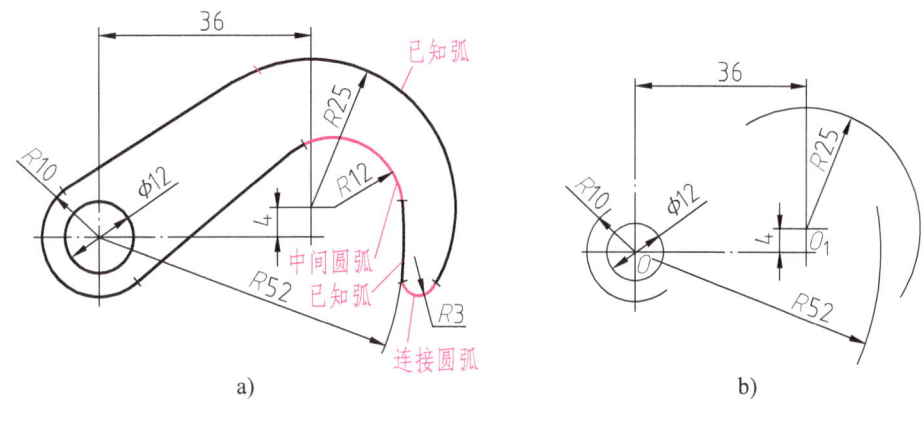

图 1-22　拨钩

第二单元

正投影法与三视图基础

正投影法能准确表达物体的形状,作图方便,在工程上得到广泛应用。机械图样是用正投影法绘制的。本单元主要讨论正投影图的投影规律和作图方法,初步培养空间思维和空间想象能力。

第一节 正投影法的基本概念

一、正投影法及投影特性

1. 正投影法

如图 2-1 所示,设置一个直立投影面 P,在该平面的前方放置 V 形块,使 V 形块的前面与 P 面平行。用一束相互平行的投射线向 P 面垂直投射,在 P 面上就得到 V 形块的正投影。产生正投影的方法称为正投影法,直立平面 P 称为投影面,互相平行的光线称为投射线。利用正投影的方法在一个投影面上所得到的一个投影能反映物体一个方向的真实形状。

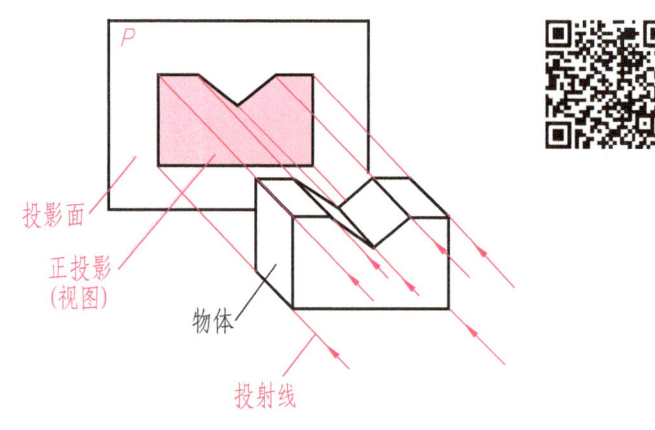

图 2-1 正投影法

由于机械图样主要用正投影法绘制,为叙述方便,本书将正投影简称为投影。在工程图样中,根据有关标准绘制的物体的多面正投影图也称为视图。

2. 正投影法基本特性

虽然物体的形状千变万化,但它们的表面都是由一些线和面围成的,物体的投影也是这些线和面投影的组合。所以，必须理解直线（或曲线）、平面（或曲面）的投影特性。直线和平面相对投影面的位置有三种，即平行、垂直和倾斜。看图时要看清它们与投影面所处的位置，了解它们的投影特性。请读者注意：图中的大写字母和罗马数字（如 A、B、C、…和Ⅰ、Ⅱ、Ⅲ、…）表示空间点或面，小写字母和阿拉伯数字（如 a、b、c、…和1、2、3、…）表示空间点或面的投影。

（1）直线的投影特性

直线平行于投影面，投影等于实长（图2-2a），投影 ab 等于实长 AB。

直线垂直于投影面，投影积聚成一点（图2-2b），直线 CD 积聚成一点 c（d）。

直线倾斜于投影面，投影小于实长（图2-2c），投影 ef 小于实长 EF。

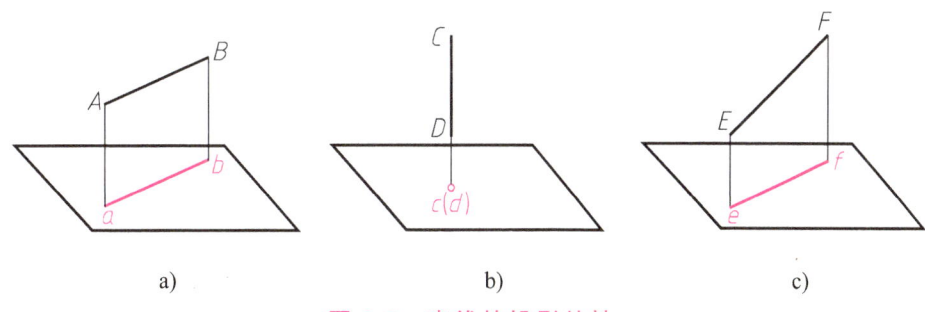

图 2-2　直线的投影特性

（2）平面的投影特性

平面平行于投影面，投影为实形（图2-3a）。

平面垂直于投影面，投影积聚成一条直线（图2-3b）。

平面倾斜于投影面，投影为小于实形的类似形（图2-3c）。

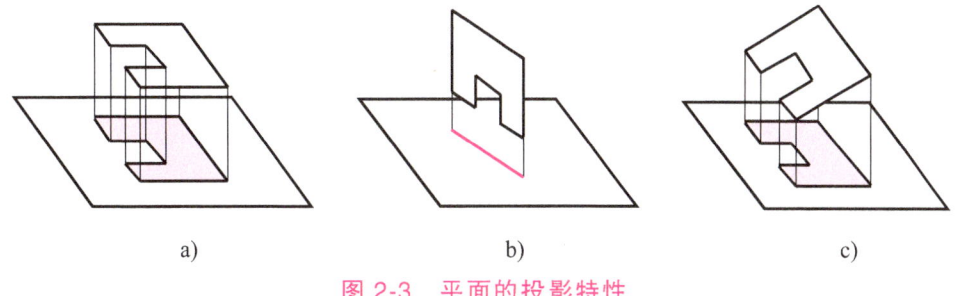

图 2-3　平面的投影特性

二、三视图的形成及其对应关系

1. 三投影面体系的建立

用正投影法在一个投影面上得到的一个视图，只能反映物体一个方向的形状，而不能完整反映物体的形状。例如，图 2-4a 所示垫块在投影面上的投影只能反映其前面的形状，而顶面和侧面的形状无法反映出来。因此，要表示垫块完整的形状，就必须从多个方向进行投射，画出多个视图。通常用三个视图来表示。

如图 2-4a 所示，首先将垫块由前向后向正立投影面（简称正面，用 V 表示）投射，在正面上得到一个视图，称为主视图[⊖]；然后加一个与正面垂直的水平投影面（简称水平面，用 H 表示），并由垫块的上方向下投射，在水平面上得到第二个视图，称为俯视图（图 2-4b）；再加一个与正面和水平面均垂直的侧立投影面（简称侧面，用 W 表示），从垫块的左方向右投射，在侧面上得到第三个视图，称为左视图（图 2-4c）。显然，垫块的三个视图从三个不同方向反映了垫块的形状。

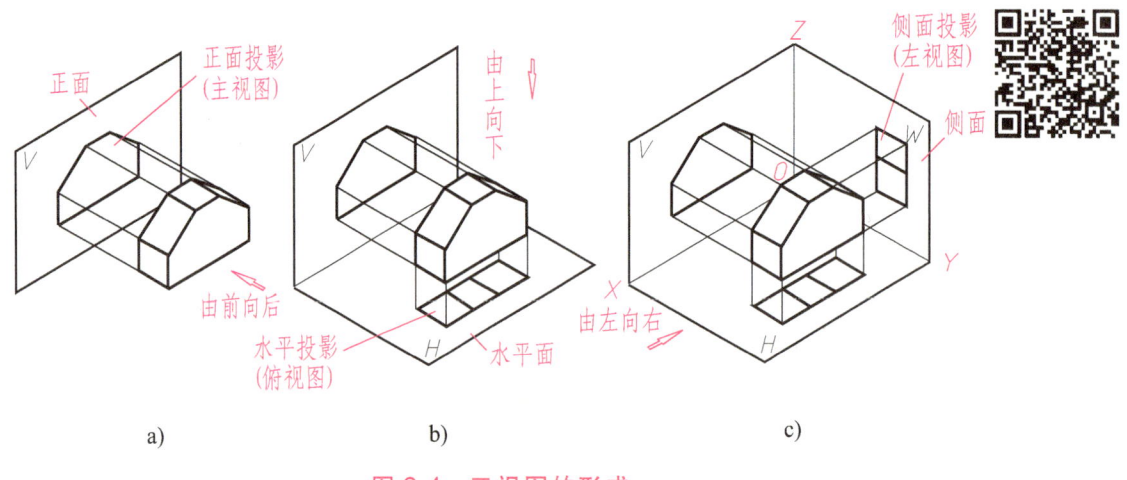

图 2-4 三视图的形成

三个互相垂直的投影面构成三投影面体系，投影面的交线 OX、OY、OZ 称为投影轴，三投影轴交于一点 O，称为原点。为了将垫块的三个视图画在一张图纸上，需将三个投影面展开到一个平面上，规定正面不动，将水平面和侧面沿 OY 轴分开，并将水平面绕 OX 轴向下旋转 90°（随水平面旋转的 OY 轴用 OY_H 表示）；将侧面绕 OZ 轴向右旋转 90°（随侧面旋转的 OY 轴用 OY_W 表示），如图 2-5a 所示。旋转后，俯视图在主视图的下方，左视图在主视图的右方（图 2-5b）。画三视图时不必画出投影面的边框，所以去掉边框即得到图 2-5c 所示的三视图。

⊖ 由于正面投影反映物体的主要轮廓形状，所以称为"主视图"。

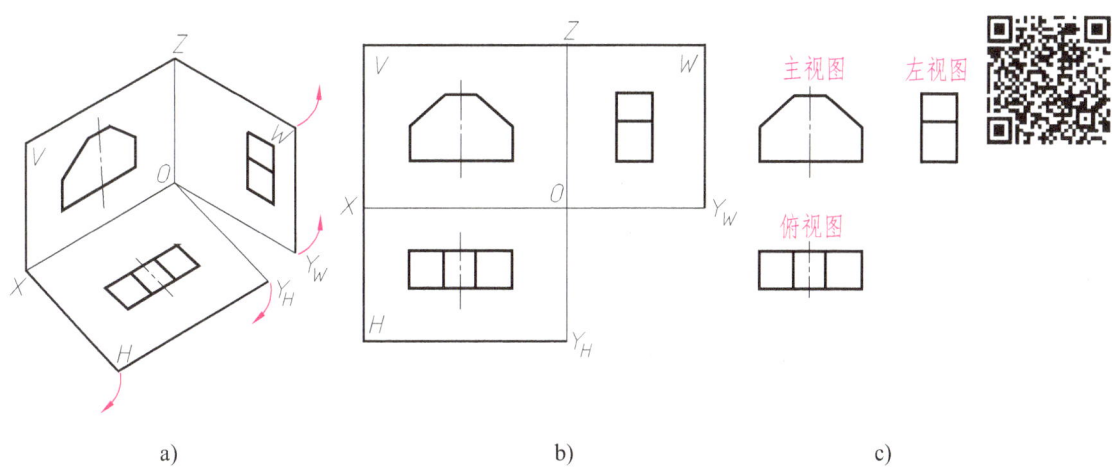

图 2-5 三视图的展开

2. 三视图的投影对应关系

物体有长、宽、高三个方向的大小。通常规定：物体左右之间的距离为长，前后之间的距离为宽，上下之间的距离为高（图 2-6a）。必须注意，如果图形对称，应画出对称中心线（细单点画线）。从图 2-6b 可以看出，一个视图只能反映物体两个方向的大小。例如，主视图反映垫块的长和高，俯视图反映垫块的长和宽，左视图反映垫块的宽和高。由上述三个投影面展开过程可知，俯视图在主视图的下方，对应的长度相等，且左右两端对正，即主、俯视图对应部分的连线为互相平行的竖直线。同理，左视图与主视图高度相等且对齐，即主、左视图对应部分在同一条水平线上。左视图与俯视图均反映垫块的宽度，所以俯、左视图对应部分的宽度应相等（图 2-6c）。

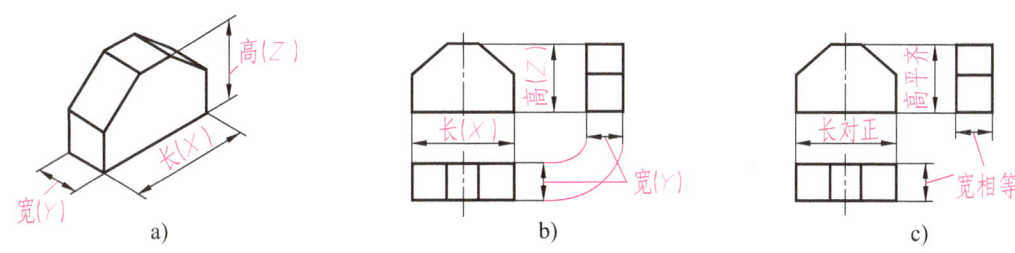

图 2-6 三视图的投影对应关系

上述三视图之间的投影对应关系，可归纳为以下三条投影规律（三等规律）。

主视图与俯视图反映物体的长度——长对正

主视图与左视图反映物体的高度——高平齐

俯视图与左视图反映物体的宽度——宽相等

"长对正、高平齐、宽相等"的投影对应关系是三视图的重要特性，也是画图与读图的依据。

3. 三视图与物体的方位对应关系

如图 2-7 所示，物体有上、下、左、右、前、后六个方位，其中：

主视图反映物体的上、下和左、右的相对位置关系。

俯视图反映物体的前、后和左、右的相对位置关系。

左视图反映物体的前、后和上、下的相对位置关系。

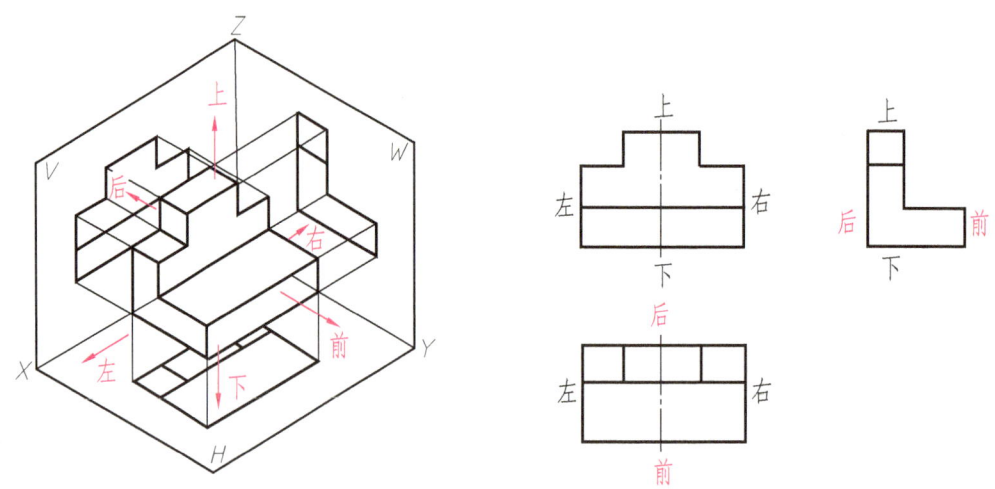

图 2-7 三视图的方位关系

画图和读图时，要特别注意俯视图与左视图的前、后对应关系。在三个投影面展开过程中，水平面向下旋转，原来向前的 OY 轴成为向下的 OY_H，即俯视图的下方实际上表示物体的前方，俯视图的上方则表示物体的后方。而侧面向右旋转时，原来向前的 OY 轴成为向右的 OY_W，即左视图的右方实际上表示物体的前方，左视图的左方则表示物体的后方。所以，物体俯视图、左视图不仅宽度相等，还应保持前、后位置的对应关系。

【例 2-1】 根据缺角长方体的立体图和主、俯视图（图 2-8a），补画左视图。

分析

应用三视图的投影和方位对应关系的特性来想象和补画左视图。

作图

1）按长方体的主、左视图高平齐，俯、左视图宽相等的投影关系，补画长方体的左视图（图2-8b）。

2）同样方法补画长方体上缺角的左视图，此时必须注意缺角在长方体中前、后位置的方位对应关系（图2-8c）。

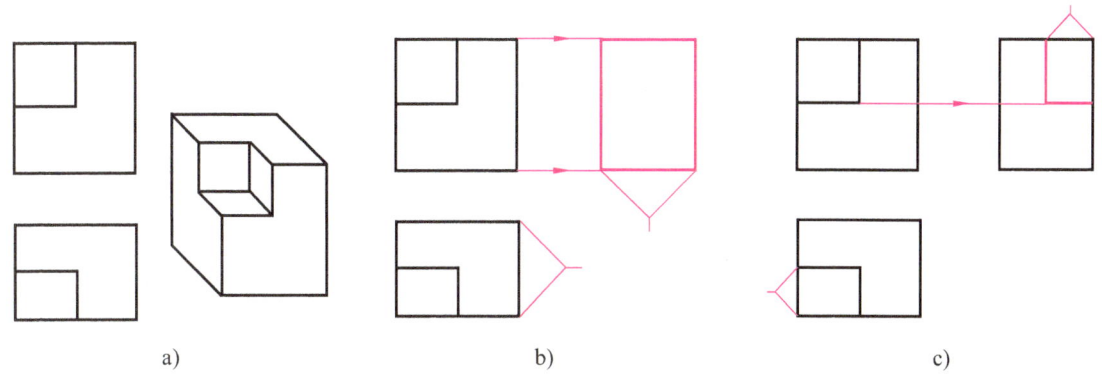

图2-8 由主、俯视图补画左视图

讨论

怎样判断长方体上各表面间的相对位置？

根据方位对应关系，主视图反映物体上、下和左、右相对位置关系，但不能反映物体的前、后方位关系。同样，俯视图不能反映物体的上、下方位关系，左视图不能反映物体的左、右方位关系。因此，如果在主视图上判断长方体上前、后两个表面的相对位置时，必须从俯视图或左视图上找到前、后两个表面的位置，才能确定哪个表面在前，哪个表面在后，如图2-9a所示。

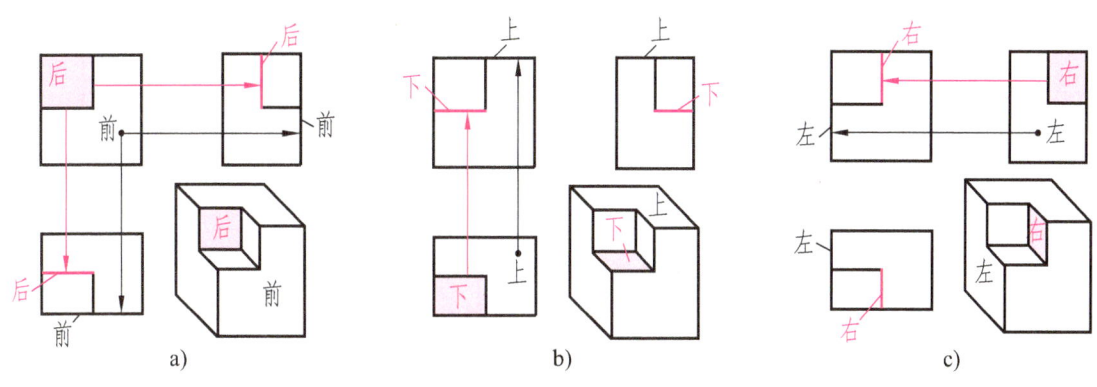

图2-9 立体表面相对位置分析

同样方法在俯视图上判断长方体上、下两个表面的相对位置，在左视图上判断长方体左、右两个表面的相对位置，如图2-9b、c所示。

课堂练习

1. 观察物体的三视图，在立体图中找出相对应的物体，填写对应的序号。

2. 根据主、俯视图，参照立体图补画左视图。根据立体图，比较主视图中 A、B 两个平面的前、后位置。

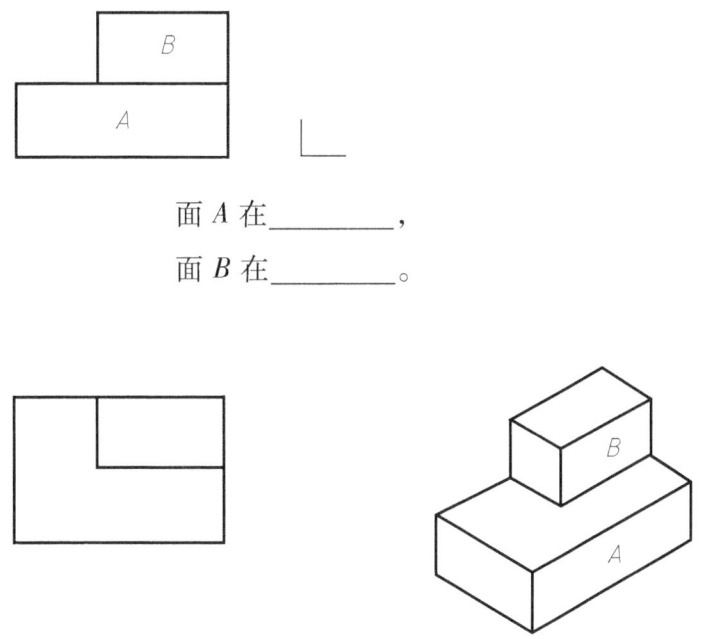

面 A 在_____，

面 B 在_____。

3. 根据主、俯视图，参照立体图补画左视图。根据立体图，比较俯视图中 A、B、C 三个平面的上、下位置。

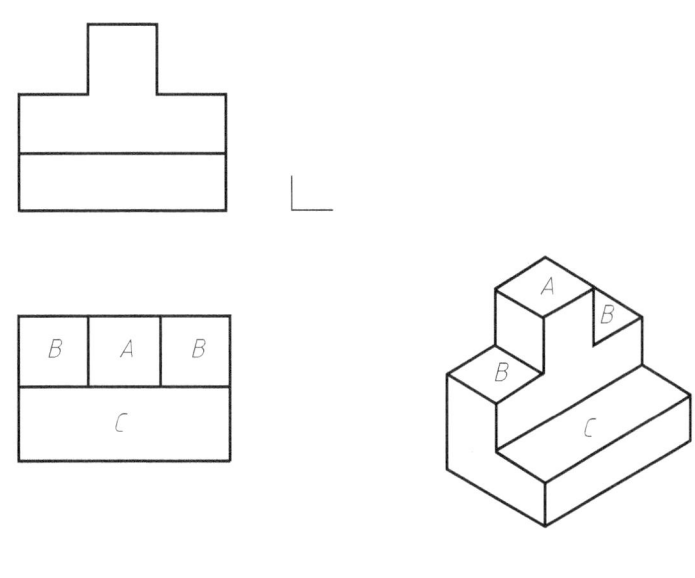

面 A 在面 B 之_____，

面 C 在面 B 之_____。

第二节　基本形体的三视图

机件的形状各不相同，但都可看作是由一些基本体组合而成的，如图 2-10 所示的支架就是由棱柱和圆柱经过叠加或切割后构成的。因此，要看懂复杂形体的视图，首先要熟悉棱柱、棱锥、圆柱、圆锥等常见基本体的图示特征。

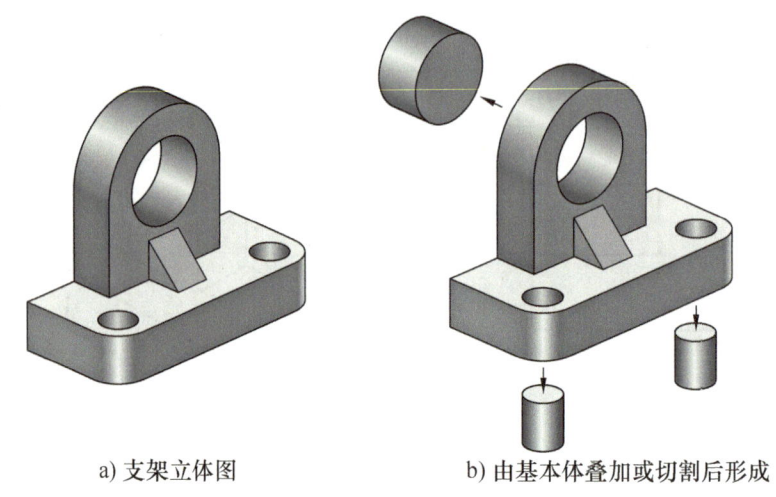

a) 支架立体图　　　　b) 由基本体叠加或切割后形成

图 2-10　支架的形体分析

一、平面体

表面都是平面的立体称为平面体，常见的有棱柱与棱锥。表 2-1 以正六棱柱和四棱锥为例，说明平面体的图示特征和作图方法。

表 2-1　平面体三视图的作图方法和步骤

项目	投影图	画图步骤 1	画图步骤 2	画图步骤 3
正六棱柱				

(续)

项目	投影图	画图步骤1	画图步骤2	画图步骤3
四棱锥	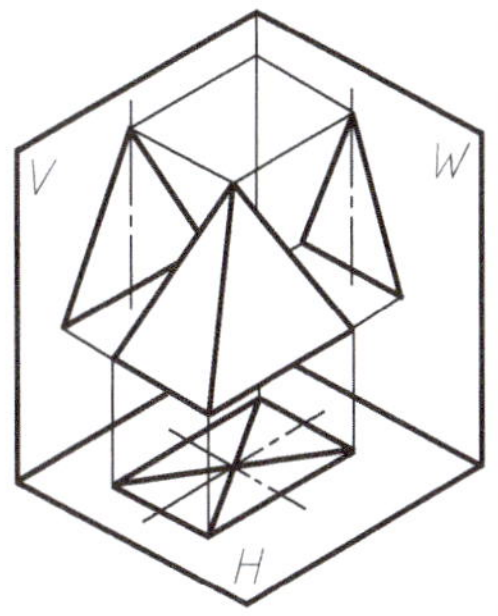	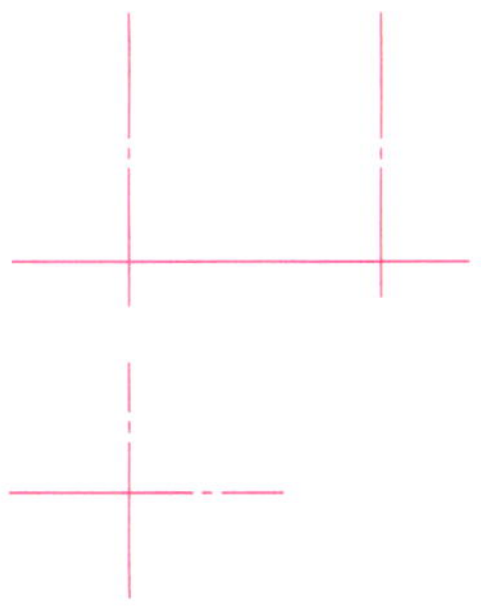	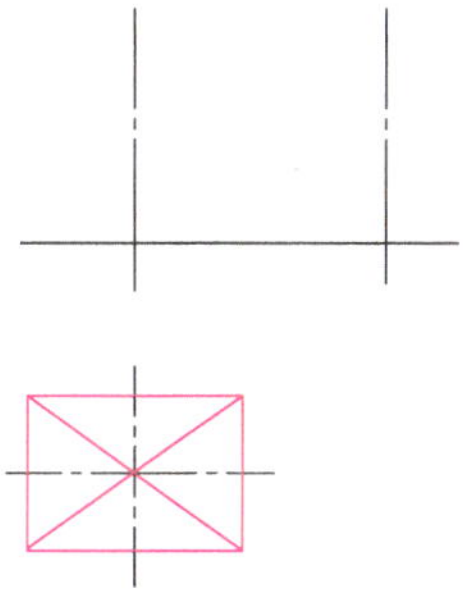	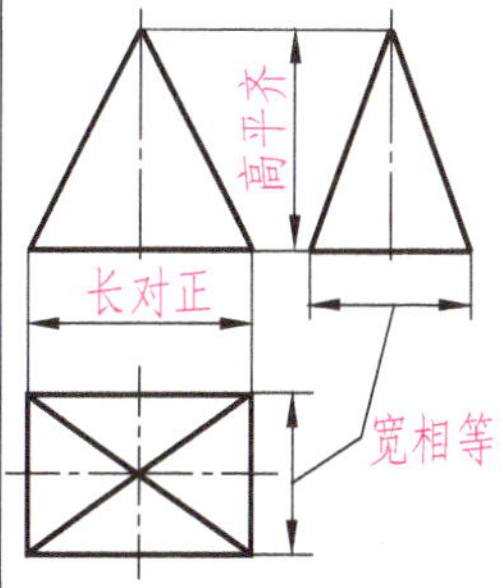
说明		画出平面体三视图的对称中心线和底面作图基线	画出反映底面实形的视图	根据投影规律,画出其余两视图 检查、清理底稿后,描深各个视图

注:如果图形对称,应画出对称中心线。

二、曲面体

表面是曲面或曲面与平面围成的立体称为曲面体,工程上最常见的曲面体是回转体,如圆柱(体)、圆锥(体)、圆台、圆球等。回转体是由回转面或回转面与平面所围成的立体。例如,圆柱面可看作由一条与轴线平行的直母线绕轴线旋转而成,因此圆柱面是回转面,圆柱体是回转体(见表2-2中圆柱面的形成)。圆柱面上任意一条平行于轴线的直线,称为圆柱面的素线。表2-2展示了圆柱、圆锥、圆球及圆弧回转体的形成、三面投影图和投影特性。

表2-2 常见回转体的形成及其投影特性

项目	形成方式	投影图	三视图	投影特性
圆柱	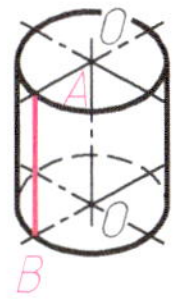 圆柱由圆柱面和上、下底面围成。圆柱面可看成是由一直母线AB绕与它平行的轴线OO旋转而成的	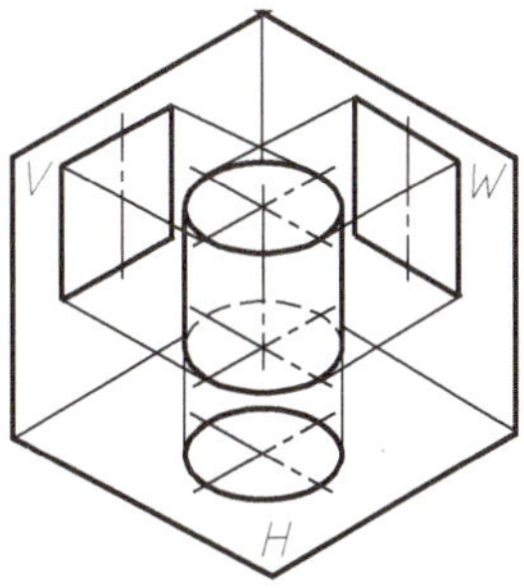	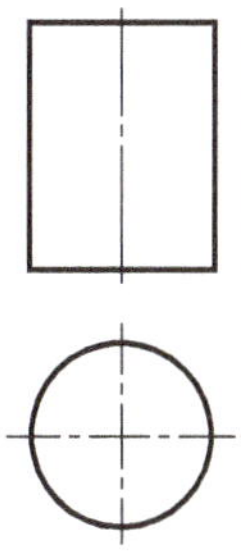	1)轴线垂直于水平面,因此圆柱的水平投影是圆,圆周是整个圆柱面的积聚性投影 2)正面与侧面投影是以轴线为对称线的、大小完全相同的矩形

(续)

项目	形成方式	投影图	三视图	投影特性
圆锥	圆锥由圆锥面和底面围成。圆锥面可看成是由一直母线 AB 绕与它相交的轴线 OO 旋转而成的			1）轴线垂直于水平面的圆锥，其水平投影为圆 2）正面与侧面投影都是轴对称的、完全相同的等腰三角形
圆球	圆球是由球面围成的。球面可看成是由半圆母线 AB 绕其直径（轴线 OO）旋转而成的			1）球的三面投影都是大小相同的圆 2）圆的直径等于球的直径
圆弧回转体	圆弧回转体由圆弧回转面与上、下底面围成。圆弧回转面可看成是由一段圆弧母线 AB 绕同一平面上但不通过圆心的轴线 OO 旋转而成的			1）轴线垂直于水平面的圆弧回转体，其水平投影是两个同心圆 2）正面和侧面投影是完全相同的轴对称图形

课堂练习

1. 根据主、俯视图补画左视图。

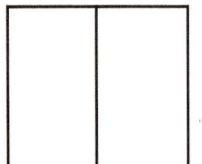

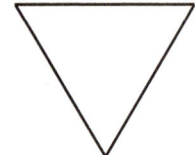

2. 根据主、左视图补画俯视图。

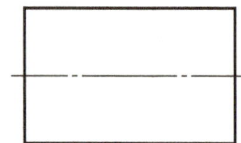
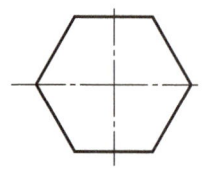

3. 根据主、俯视图补画左视图。

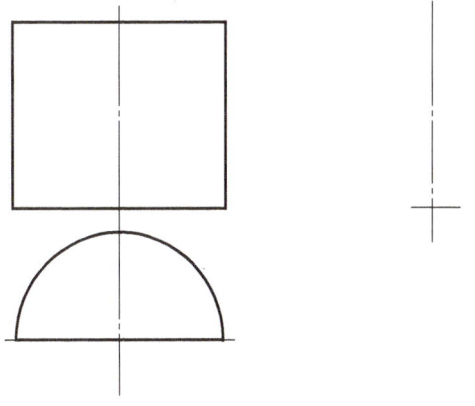

4. 根据主、俯视图补画左视图。

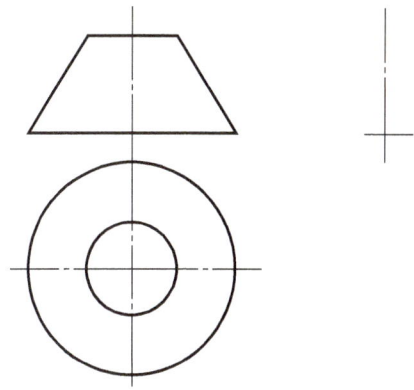

5. 根据主、俯视图补画左视图。

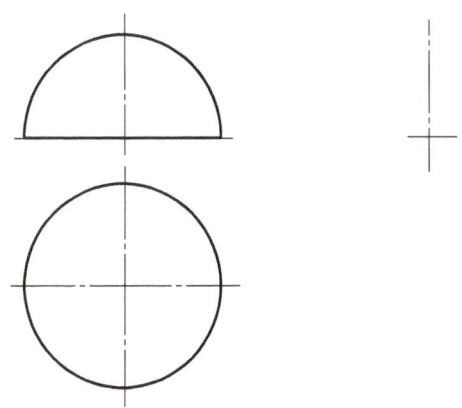

6. 根据主、左视图补画俯视图。

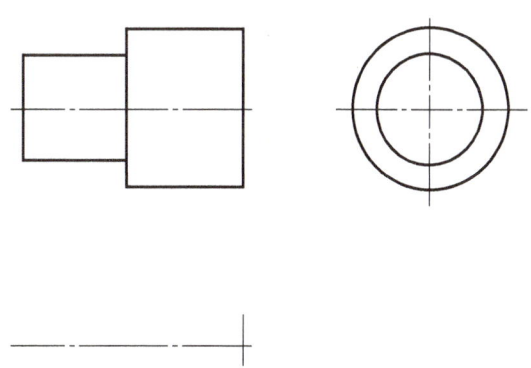

第三节　平面切割立体

在机器零件中，由于结构上的需要，常将一些完整形体切去某些部分，在该形体表面上产生交线。如图 2-11 所示平面 P 切割六棱柱时，棱柱表面上产生的交线称为截交线，该平面称为截平面。截交线是截平面与立体表面的共有线。

由于截平面切割立体时，不同的相对位置所产生的截交线形状也各不相同（多数情况是截平面与某一投影面平行或垂直）。因此，要掌握截交线的投影作图，必须先熟悉各种不同位置的截平面在三投影面体系中的投影特性。

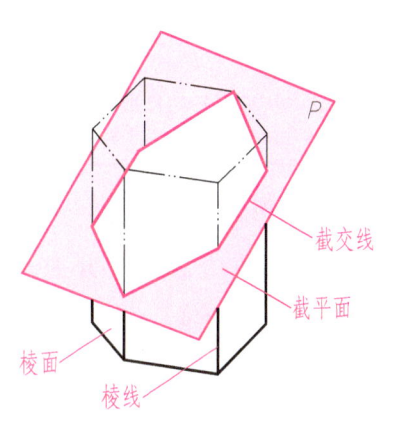

图 2-11　平面切割体

一、各种位置平面的投影特性

平面投影的基本性质包括实形性、积聚性和类似性。

在三投影面体系中，平面对投影面的相对位置有如下三种。

投影面平行面——平行于一个投影面，垂直于另两个投影面的平面（图 2-12 中的平面 A、B、C）。

投影面垂直面——垂直于一个投影面，倾斜于另两个投影面的平面（图 2-12 中的平面 P、Q、R）。

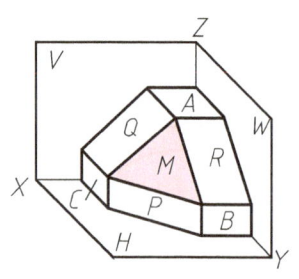

图 2-12 各种位置平面

一般位置平面——与三个投影面都倾斜的平面（图 2-12 中的平面 M）。

1. 投影面平行面

投影面平行面可分为三种，即水平面、正平面和侧平面。投影面平行面的投影特性见表 2-3。

表 2-3 投影面平行面的投影特性

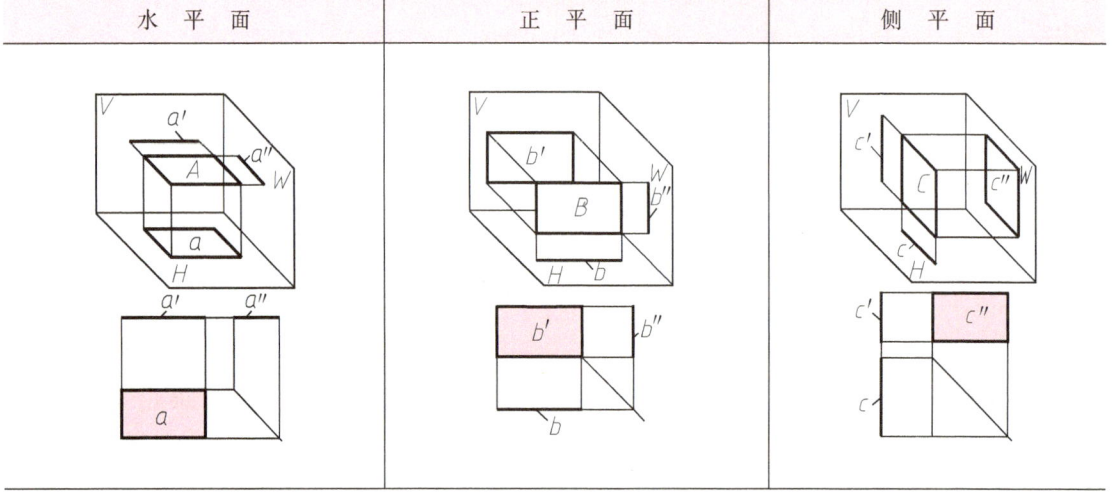

投影特性：
1) 在与平面平行的投影面上，该平面的投影反映实形
2) 其余两个投影为水平线段或铅垂线段，都具有积聚性

2. 投影面垂直面

投影面垂直面也可分为三种，即铅垂面、正垂面和侧垂面。投影面垂直面的投影特性见表 2-4。

3. 一般位置平面

一般位置平面的三个投影为均不反映实形的类似形，如图 2-13 所示。

表 2-4 投影面垂直面的投影特性

铅垂面	正垂面	侧垂面

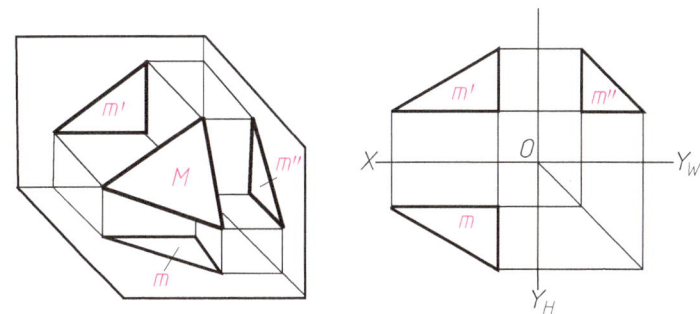

投影特性：
1) 在与平面垂直的投影面上，该平面的投影为一倾斜线段，具有积聚性，且反映与另两投影面的倾角（用 α、β、γ 表示）
2) 其余两个投影都是缩小的类似形

图 2-13 一般位置平面投影特性

课堂练习

1. 标出平面 P、Q 的另两个投影，并填空。

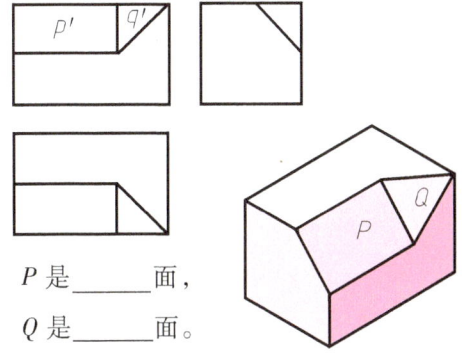

P 是_____面，
Q 是_____面。

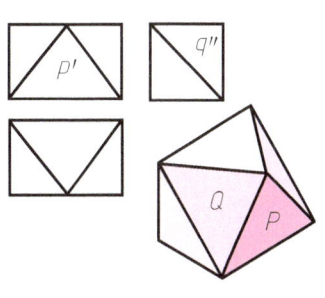

P 是_____面，Q 是_____面。

2. 根据平面图形的两面投影，求作第三投影，判断与投影面的相对位置，并填空。

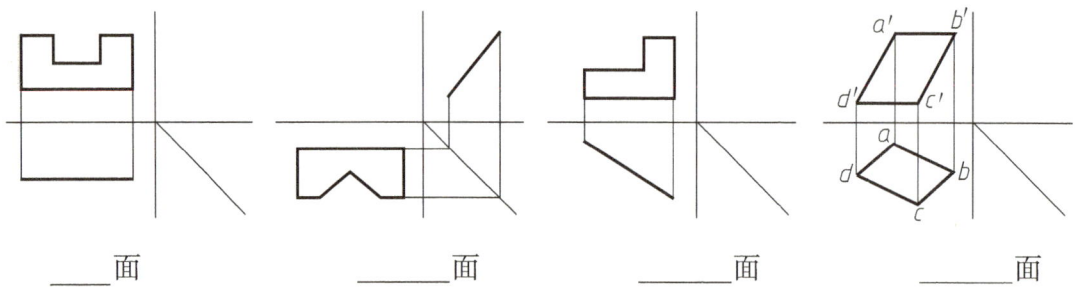

____面　　　____面　　　____面　　　____面

二、平面切割平面体

平面切割平面体，其截交线是一个封闭的平面多边形（图 2-14a）。六棱柱被正垂面切割，截平面 P 与六棱柱的六条棱线都相交，所以截交线是一个六边形。

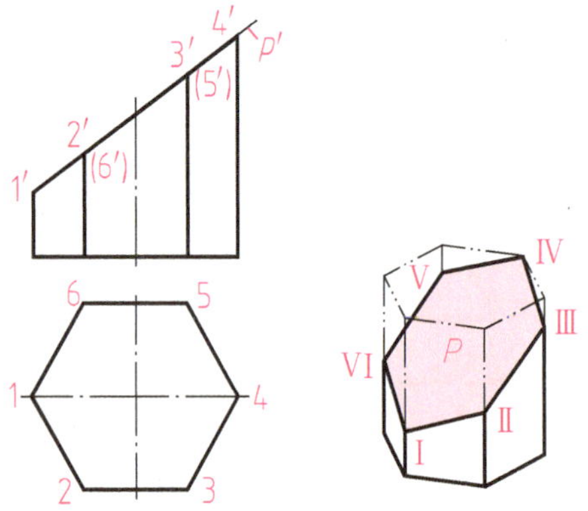

a) 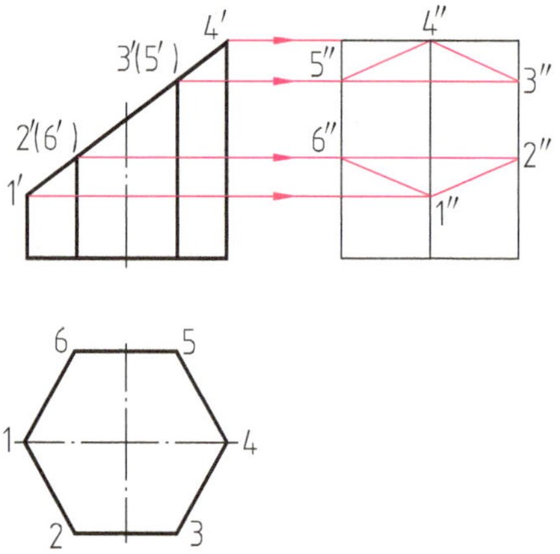　　　　　　　　　　　　　b)

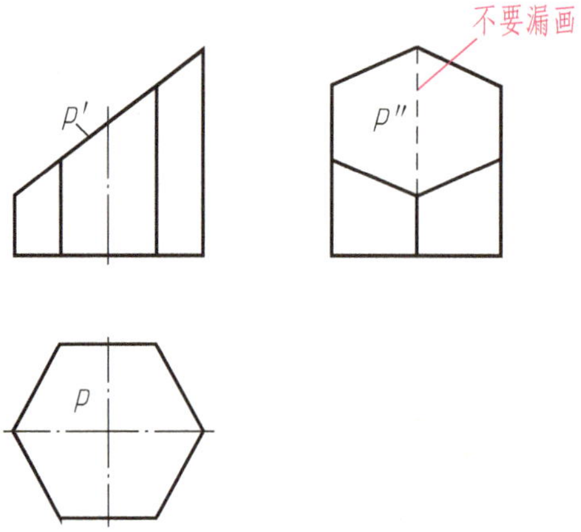

c)

图 2-14　平面切割六棱柱

六边形的顶点为各棱线与平面 P 的交点。截交线的正面投影积聚在 p' 上，1'、2'、3'、4'、5'、6' 分别为各棱线与 p' 的交点。由于六棱柱的六条棱线在俯视图上的投影具有积聚性，所以截交线的水平投影为已知，根据截交线的正面和水平面投影可作出侧面投影。

作图过程如图 2-14b 所示。在图 2-14c 中特别提示一段细虚线不要漏画，请读者思考这里为什么有一段细虚线？

【例 2-2】 图 2-15a 所示为 L 形六棱柱被正垂面 P 切割，求作切割后六棱柱的三视图。

分析

正垂面 P 切割 L 形六棱柱时，与六棱柱的六个棱面都相交，所以截交线为六边形。如图 2-15b 所示，平面 P 垂直于正面，截交线的正面投影积聚在 p' 上。因为六棱柱六个棱面的侧面投影都有积聚性，所以截交线的正面和侧面投影均为已知，仅需作出截交线的水平投影。

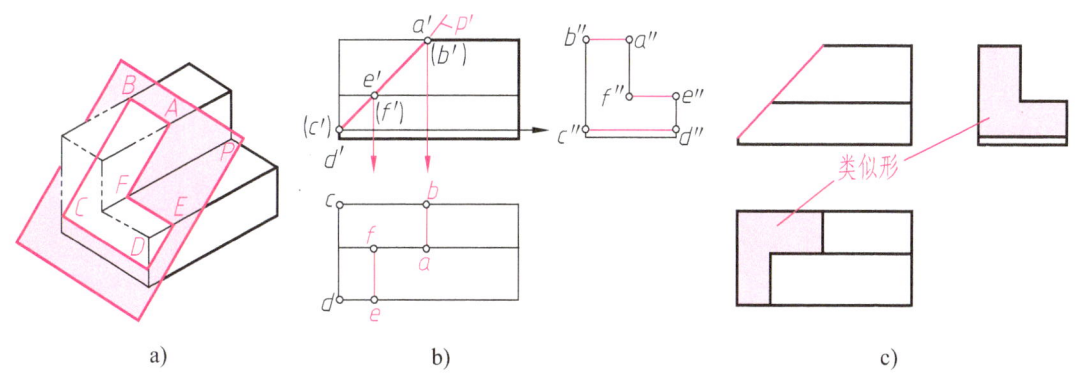

图 2-15 正垂面切割 L 形六棱柱的截交线作图过程

作图过程如图 2-15b 所示，作图结果如图 2-15c 所示。值得注意的是，截交线的水平投影与侧面投影为六边形的类似形（L 形）。

思考

如图 2-16 所示，如果 L 形六棱柱被铅垂面切割，试分析其投影特征和作图方法，并比较与正垂面切割的异同。

图 2-17 所示为凸形柱体被正垂面切割后的三视图，截交线的主视图积聚成一直线，俯视图与左视图中的投影为类似形。

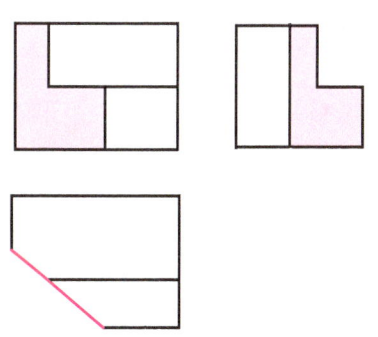

图 2-16 铅垂面切割 L 形六棱柱

图 2-18 所示为凹形柱体被侧垂面切割后的三视图，截交线的左视图积聚成一直线，主视图和俯视图中的投影为类似形。

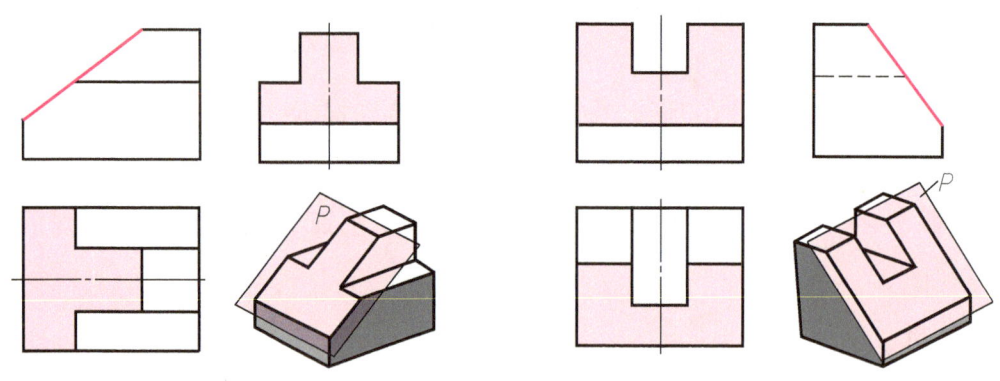

图 2-17　正垂面切割凸形柱体　　　　图 2-18　侧垂面切割凹形柱体

三、平面切割回转体

图 2-19 所示为一正圆柱被平面 P 切割，截平面 P 平行于圆柱轴线，且平行于侧面，截交线为矩形，其主、俯视图的投影积聚成直线，左视图中的投影为矩形（实形）。

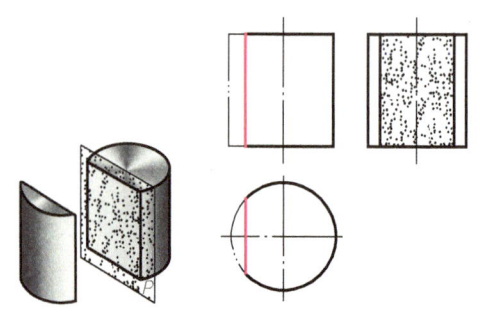

图 2-19　平面切割圆柱

图 2-20 所示为圆柱被两个平面切割，截平面 P 与轴线垂直，截交线是一段圆弧加一直线段，在俯视图上反映实形，在主、左视图上积聚成直线。截平面 Q 与轴线平行，截交线为一矩形，在左视图上反映实形，在主、俯视图上积聚成直线。

图 2-20a、b 中两个圆柱的切割情况是类似的，不同的是图 2-20a 中的圆柱切口小，在左视图中圆柱的外形轮廓线被保留，而图 2-20b 中的圆柱切口较大，在左视图中圆柱的部分外形轮廓已被切去。

【例 2-3】　作接头的三面投影，如图 2-21a 所示。

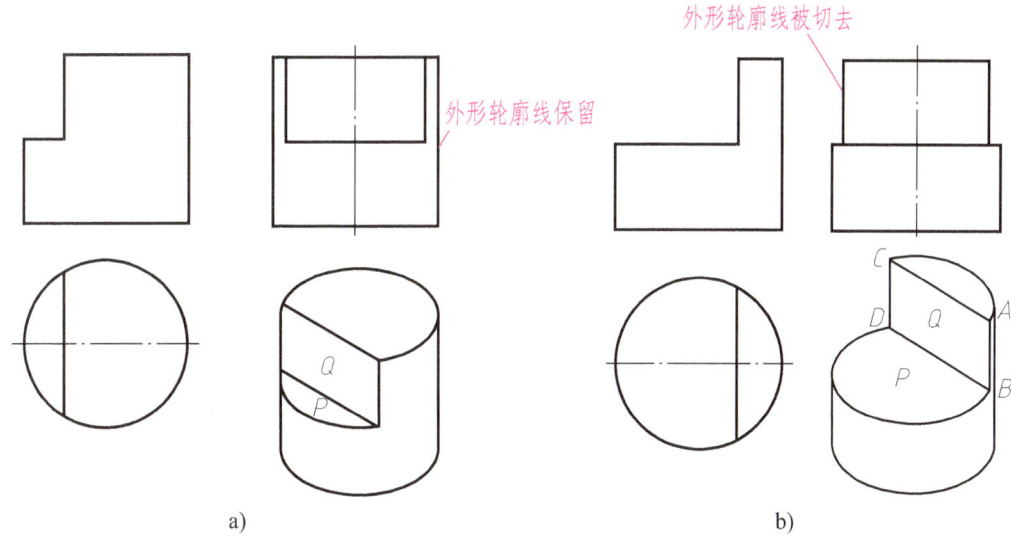

图 2-20 圆柱被两个平面切割

分析

接头由一个圆柱体左端开槽（中间被两个正平面和一个侧平面切割）、右端切肩（上、下被水平面和侧平面对称地切去两块）而形成。所产生的截交线均为直线和平行于侧面的圆弧。

作图

1）根据槽口的宽度，作出槽口的侧面投影（两条竖线），再按投影关系作出槽口的正面投影，如图 2-21b 所示。

2）根据切肩的厚度，作出切肩的侧面投影（两条细虚线），再按投影关系作出切肩的水平投影，如图 2-21c 所示。

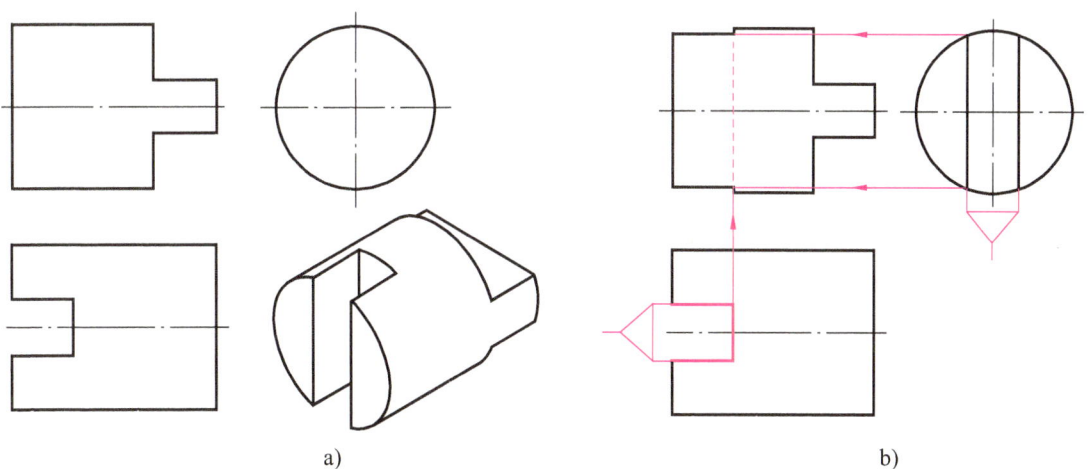

图 2-21 接头表面截交线的作图步骤

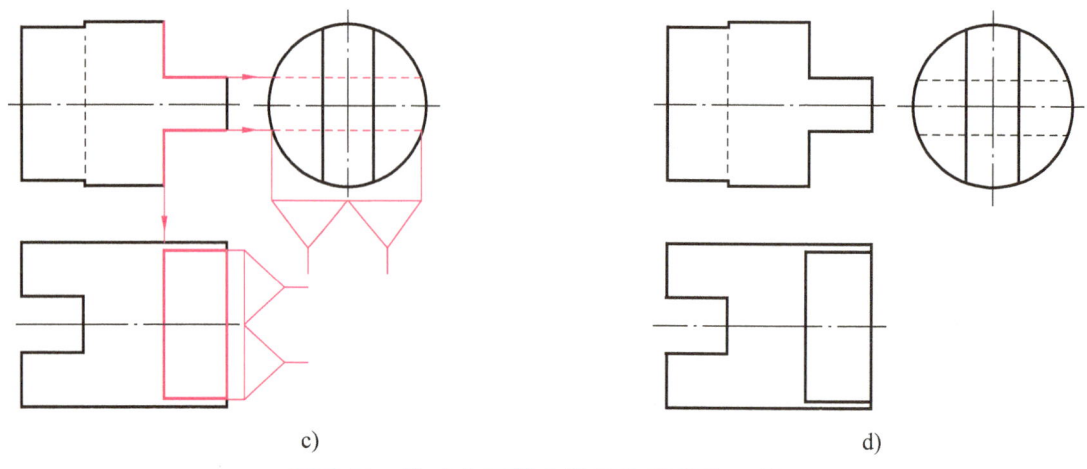

c)　　　　　　　　　　　　　　d)

图 2-21　接头表面截交线的作图步骤（续）

3）作图结果如图 2-21d 所示。

> 课堂讨论与练习

图 2-22a 所示为圆柱与四棱柱相交，可看作四棱柱的四个棱面与圆柱表面分别相交，截交线由两段直线和两段圆弧组成。

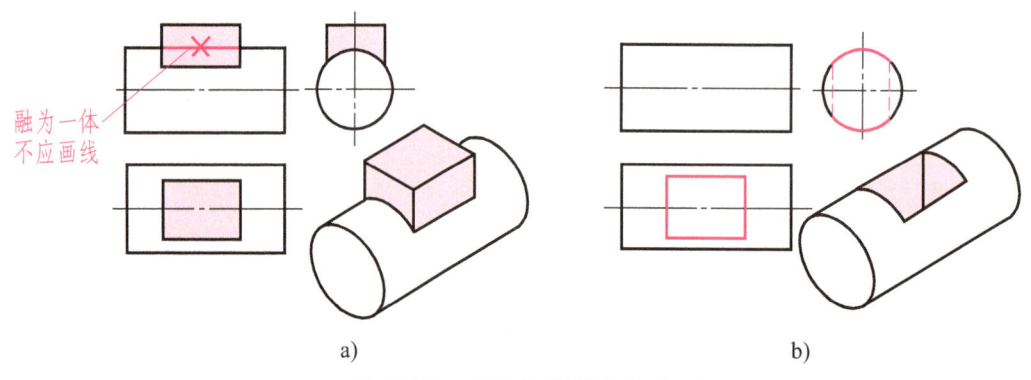

a)　　　　　　　　　　　　　　b)

图 2-22　圆柱与四棱柱相交

如图 2-22b 所示，如果将四棱柱抽出，圆柱体上形成一个方形通孔，请读者思考并画出主视图中截交线的投影。必须注意，图 2-22a 所示圆柱与四棱柱相交，两者已融为一体，所以在主视图中圆柱上面的一段轮廓线已不存在，不应画线。那么在图 2-22b 中，当抽去四棱柱后，半圆柱上面的一段轮廓还存在吗？

第四节　正等轴测图画法

应用正投影法绘制的三视图（图 2-23a）能准确表达物体的形状，但直观性差。正等轴测图（图 2-23b）是在一个投影面上得到的能够反映长、宽、高三个方向上尺寸的轴测图，其立体感强，容易看懂，工程上常作为辅助图样，用以说明机器外观或内部结构。

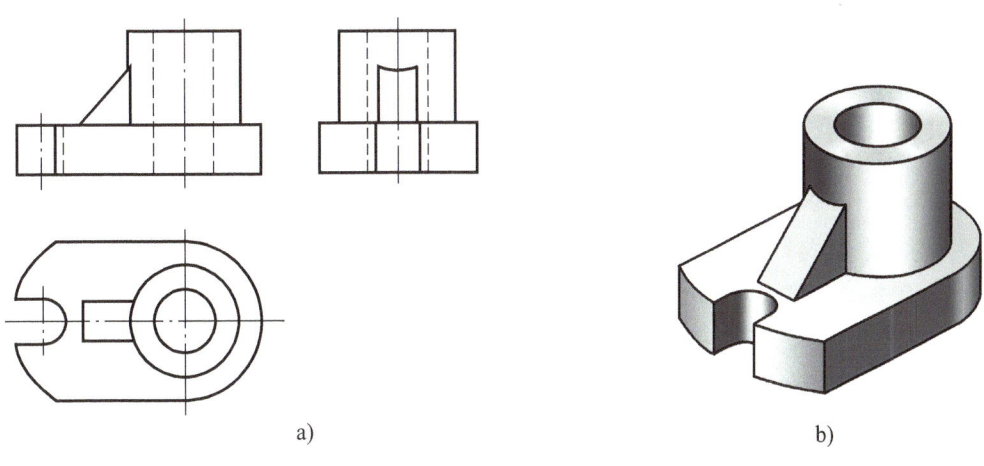

图 2-23　三视图与轴测图

一、正等轴测图的形成和投影特性

如图 2-24a 所示，在一立方体上设直角坐标轴 O_0X_0、O_0Y_0、O_0Z_0，将此立方体放在轴测投影面 P 的前方，使立方体倾斜放置，令三根坐标轴对 P 面的倾角相等，用平行的投射线垂直于 P 面进行投射，这样得到的投影即正等轴测投影，也称为正等轴测图，简称正等测。

1. 轴测轴

直角坐标轴在轴测投影面上的投影 OX、OY、OZ 称为轴测轴，三条轴测轴的交点 O 称为原点。

2. 轴间角

轴测投影中，任意两根直角坐标轴在轴测投影面上的投影之间的夹角 $\angle XOY$、$\angle YOZ$、$\angle ZOX$ 称为轴间角。正等测中的轴间角 $\angle XOY = \angle YOZ = \angle ZOX = 120°$。作图时，通常将 OZ 轴画成铅垂位置，OX、OY 轴分别与水平线成 30°角，如图 2-24b 所示。

3. 轴向伸缩系数

轴测轴的单位长度与相应直角坐标轴的单位长度的比值称为轴向伸缩系数。OX、OY、OZ 轴上的轴向伸缩系数分别用 p、q、r 表示。正等测中的简化轴向伸缩系数 $p = q = r = 1$（图 2-24b）。作图时，凡平行于轴测轴的线段，可直接按物体上相应线段的实际长度量取，不必换算。按这种方法画出的正等轴测图，各轴向的长度分别都放大了 1/0.82≈1.22 倍（证明略），但形状没有变。

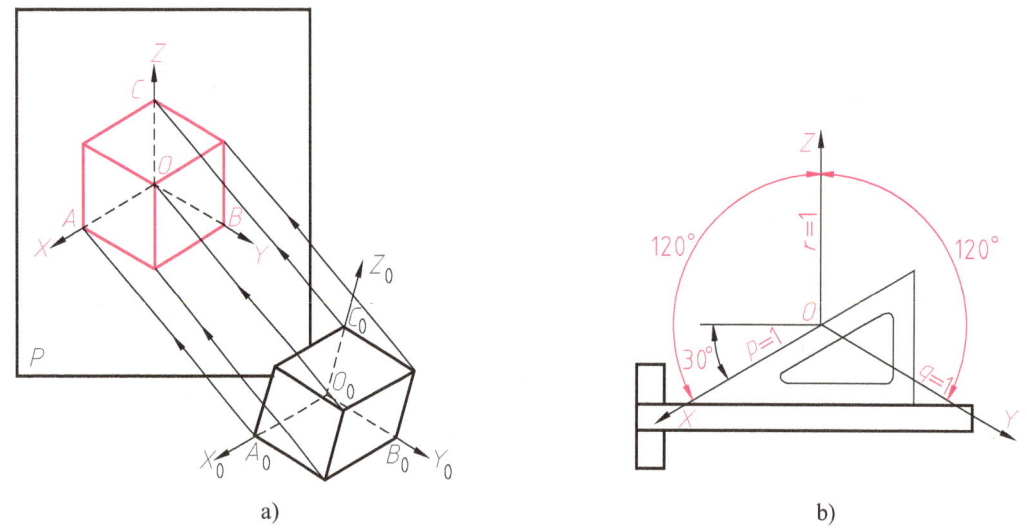

图 2-24 正等轴测图的轴间角和轴向伸缩系数

4. 正等轴测图的投影特性

1) 物体上互相平行的线段，轴测投影仍互相平行。平行于坐标轴的线段，轴测投影仍平行于相应的轴测轴，且同一轴向所有线段的轴向伸缩系数相同。

2) 物体上不平行于轴测投影面的平面图形，在轴测图上变成原形的类似形，如正方形的轴测投影为菱形，圆的轴测投影为椭圆等。

画轴测图时，凡物体上与轴测轴平行的线段的尺寸可以沿轴向直接量取。所谓"轴测"，就是指沿轴向进行测量的意思。

二、平面体正等轴测图画法

画立体轴测图的基本方法是坐标法和切割法。坐标法是沿坐标轴测量画出各顶点的轴测投影，并相连形成物体的轴测图；对于不完整的形体，也可先按完整形体画出，然后用切割的方法画出其不完整部分。

1. 坐标法

根据物体的形体特征，选定合适的坐标轴，画出轴测轴，然后按立体表面上各点的坐标关系，分别作出轴测投影，依次连接各点的轴测投影，从而完成形体的轴测图。坐标法是画轴测图的基本方法。如图 2-25 所示，正四棱锥前后、左右对称，将坐标原点 O_0 设定在底面中心，以底面的对称中心线为 X_0、Y_0 轴，Z_0 轴与四棱锥轴线重合。这样便于直接作出底面矩形各顶点的坐标，用坐标法从底面开始作图。

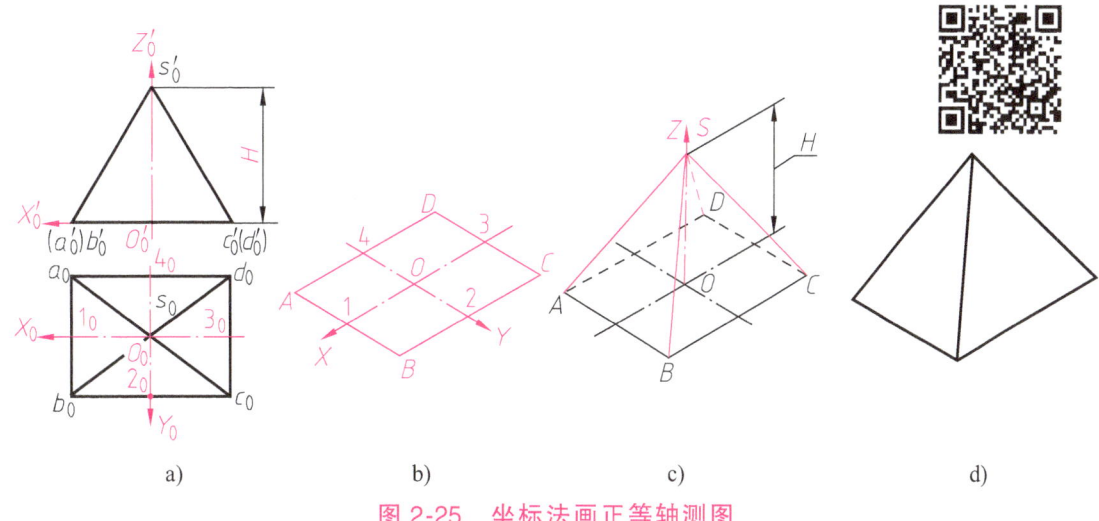

图 2-25 坐标法画正等轴测图

作图过程如图 2-25 所示。

1）定出坐标原点 O_0 和坐标轴 O_0X_0、O_0Y_0、$O_0'Z_0'$，如图 2-25a 所示。

2）画出轴测轴 OX、OY。由于 1_0、2_0 分别在 O_0X_0、O_0Y_0 坐标轴上，故可直接量取到 OX、OY 轴上，并作出点 1、2 的对称点 3、4。过各点作轴测轴的平行线即得底面矩形的轴测投影 $ABCD$，如图 2-25b 所示。

3）作轴测轴 OZ，在 OZ 上直接量取四棱锥高度 H，得锥顶 S，连接 SA、SB、SC、SD 各棱线，如图 2-25c 所示。

4）擦去作图线，描深轮廓线。注意：轴测图上只要求画出可见轮廓线，不可见轮廓（虚）线一般不必画出，如图 2-25d 所示。

2. 切割法

对于图 2-26a 所示的楔形块，可采用切割法作图，将它看成由一个长方体斜切一角而成。对于切割后的斜面中与三个坐标轴都不平行的线段，在轴测图上不能直接从正投影图中量取，必须按坐标求出其端点，然后再连接。

作图方法和步骤如图 2-26 所示。

1）定坐标原点及坐标轴，如图 2-26a 所示。

2）按给出的尺寸 a、b、h 作出长方体的轴测图，如图 2-26b 所示。

3）按给出的尺寸 c、d 定出斜面上线段端点的位置，并连成平行四边形，如图 2-26c 所示。

4）擦去作图线，描深轮廓线，完成楔形块正等轴测图，如图 2-26d 所示。

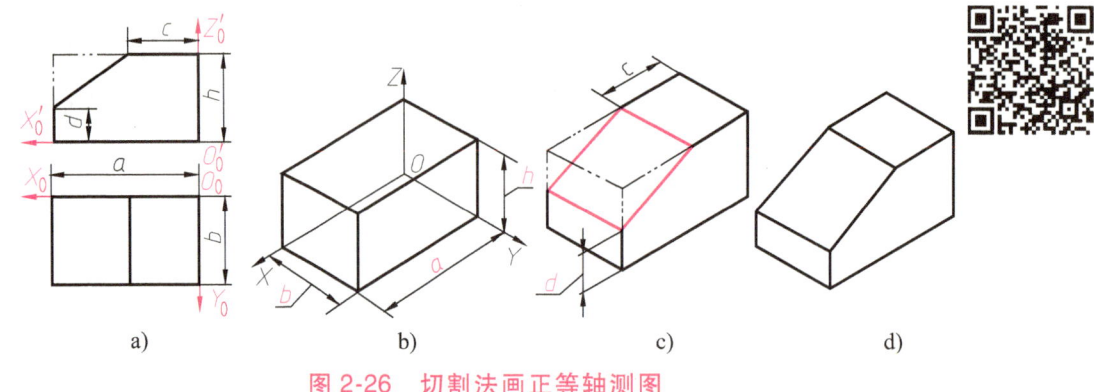

图 2-26 切割法画正等轴测图

【例 2-4】 根据图 2-27a 所示三视图，画正等轴测图。

分析

按给出的三视图，想象该形体由带缺口的底板、切去斜角的竖板和小三棱柱斜块三部分组成，可假想由一个长方体经切割和叠加后逐步画出该轴测图。

作图步骤如图 2-27 所示。

1）画出完整的长方体，再切割成 L 形柱体，如图 2-27b 所示。

2）切去左上角，如图 2-27c 所示。

3）切去左下角，如图 2-27d 所示。

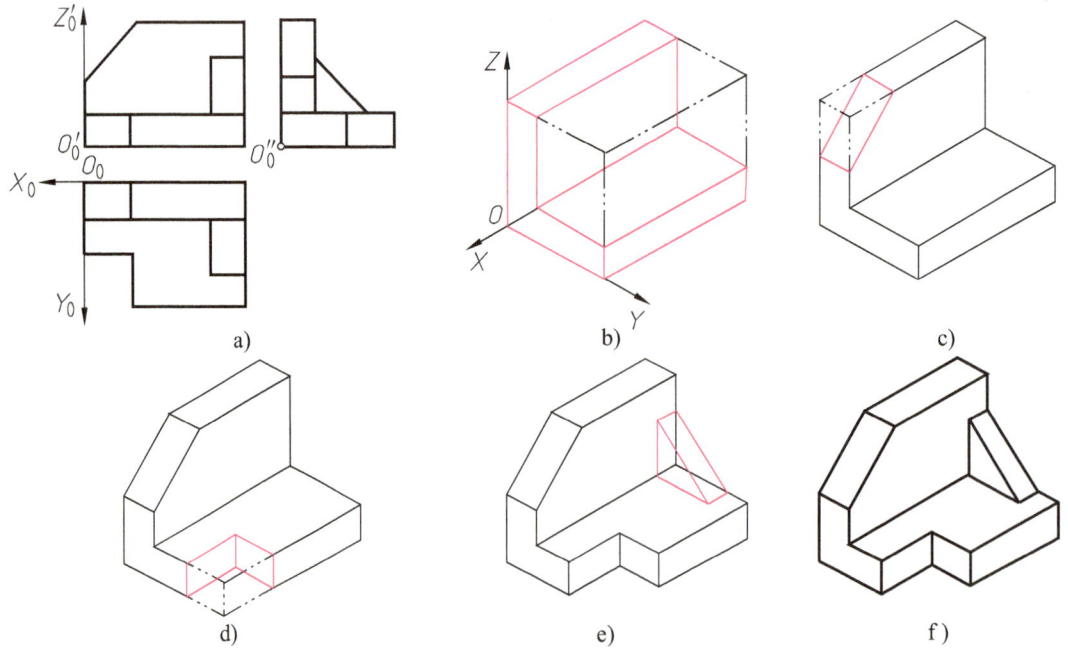

图 2-27 切割叠加法画正等轴测图

4）叠加一个三棱柱，如图 2-27e 所示。

5）描深可见轮廓线完成轴测图，如图 2-27f 所示。

三、回转曲面体正等轴测图画法

1. 圆柱的正等轴测图画法

分析

如图 2-28a 所示，直立正圆柱的轴线垂直于水平面，上、下底为两个与水平面平行且大小相同的圆，在轴测图中均为椭圆。可按圆柱的直径 ϕ 和高度 h 作出两个形状和大小相同、中心距为 h 的椭圆，再作两椭圆的公切线。

作图

1）以上底圆的圆心为原点 O_0，上底圆的中心线 O_0X_0、O_0Y_0 和圆柱轴线 $O_0'Z_0'$ 为坐标轴，作上底圆（俯视图）的外切正方形，得切点 a、b、c、d，如图 2-28a 所示。

2）画轴测轴，定出四个切点 A、B、C、D，过四点分别作 OX、OY 轴的平行线，得外切正方形的轴测图（菱形）。沿 OZ 轴量取圆柱高度 h，用同样方法作出下底菱形，如图 2-28b 所示。

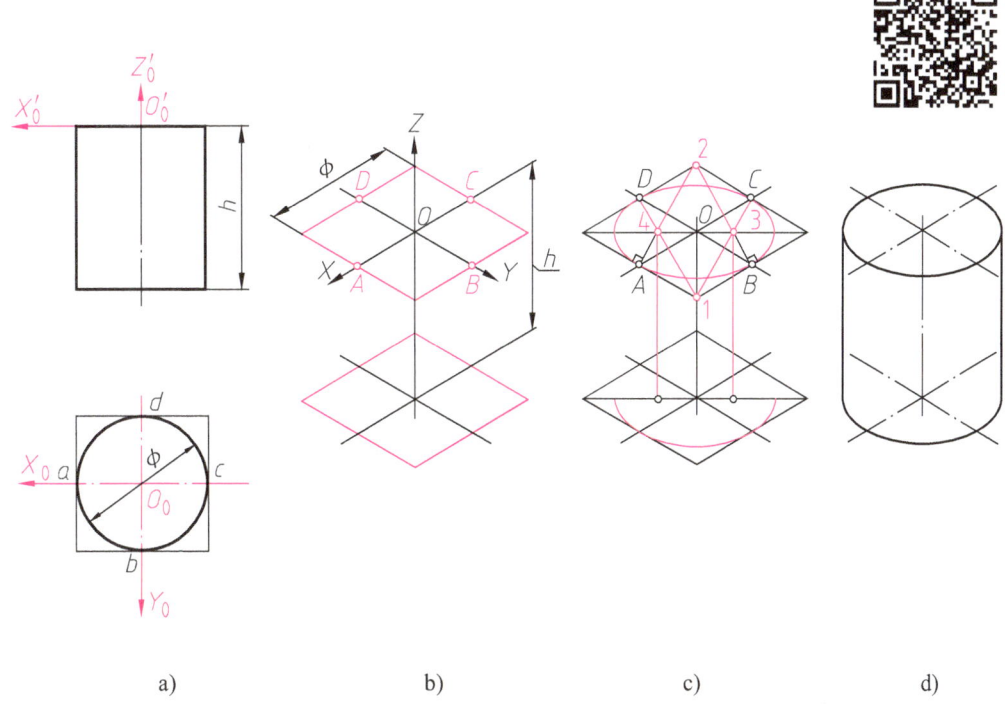

a)   b)   c)   d)

图 2-28 圆柱的正等轴测图画法

3）过菱形两顶点 1、2，连接 1C、2B 得交点 3，连接 1D、2A 得交点 4。1、2、3、4 即为形成近似椭圆的四段圆弧的圆心。分别以 1、2 为圆心，1C 为半径作 $\overset{\frown}{CD}$ 和 $\overset{\frown}{AB}$ ⊖；分别以 3、4 为圆心，3B 为半径作 $\overset{\frown}{BC}$ 和 $\overset{\frown}{AD}$，得圆柱上底的轴测图（椭圆）。将椭圆弧的三个圆心 2、3、4 沿 Z 轴平移距离 h，作出下底椭圆，不可见的圆弧不必画出，如图 2-28c 所示。

4）作两椭圆的公切线，擦去多余图线，描深，完成圆柱轴测图，如图 2-28d 所示。

讨论

在图 2-28c 所示作图过程中，可以证明 2A⊥1A、2B⊥1B，该性质可用于后面绘制圆角的正等轴测图时确定圆心点。

当圆柱轴线垂直于正面或侧面时，轴测图的画法与上述相同，只是圆平面内所含的轴测轴应分别为 X、Z 和 Y、Z，如图 2-29 所示。

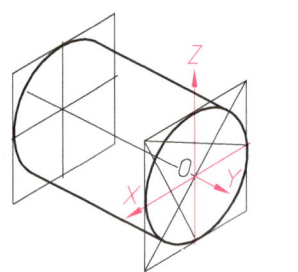
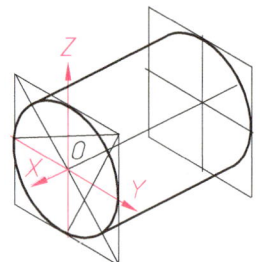

图 2-29 圆柱的正等轴测图

2. 半圆头与圆角的正等轴测图画法

半圆头与四分之一圆周的圆角是最常见的基本形体，图 2-30a 所示形体由半圆头竖板和具有圆角的底板两部分组成，作图步骤如下。

1）画出包含半圆头长方体的轴测图，标出切点 A、B、C，如图 2-30b 所示。

2）过切点 A、B、C 作相应棱边的垂线，交得 O_1、O_2，以 O_1 为圆心，O_1A 为半径作 $\overset{\frown}{AB}$，以 O_2 为圆心，O_2B 为半径作 $\overset{\frown}{BC}$，如图 2-30c 所示。

3）由 O_1、O_2 向后平移竖板的厚度，并作出相应的圆弧，如图 2-30d 所示。

4）作竖板前后壁近似椭圆的两段小圆弧公切线，清理图面，描深可见轮廓线，如图 2-30e 所示。

在图 2-30b~e 中，画出竖板的同时，也显示了底板的作图过程：由四分之一

⊖ 按国标新规定，圆弧符号应在字母的左边（即 $\overset{\frown}{\ }AB$），为方便，本书仍沿用原来形式（$\overset{\frown}{AB}$）。

圆弧的切点 D、E 和 F、G 分别作相应棱边的垂线得交点 O_3、O_4，与半圆头竖板类似的方法作出圆角。

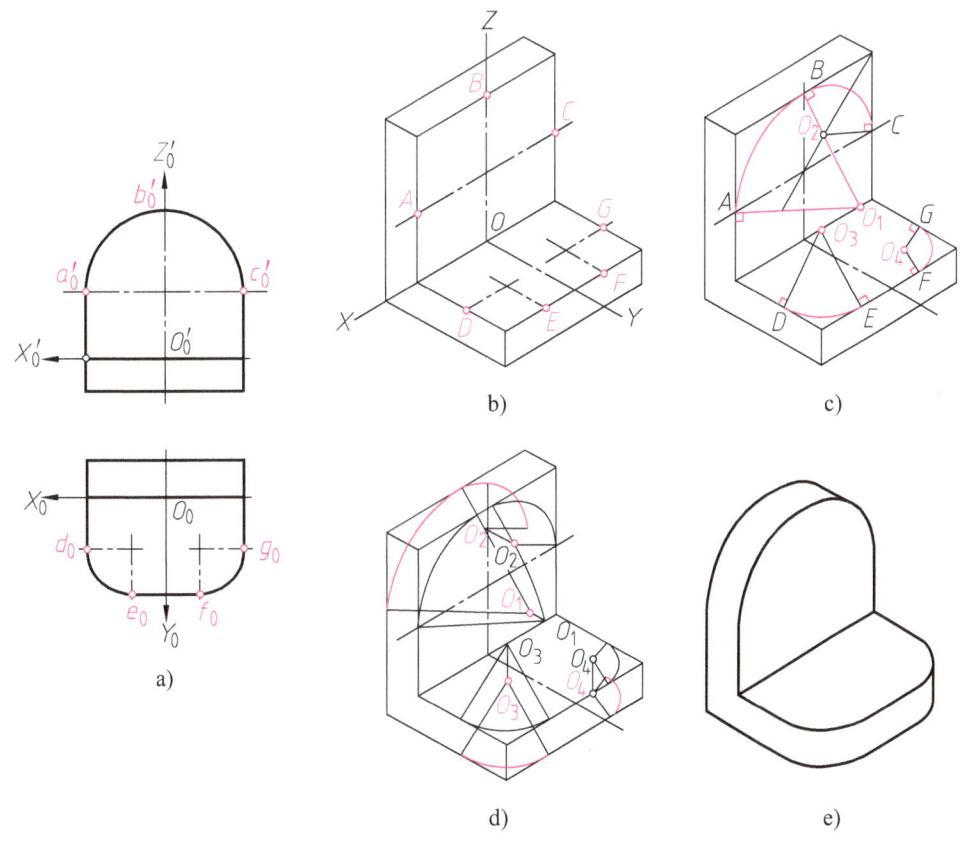

图 2-30 半圆头与圆角的正等轴测图画法

课堂练习（在教师指导下完成）

1. 由三视图画正等轴测图（尺寸从视图中量取，取整数）。

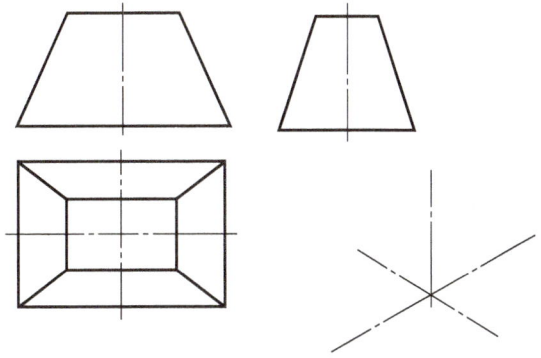

2. 根据主、左视图，补画俯视图中的漏线并画正等轴测图。

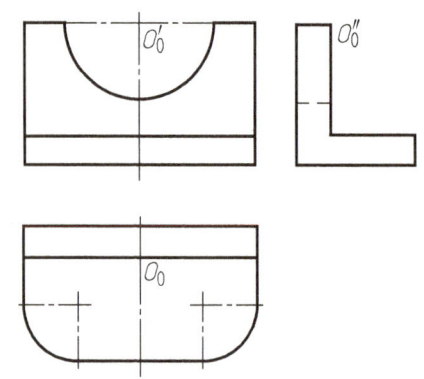

3. 根据主、左视图，补画俯视图中的漏线并画正等轴测图。

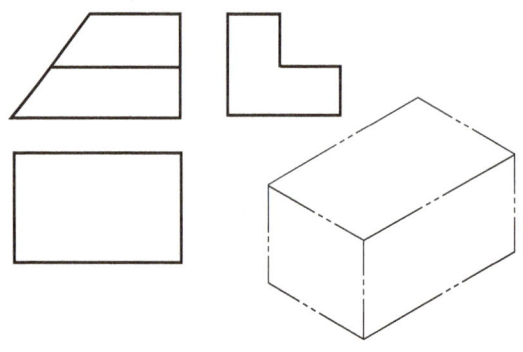

第五节　斜二轴测图画法

画轴测图的方法有多种，除了正等轴测图以外，常用的还有斜二轴测图。在某种特定条件下，斜二轴测图非常简单易画。如图 2-31 所示的端盖，如果画正等轴测图，必须至少画出九个椭圆，如图 2-31a 所示；而画斜二轴测图只要画前后若干个圆，如图 2-31b 所示。

一、斜二轴测图的形成及其投影特性

a) 正等轴测图　　b) 斜二轴测图

图 2-31　端盖

1. 斜二轴测图的形成

如图 2-32a 所示，将立方体放在轴测投影面 P 的前方，并使 $X_0O_0Z_0$ 坐标面与 P 面平行，使 O_0Z_0 轴成铅垂线（即物体正放）。用一束倾斜于 P 面的平行光线投射（即光线斜射），这种用斜投影法在轴测投影面上所得的轴测投影称为斜二轴测图，简称斜二测。

2. 轴间角和轴向伸缩系数

由于 $X_0O_0Z_0$ 坐标面平行于轴测投影面，所以轴测轴 OX、OZ 仍分别为水平

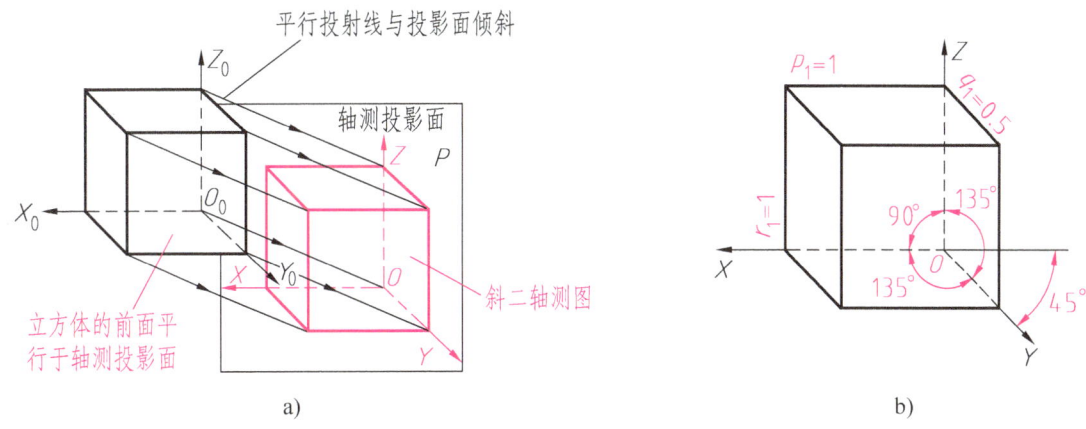

图 2-32 斜二轴测图的形成

方向和铅垂方向,轴测轴 OY 通常取与水平线 45°角方向。如图 2-32b 所示,斜二轴测图的轴间角 $\angle XOZ = 90°$,$\angle XOY = \angle YOZ = 135°$,轴向伸缩系数 $p_1 = r_1 = 1$,$q_1 = 0.5$。

与正等轴测图比较,斜二轴测图最大的优点是:凡平行于 $X_0O_0Z_0$ 坐标面的平面图形,在斜二轴测图中其轴测投影都反映实形。因此,当物体的正面形状具有较多的圆或圆弧,其他方向图形较简单时,采用斜二轴测图作图十分简便。

二、斜二轴测图画法

图 2-33a 所示为一个具有同轴圆柱孔的圆台,圆台的前、后端面及孔口都是圆。因此,将前、后端面平行于正面放置,作图很方便。

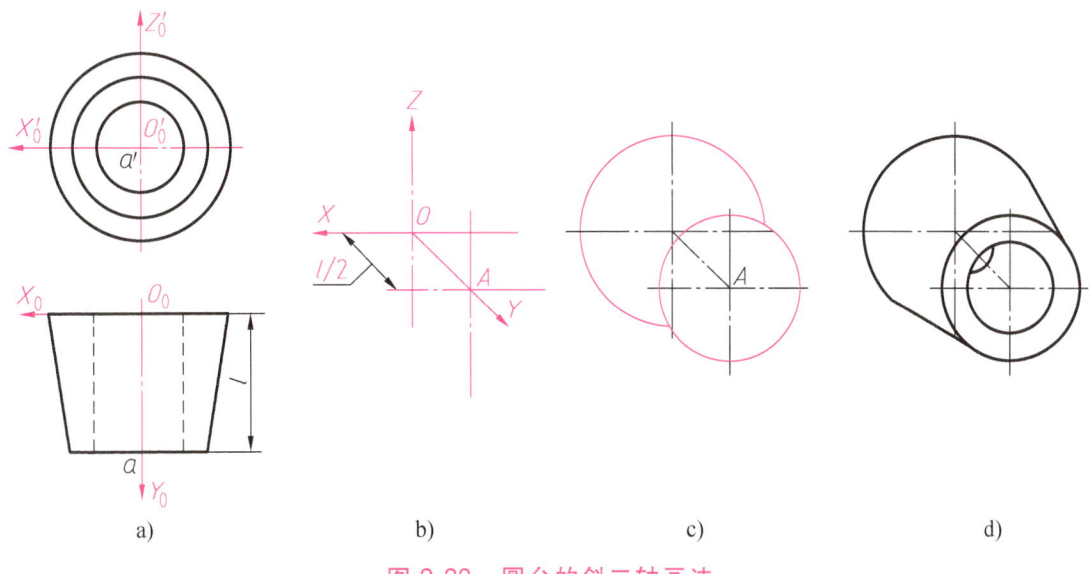

图 2-33 圆台的斜二轴画法

作图

1）作轴测轴，在 Y 轴上量取 $l/2$，定出前端面的圆心 A，如图 2-33b 所示。

2）画出前、后端面圆的轴测图，如图 2-33c 所示。

3）作两端面圆的公切线及前孔口和后孔口的可见部分。擦去多余作图线，描深，如图 2-33d 所示。

第六节　轴测草图画法

不用绘图仪器和工具，通过目测形体各部分的尺寸和比例，徒手画出的图样称为草图。草图是创意构思、技术交流、测绘机件常用的绘图方法。徒手绘制的轴测图也称为轴测草图。如果在识读三视图想象物体形状的过程中，能够一边思考，一边勾画轴测草图，把思维过程及时记录下来，就会不断提高空间想象能力。

由于徒手绘图具有灵活、快捷的特点，有很大的实用价值，特别是随着计算机绘图的普及，徒手绘制草图的应用将更加广泛。

1. 直线的画法

画轴测草图时，一般先画水平线和垂直线，以确定轴测图的位置和图形的主要基准线。在画直线的运笔过程中，小手指轻抵纸面，视线略超前一些，不宜盯着笔尖，而要目视运笔的前方和笔尖运行的终点。如图 2-34 所示，画水平线时宜自左向右、画垂直线时宜自上向下运笔。画斜线的运笔方向以顺手为原则，若与水平线相近，则自左向右运笔；若与垂直线相近，则自上向下运笔。如果将图纸沿运笔方向略微倾斜，则画线更加顺手。若所画线段比较长，不便于一笔画成，可分几段画出，但切忌一小段一小段画出。

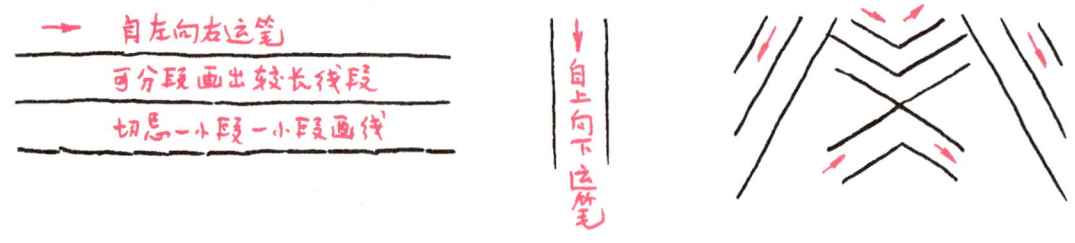

图 2-34　徒手画直线

2. 等分线段

1）八等分线段（图 2-35a）。先目测取得中点 4，再取分点 2、6，最后取其余分点 1、3、5、7。

2）五等分线段（图2-35b）。先目测以2∶3的比例将线段分成不相等的两段，然后将小段平分，较长段三等分。

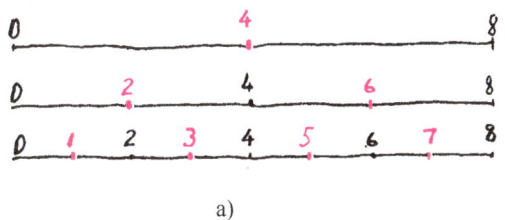
a)

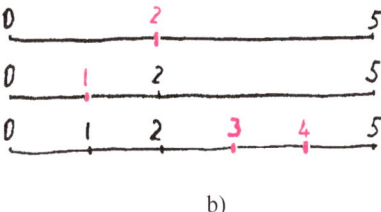
b)

图2-35 等分线段

3. 常用角度画法

画轴测草图时，首先要徒手画出轴测轴。如图2-36a所示，正等测的轴测轴 OX、OY 与水平线成30°角，可利用直角三角形两条直角边的长度比定出两端点，连成直线。图2-36b所示为斜二测的轴测轴画法。也可以如图2-36c所示将1/4圆弧两等分或三等分画出45°和30°斜线。

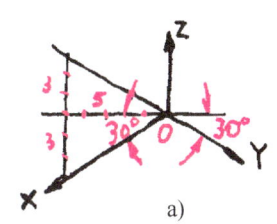
a)

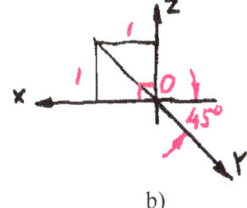
b)

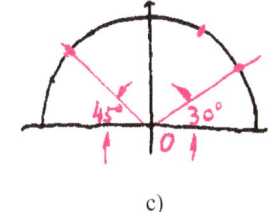
c)

图2-36 画常用角度

4. 徒手画圆、圆角和圆弧

画较小的圆时，可如图2-37a所示，在已绘中心线上按半径目测定出四点，徒手画成圆。也可以过四点先作正方形，再作内切的四段圆弧。画直径较大的圆

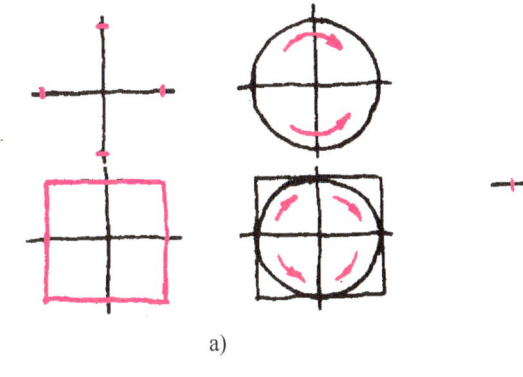
a)

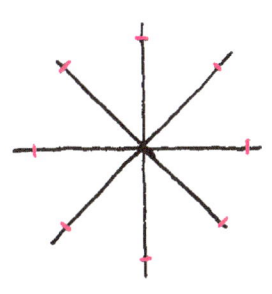

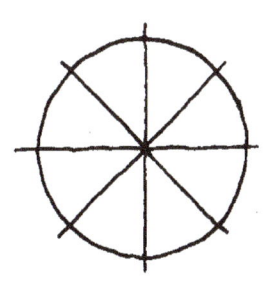
b)

图2-37 徒手画圆

时，只取中心线上的四点不易准确作圆，可如图2-37b所示，过圆心再画两条45°斜线，并在斜线上也目测定出四点，过八点画圆。

画圆角时，先将直线徒手画成相交，作分角线，再在分角线上定出圆心位置，使它与角两边的距离等于圆角半径的大小，如图2-38a所示。过圆心向两边引垂线定出圆弧的起点和终点，在分角线上也定出圆周上的一点，然后徒手把三点连成圆弧，如图2-38b所示。用类似的方法还可画圆弧连接，如图2-38c所示。

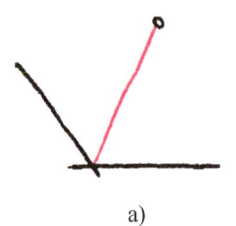
a)
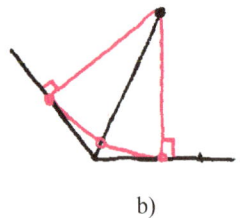
b)
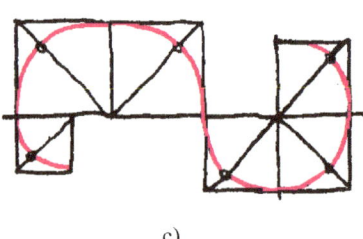
c)

图 2-38　徒手画圆角和圆弧

5. 徒手画椭圆

画较小的椭圆时，可先在中心线上定出长、短轴或共轭轴的四个端点，作矩形或平行四边形，再作四段椭圆弧，如图2-39a所示。画较大的椭圆时，可按图2-39b所示的方法，在平行四边形的四条边上取中点1、3、5、7，在对角线上再取四点2、4、6、8（由B7和A3的中点M、N，与AB的中点1相连接，连线1M和1N分别与对角线BD、AC交于点8和2，再作出它们的对称点6和4），使椭圆分为八段，然后顺次连接画出，如图2-39c所示。

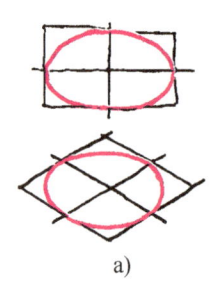
a)
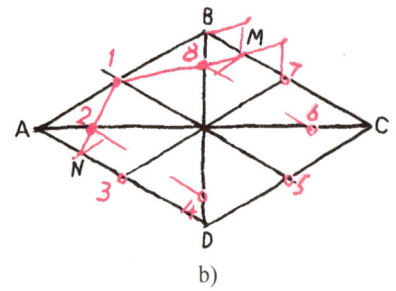
b)
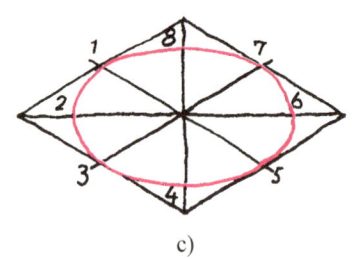
c)

图 2-39　徒手画椭圆

6. 徒手画正六边形

徒手画正六边形如图2-40所示，以正六边形的对角距（即点1到点4之间的距离）为直径画圆，取半径（O1）中点K作垂线与圆周交于点2、6，再作出对称点3、5，连接各点即为正六边形，如图2-40a所示。用类似的方法作出正六边形的正等轴测图，如图 2-40b 所示。

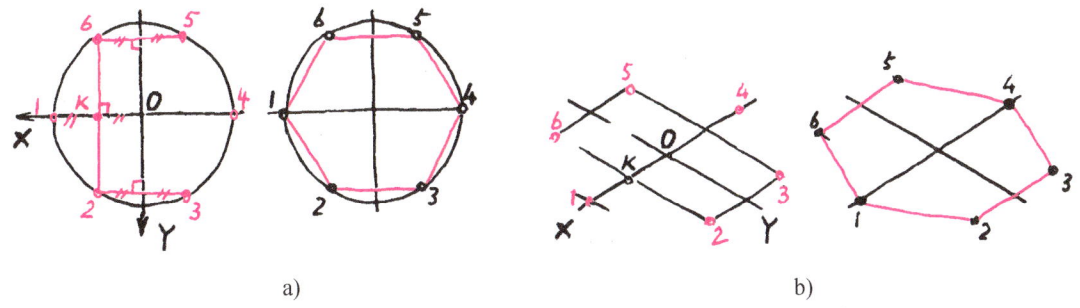

图 2-40 徒手画正六边形

草图图形的大小是根据目测估计画出的，故目测尺寸比例要准确。初学徒手画草图，可在网格纸上进行，如图 2-41 所示。

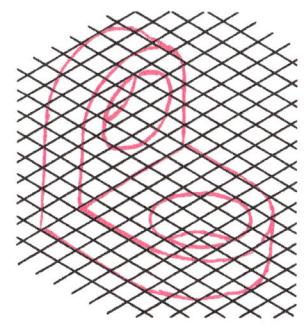 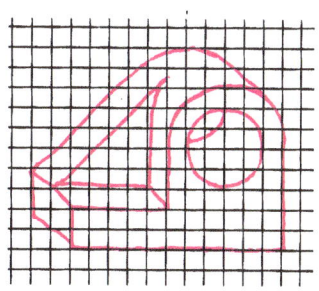

图 2-41 网格纸上徒手画草图

第三单元

组合体

由两个或两个以上的基本体组合构成的整体称为组合体。组合体大多是由机件抽象而成的几何模型。掌握组合体的画图和读图方法十分重要，将为进一步学习零件图的绘制与识读打下基础。

第一节　组合体的组合形式

任何机器零件或日常生活用品（图3-1所示水龙头），从形体的角度来分析，都可以看成是由一些简单的基本体经过叠加、切割或穿孔等方式组合而成的。

一、组合体的构成方式

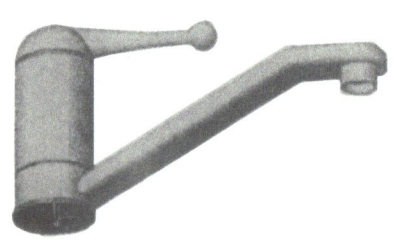

图3-1　水龙头

组合体按其构成的方式，通常分为叠加型和切割型两种。叠加型组合体由若干基本体叠加而成，如图3-2a所示的螺栓（毛坯）由六棱柱、圆柱和圆台叠加而

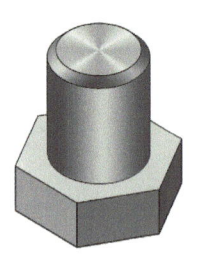
a) 叠加型

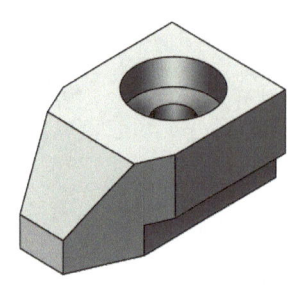
b) 切割型

c) 综合型

图3-2　组合体的构成方式

成。切割型组合体则可看成由基本体经过切割或穿孔后形成，如图 3-2b 所示的压块（模型）是由四棱柱经过若干次切割再穿孔以后形成的。多数组合体则是既有叠加又有切割的综合型，如图 3-2c 所示的支座。

二、组合体上各形体相邻表面之间的连接关系

组合体中的基本形体经过叠加、切割或穿孔后，形体的相邻表面之间可能形成共面、相切或相交三种连接形式，连接形式不同，连接处投影的画法也不同。

1. 共面

当两形体邻接表面共面时，在共面处不应有邻接表面的分界线，如图 3-3a 所示。当两形体邻接表面相错时，两形体的投影间应有线隔开，如图 3-3b 所示。

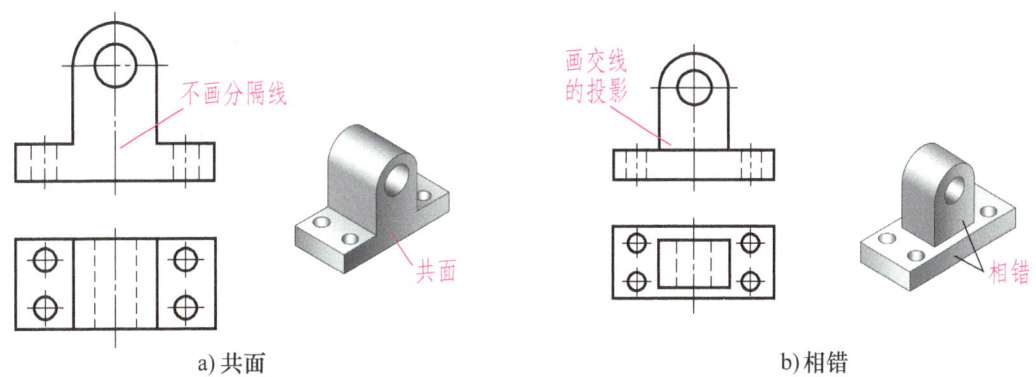

a) 共面　　　　　　　　　　　b) 相错

图 3-3 形体表面连接关系——共面或相错

2. 相切

当两形体邻接表面相切时，由于相切是光滑过渡，所以切线的投影不画，如图 3-4a 所示。图 3-4b 中，相切处画线是错误的。

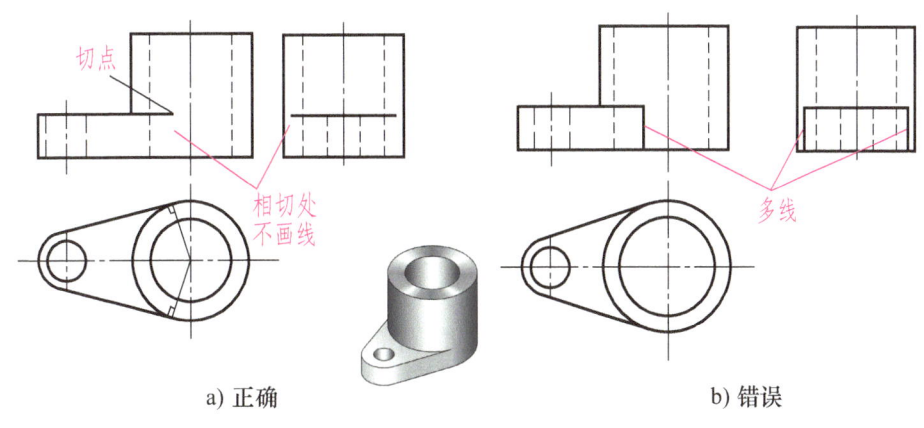

a) 正确　　　　　　　　　　　b) 错误

图 3-4 形体表面连接关系——相切

3. 相交

两形体相交时，其相邻表面必产生交线，在相交处应画出交线的投影，如图 3-5a 所示。

两立体相交称为 相贯，表面形成的交线称为 相贯线，如图 3-5b 所示。相贯线是两立体表面的共有线。作图方法与截交线一样，先求作相交表面上共有点的投影，然后光滑连接，即为所求相贯线的投影。

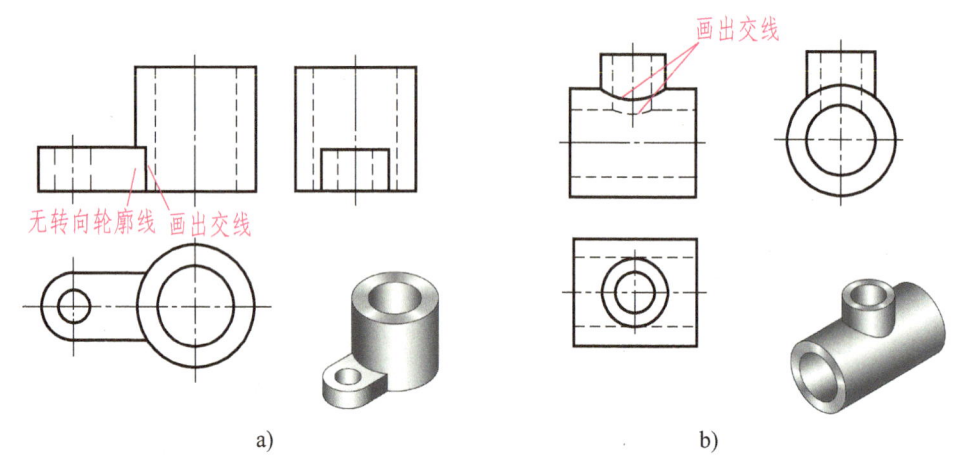

图 3-5 形体表面连接关系——相交

（1）不等径两圆柱正交 如图 3-6a 所示，两圆柱轴线垂直相交称为正交。直立圆柱的直径小于水平圆柱的直径，其相贯线为封闭的空间曲线，且前后、左右对称。

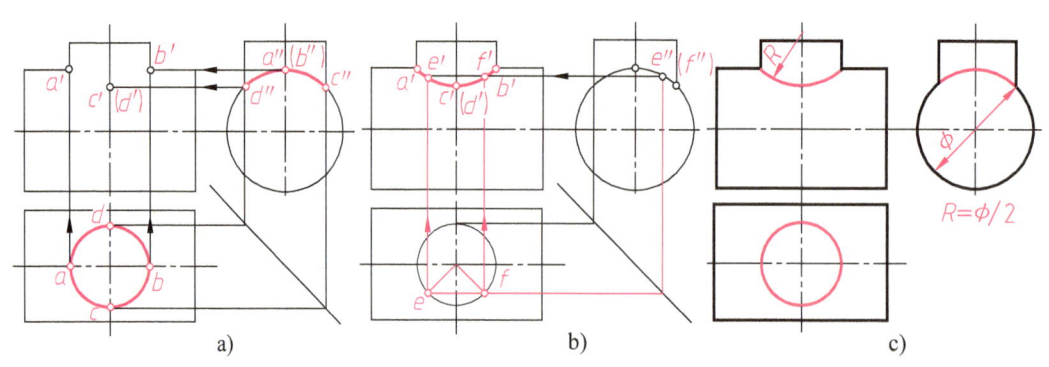

图 3-6 不等径两圆柱正交的相贯线画法

由于直立圆柱的水平投影和水平圆柱的侧面投影都有积聚性，所以相贯线的水平投影和侧面投影分别积聚在它们有积聚性的投影圆上，因此，只需作出相贯线的正面投影。

由于相贯线前后、左右对称,所以在其正面投影中,可见的前半部和不可见的后半部重合,且左右对称。

作图步骤如图 3-6 所示。

1) 求特殊点。水平圆柱的最高素线与直立圆柱的最左、最右素线的交点 A、B 是相贯线上最高点,也是最左、最右点。a'、b',a、b 和 a''、(b'') 均可直接作出。直立圆柱的最前、最后素线与水平圆柱表面的交点 C、D 是相贯线上最前、最后点,也是最低点。c''、d'',c、d 可直接作出,再由 c''、d'',c、d 求得 c'、(d'),如图 3-6a 所示。

2) 求中间点。利用积聚性,在侧面投影和水平投影上定出 e''、(f'') 和 e、f,再由 e''、(f'') 和 e、f 作出 e'、f'。用同样方法可再作出相贯线上一系列点。光滑连接各点的正面投影即为相贯线的正面投影,如图 3-6b 所示。

3) 当两圆柱正交且直径不等时,相贯线的投影可采用简化画法。如图 3-6c 所示,相贯线的正面投影以大圆柱的半径,过大、小圆柱面转向轮廓线的交点画圆弧,代替非圆曲线。

(2) 正交两圆柱直径大小的变化引起相贯线的变化 改变两圆柱直径大小时相贯线的变化如图 3-7 所示。

1) 当 $D_1<D_2$ 时,相贯线为空间曲线,其正面投影为上、下对称的两条曲线,如图 3-7a 所示。

2) 当 $D_1>D_2$ 时,相贯线为空间曲线,其正面投影为左、右对称的两条曲线,如图 3-7b 所示。

3) 当 $D_1=D_2$ 时,相贯线为两个相交的椭圆,其正面投影为正交两直线,如图 3-7c 所示。

必须注意:两个不等径正交圆柱的相贯线,总是由小圆柱向大圆柱内弯曲,并且两圆柱直径相差越小,曲线顶点越向大圆柱轴线靠近。

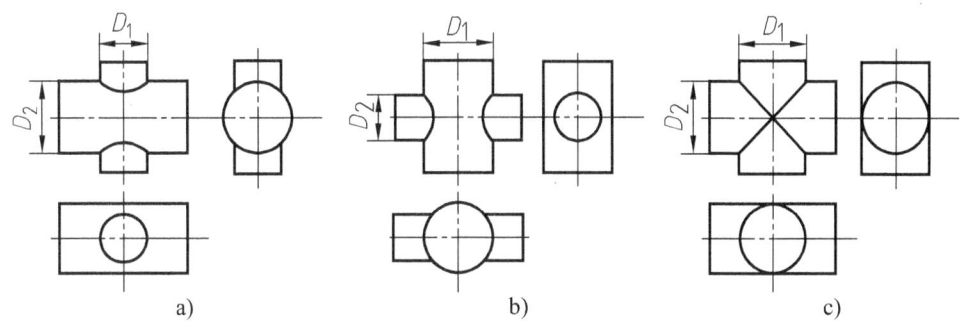

图 3-7 改变两圆柱直径大小时相贯线的变化

课堂练习

参照立体图，补全视图中所缺的图线，并在错误图线上画"×"。

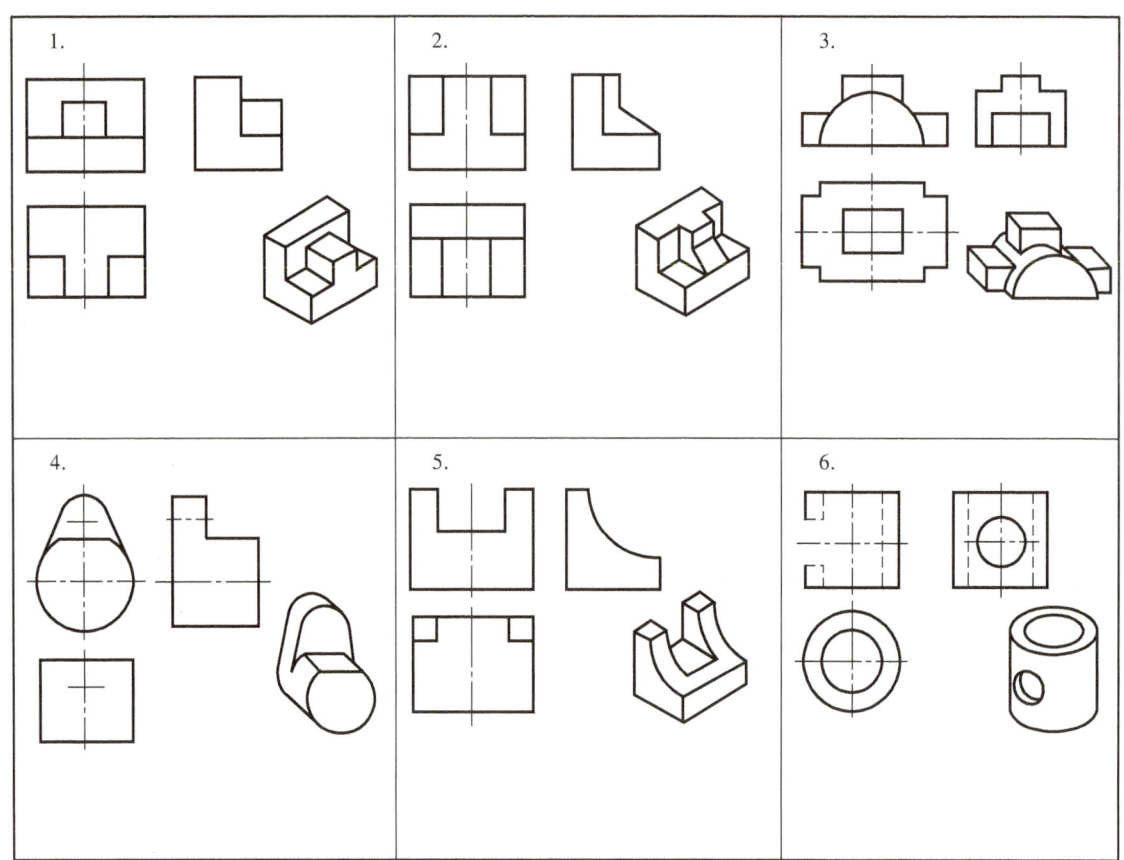

第二节　画组合体的方法和步骤

画组合体视图的基本方法是形体分析法，把形状复杂的物体分解为若干简单形体的"叠加"或"切割"，并分析这些形体之间的相对位置，以便对物体形状有完整概念，从而在画图和读图时化繁为简，化难为易。

一、叠加型组合体的视图画法

1. 形体分析

图3-8所示轴承座由底板、圆筒、支承板、肋板四部分叠加而成。支承板两侧面与圆筒表面相切，肋板与圆筒、底板相交，底板的后面与支承板、圆筒的后面平齐。底板上有两个圆柱通孔。

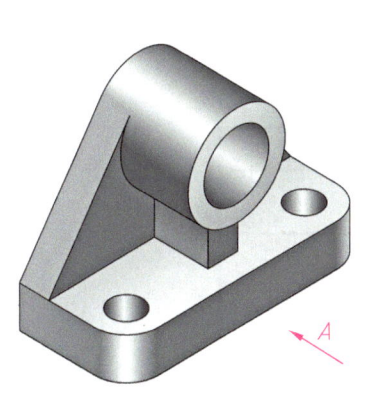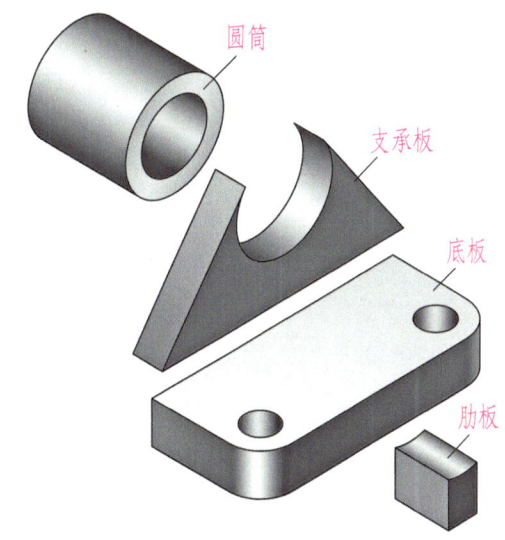

图 3-8 轴承座形体分析

2. 视图选择

首先选择主视图的投射方向，使主视图能较多地反映组合体的形状特征。同时还要考虑组合体的安放位置，将组合体的主要表面与投影面平行，主要轴线与投影面垂直。如图 3-8 所示，选择 A 向作为主视图投射方向能满足上述要求。

其次确定其他视图，俯视图表达底板的形状和两圆孔中心位置。左视图主要表达肋板的形状。

3. 画图步骤

（1）布置视图　根据组合体的大小定比例、选图幅，确定各视图的位置，画出各视图的基线，如轴承座的底面、端面、中心线等。布置视图时要注意三视图之间要保持一定间距，以便标注尺寸，如图 3-9a 所示。

（2）绘制底稿　如图 3-9b～e 所示，按形体分析法分解各基本形体以及确定它们之间的相对位置，逐个画出各基本形体的视图。为了迅速、正确地画出组合体的三视图，画底稿时应注意如下：

1）画每一部分基本形体时，应先画反映形体特征的视图。例如，圆筒和支承板都是在主视图上反映特征形状，所以应先画主视图，再画俯、左视图。

2）逐个画出各部分基本形体时，同一形体的三视图宜同时画出，而不是先画完组合体的一个视图后，再画另一个视图。这样可以减少投影作图错漏。

3）检查描深。底稿完成后，逐个检查各基本形体表面的连接关系，纠正错漏。确定无误后描深，如图 3-9f 所示。

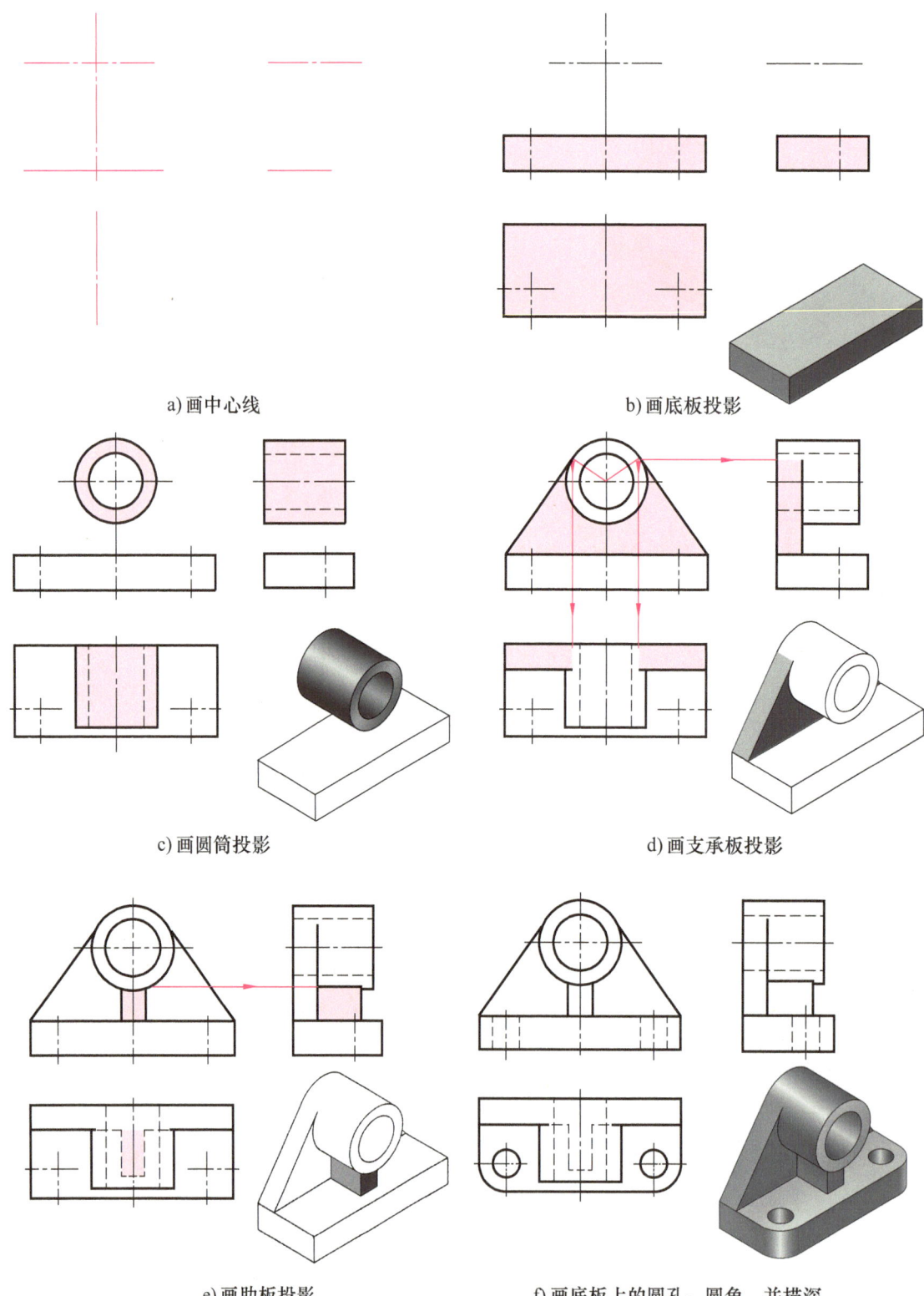

图 3-9 叠加型组合体视图画法

二、切割型组合体的视图画法

以图 3-10 所示垫块为例说明切割型组合体的画图方法和步骤。

1. 形体分析

图 3-10a 所示垫块可看成由长方体切去基本形体 1、2、3 而形成。

2. 画图步骤

切割型组合体的作图过程如图 3-10b~d 所示。画图时应注意以下两点。

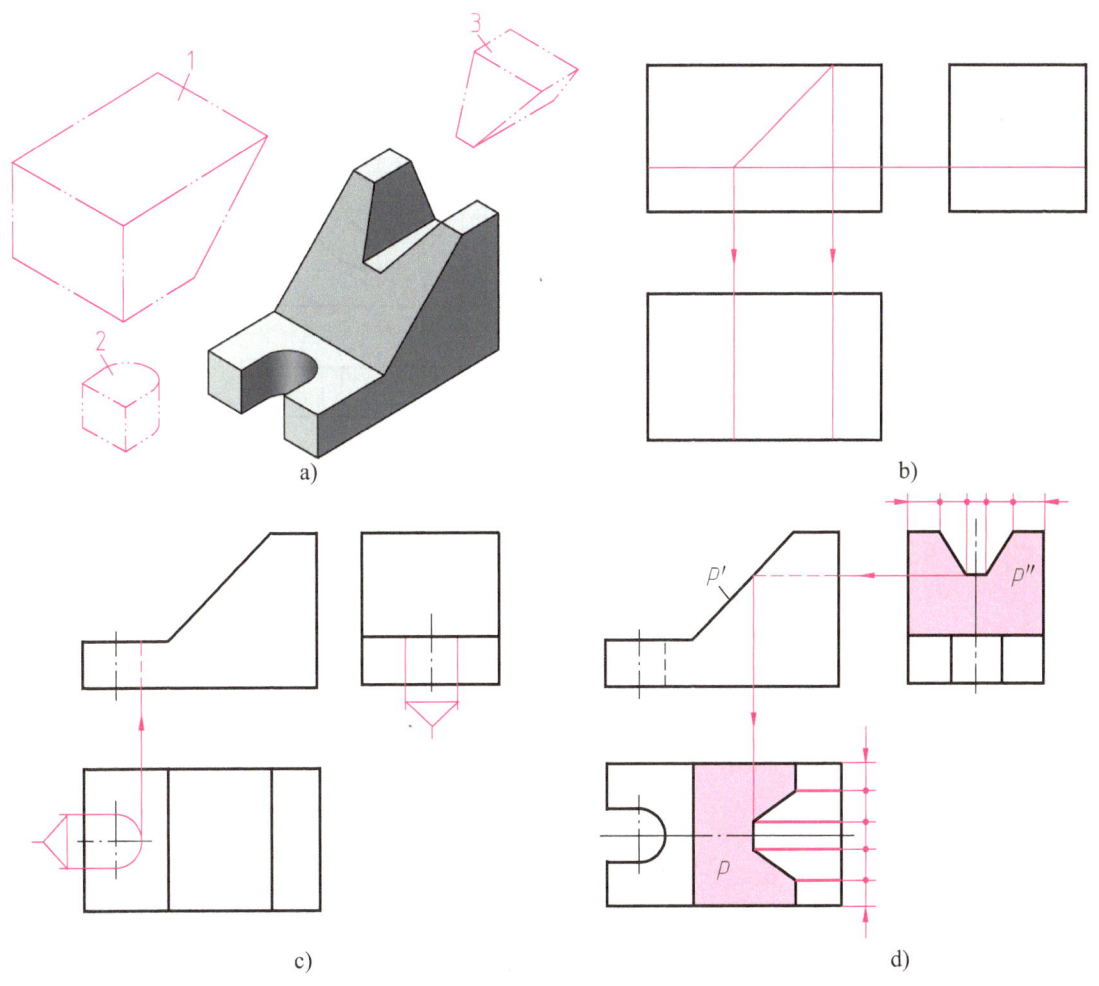

图 3-10 切割型组合体视图画法

1) 作每个切口投影时,应先从反映形体特征轮廓且具有积聚性投影的视图开始,再按投影关系画出其他视图。例如:第一次切割时(图 3-10b),先画切口的主视图,再画出俯、左视图中的图线;第二次切割时(图 3-10c),先画圆槽的俯视图,再画出主、左视图中的图线;第三次切割时(图 3-10d),先画梯形槽的左视图，再画出主、俯视图中的图线。

2）注意切口截面投影的类似性。如图 3-10d 中的梯形槽与斜面 P 相交而形成的截面，其水平投影 p 与侧面投影 p'' 应为类似形。

课堂练习

1. 运用形体分析法画出组合体的三视图。

2. 根据两视图（参照轴测图）补画左视图。

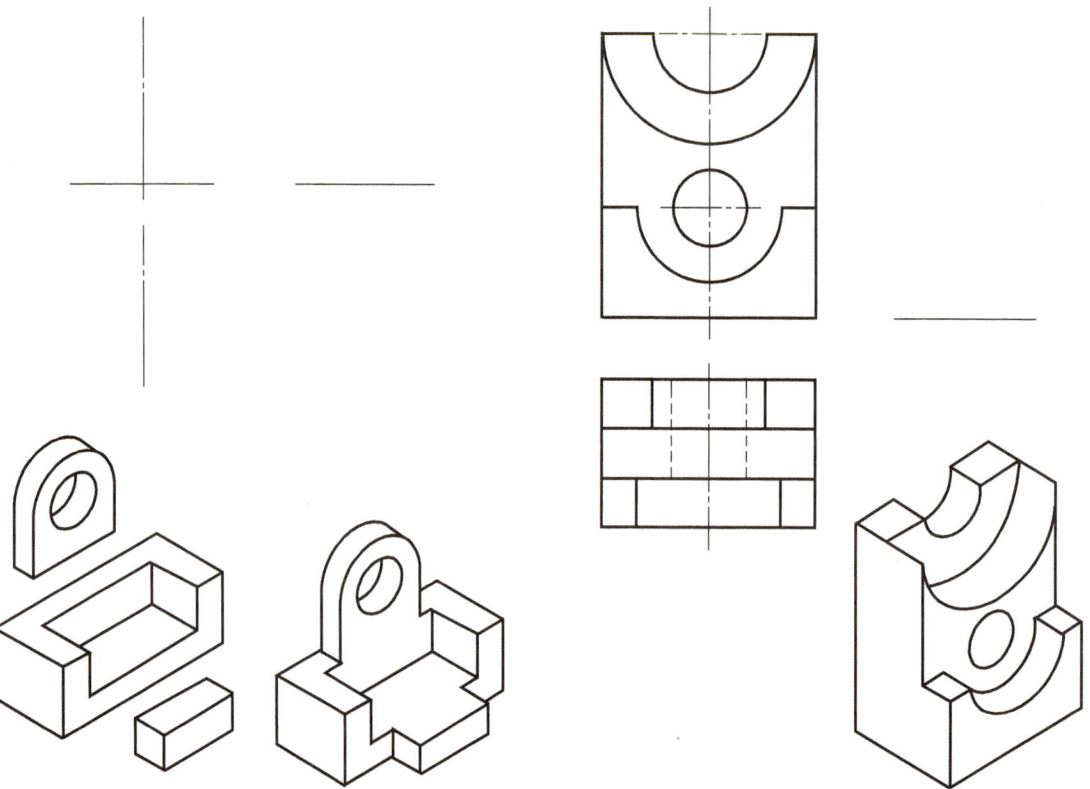

第三节　标注组合体的尺寸

图形只能表达机件的形状，而机件的大小还要通过标注尺寸才能确定。制造零件时，要根据尺寸才能加工。因此，标注尺寸非常重要，必须认真、细致。如果标注尺寸有遗漏或错误，会给生产造成困难和损失。

一、基本体的尺寸标注

要掌握组合体的尺寸标注，必须了解和熟悉基本体的尺寸标注。基本体的大小通常由长、宽、高三个方向的尺寸来确定。

1. 平面体

平面体的尺寸应根据其具体形状进行标注。如图3-11a所示，应注出三棱柱的底面尺寸和高度尺寸。对于图3-11b所示的正六棱柱，在标注了高度尺寸之后，底面尺寸有两种注法，一种是注出正六边形的对角线尺寸（外接圆直径），另一种是注出正六边形的对边尺寸（内切圆直径，通常也称为扳手尺寸），常用的是后一种注法，而将对角线尺寸作为参考尺寸，所以加上括号。图3-11c所示正五棱柱的底面为正五边形，在标注了高度尺寸之后，底面尺寸只需标注其外接圆直径。图3-11d所示四棱台必须注出上、下底的长、宽尺寸和高度尺寸。

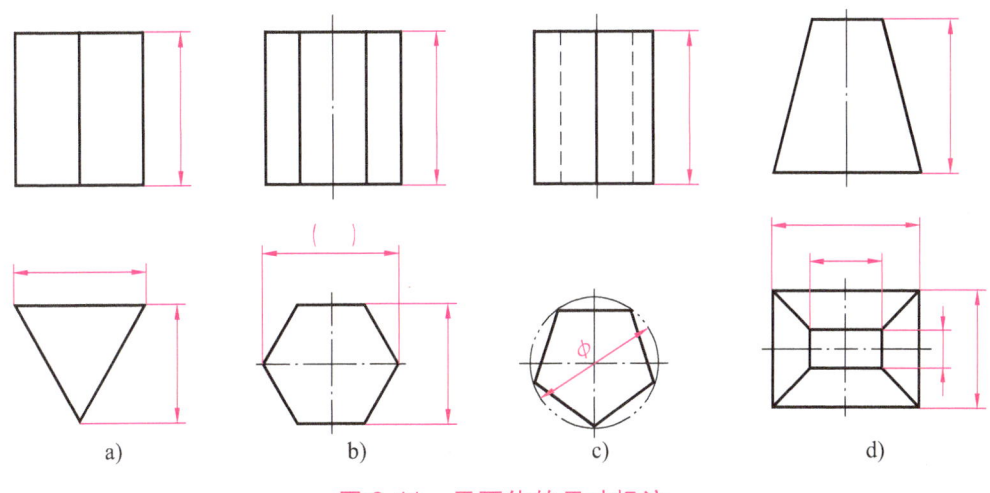

图3-11 平面体的尺寸标注

2. 曲面体

如图3-12a、b所示，圆柱或圆锥应注出底圆直径和高度尺寸，圆台（图3-12c）还要注出顶圆直径。在标注直径尺寸时应在数字前加注"ϕ"。值得注意的是，当完整标注了圆柱或圆锥的尺寸之后，只要用一个视图就能确定其形状和大小，其他视图可省略不画。图3-12d所示的圆球只用一个视图标注尺寸即可，圆球在直径数字前应加注"$S\phi$"。

3. 带切口形体

对于带切口的形体，除了标注基本形体的尺寸外，还要注出确定截平面位置的尺寸。必须注意，由于形体与截平面的相对位置确定后，切口的交线已完全确定，因此不应在交线上标注尺寸。图3-13中打"×"的为多余的尺寸。

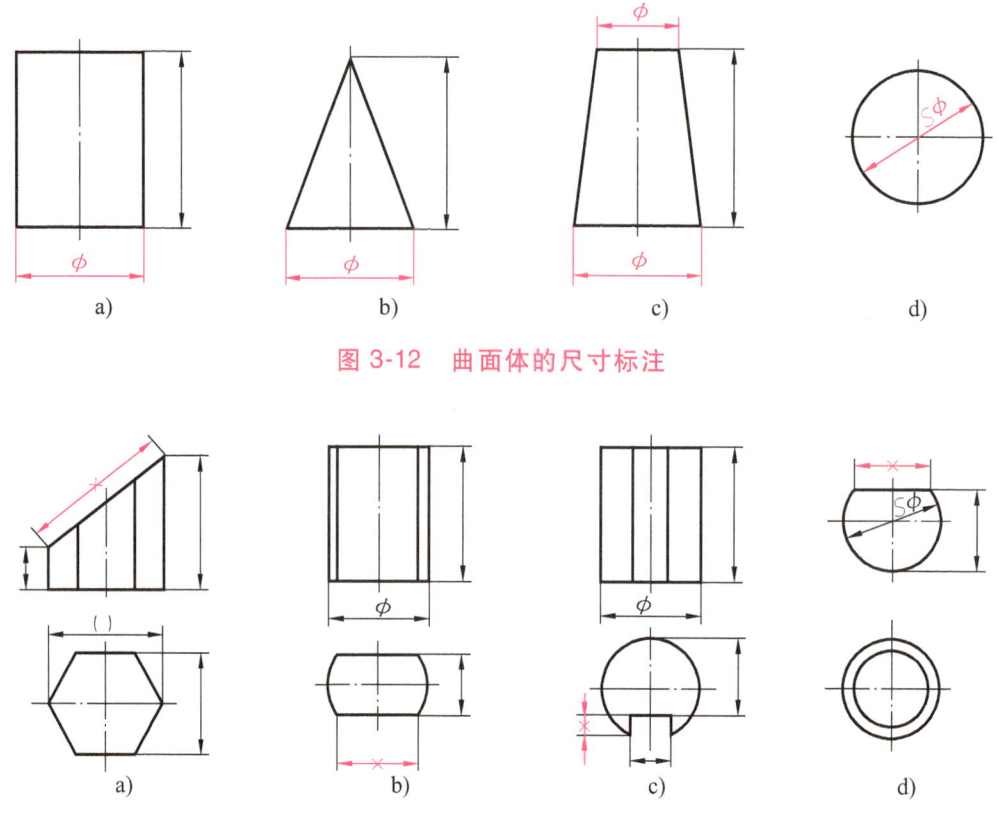

图 3-12 曲面体的尺寸标注

图 3-13 带切口形体的尺寸标注

二、组合体的尺寸标注

以图 3-14 所示组合体为例，说明组合体尺寸标注的基本方法。

1. 尺寸齐全

要使尺寸标注齐全，既不遗漏，也不重复，应先按形体分析的方法注出各基本形体的定形尺寸，再确定它们之间相对位置的定位尺寸，最后根据组合体的结构特点注出总体尺寸。

（1）定形尺寸　确定组合体中各基本形体大小的尺寸（图 3-14a）。

这包括底板长、宽、高尺寸（40mm、24mm、8mm），底板上圆孔和圆角尺寸（2×φ6mm、R6mm）。必须注意，相同的圆孔要注写数量，如 2×φ6mm，但相同的圆角不注数量，两者都不必重复标注。还包括竖板长、宽、高尺寸（20mm、7mm、22mm）和圆孔直径尺寸（φ9mm）。

（2）定位尺寸　确定组合体中各基本形体之间相对位置的尺寸（图 3-14b）。

标注定位尺寸时，必须在长、宽、高三个方向分别选定尺寸基准，每个方向至少有一个尺寸基准，以便确定各基本形体在各方向上的相对位置。通常选择组合体的底面、端面或对称平面及回转轴线等作为尺寸基准。如图 3-14b 所示，组合体的左右对称平面为长度方向尺寸基准，后端面为宽度方向尺寸基准，底面为高度方向尺寸基准（图中用符号▽表示基准位置）。

由长度方向尺寸基准注出底板上两圆孔的定位尺寸 28mm；由宽度方向尺寸基准注出底板上圆孔与后端面的定位尺寸 18mm，竖板与后端面的定位尺寸 5mm；由高度方向尺寸基准注出竖板上圆孔与底面的定位尺寸 20mm。

（3）总体尺寸　确定组合体在长、宽、高三个方向的总长、总宽和总高的尺寸（图 3-14c）。

该组合体的总长和总宽尺寸即底板的长 40mm 和宽 24mm，不再重复标注。总高尺寸 30mm 应从高度方向尺寸基准注出。总高尺寸标注以后，原来标注的竖板高度尺寸 22mm 取消不注。

必须指出，当组合体的一端（或两端）为回转体时，通常不以轮廓线为界标注其总体尺寸。如图 3-15 所示的组合体，其总高尺寸是由 20mm 和 R10mm 间接确定的。但是，为了满足加工要求，有时既注总体尺寸，又注定形尺寸，如图 3-14 中底板两个角的 1/4 圆柱，不但要注出两孔轴线间的定位尺寸（28mm）和 1/4 圆柱面的定形尺寸（R6mm），还要标注总长和总宽尺寸（40mm、24mm）。

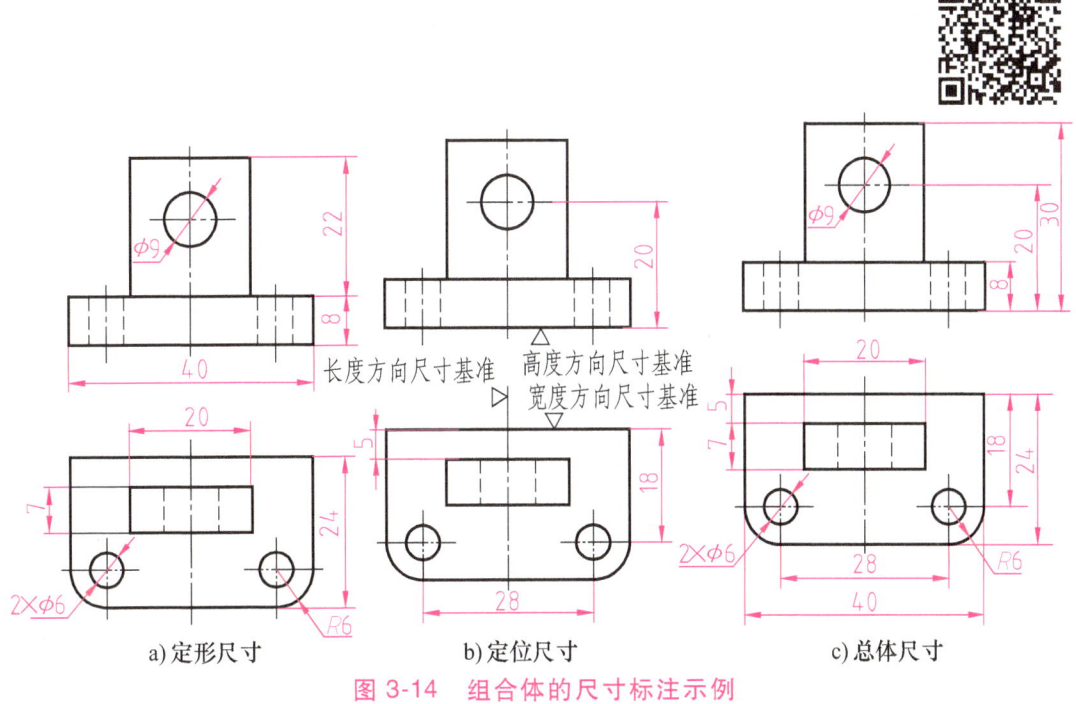

图 3-14　组合体的尺寸标注示例
a）定形尺寸　　b）定位尺寸　　c）总体尺寸

2. 尺寸清晰

为了便于看图，标注尺寸应排列适当、整齐、清晰。为此，标注尺寸时要注意以下几点。

（1）突出特征　将定形尺寸标注在形体特征明显的视图上，如图 3-14c 中底板圆角的半径 $R6$mm 应注在反映圆弧的俯视图上；竖板上圆孔直径 $\phi9$mm 可注在反映圆的视图上，也可标注在非圆的视图上。为使尺寸清楚，一般标注在非圆的视图上，但不宜注在虚线上。

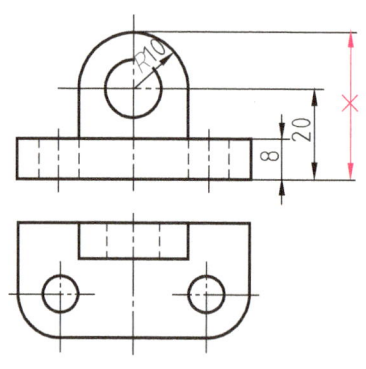

图 3-15　不注总高尺寸示例

（2）相对集中　同一基本形体上的几个定形尺寸和有联系的定位尺寸，应尽可能都标注在一个视图上，如图 3-14c 中底板的长、宽尺寸和圆孔的定位尺寸集中标注在俯视图上。

（3）排列整齐　尺寸一般注在视图的外面，在不影响清晰的情况下，也可注在视图内。标注同一方向的尺寸时，小尺寸在内，大尺寸在外，尽量避免尺寸线和尺寸界线相交。两个视图之间同一方向的尺寸不要错开，如图 3-14c 中俯视图的尺寸 18mm、24mm 与主视图中的尺寸 8mm、20mm 应分别对齐。

课堂练习

读视图、标尺寸（数值从视图中量取，取整数）。

1.

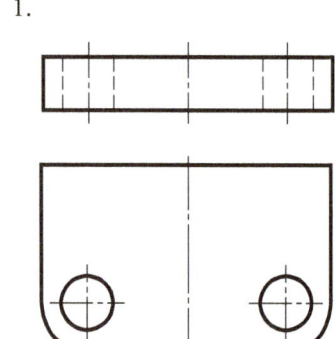

2.

3.

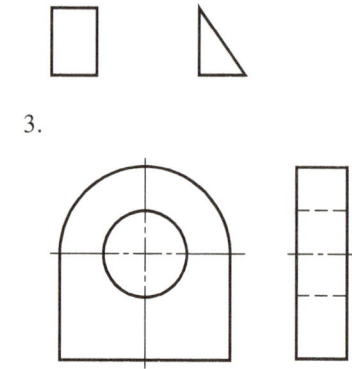

4.

第四节　识读组合体视图

画图是将空间形体用正投影法表达在二维平面图纸上；读图则是根据已经画出的视图，通过投影分析想象出物体的形状，是由二维图形建立三维形体的过程。画图和读图是相辅相成的，读图是画图的逆过程。为了正确、迅速地读懂组合体的视图，必须掌握读图的基本要领和基本方法。

一、读图的基本要领

1. 几个视图联系起来识读才能确定物体形状

在机械图样中，机件的形状一般是通过几个视图来表达的，每个视图只能反映机件一个方向的形状。因此，仅由一个或两个视图往往不能唯一地确定机件形状。

如图 3-16a 所示，物体的主视图都相同，图 3-16b 所示物体的俯视图都相同，但实际上六组视图分别表示了六种形状各异的物体。

图 3-17 给出的三组图形，它们的主、俯视图都相同，但实际上也是三种不同形状的物体。由此可见，读图时必须将几个视图联系起来，互相对照分析，才能正确地想象出该物体的形状。

2. 理解视图中线框和图线的含义

视图中的每个封闭线框，通常都是物体上一个表面（平面或曲面）的投影。如图 3-18a 所示，主视图中有四个封闭线框，对照俯视图可知，线框 a'、b'、c' 分

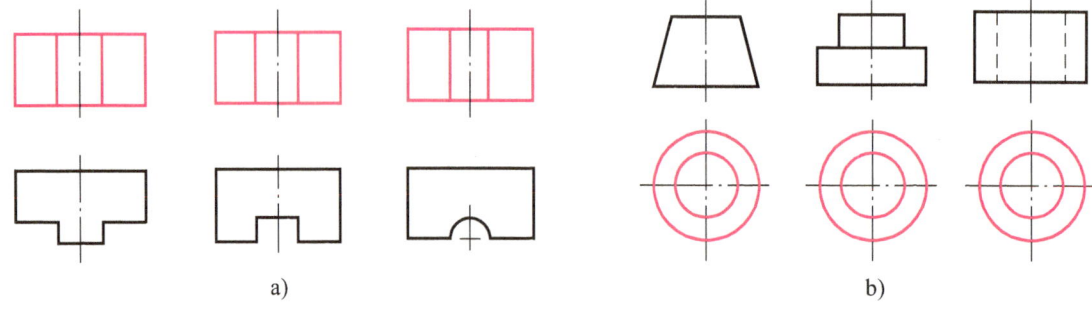

图 3-16 两个视图联系起来识读才能确定物体形状

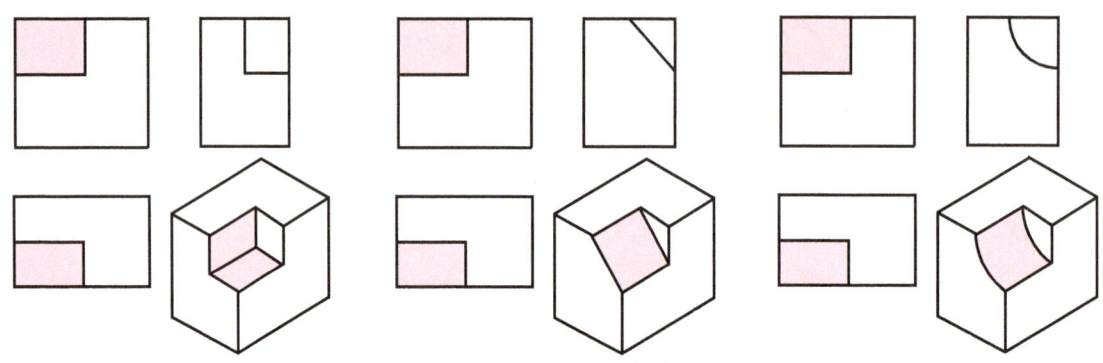

图 3-17 三个视图联系起来识读才能确定物体形状

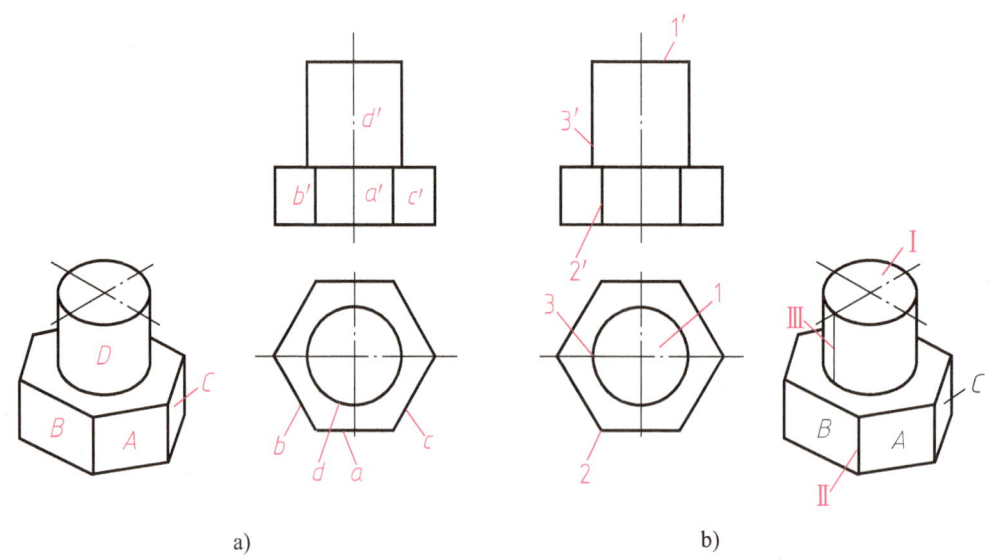

图 3-18 视图中线框和图线的含义

别是六棱柱前面三个棱面的投影;线框 d' 则是圆柱体前半圆柱面的投影。

若两线框相邻或大线框中套有小线框,则表示物体上不同位置的两个表面。既然是两个表面,就会有上下、左右或前后之分,或者是两个表面相交。如

图 3-18a 所示，俯视图中大线框六边形中的小线框圆，就是六棱柱顶面与圆柱顶面的投影。对照主视图分析，圆柱顶面在上，六棱柱顶面在下。主视图中的 a' 线框与左面的 b' 线框及右面的 c' 线框是相交的三个表面；a' 线框与 d' 线框是相错的两个表面，对照俯视图，六棱柱前面的棱面 A 在圆柱面 D 之前。

视图中的每条图线，可能是立体表面有积聚性的投影或两平面交线的投影，也可能是曲面转向轮廓线的投影。如图 3-18b 所示，主视图中的 $1'$ 是圆柱顶面有积聚性的投影，$2'$ 是 A 面与 B 面交线的投影，$3'$ 是圆柱面转向轮廓线的投影。

二、读图的基本方法

1. 形体分析法

读图的基本方法与画图一样，主要也是运用形体分析法。在反映形状特征比较明显的主视图上按线框将组合体划分为几个部分，然后通过投影关系，找到各线框在其他视图中的投影，从而分析各部分的形状，以及它们之间的相互位置，最后综合起来，想象组合体的整体形状。现以图 3-19a 所示组合体的主、俯视图为例，说明运用形体分析法识读组合体视图的方法与步骤。

（1）划线框，分形体　从主视图入手，将该组合体按线框划分为四部分，如图 3-19a 所示。

（2）对投影，想形状　从主视图开始，分别把每个线框所对应的其他投影找

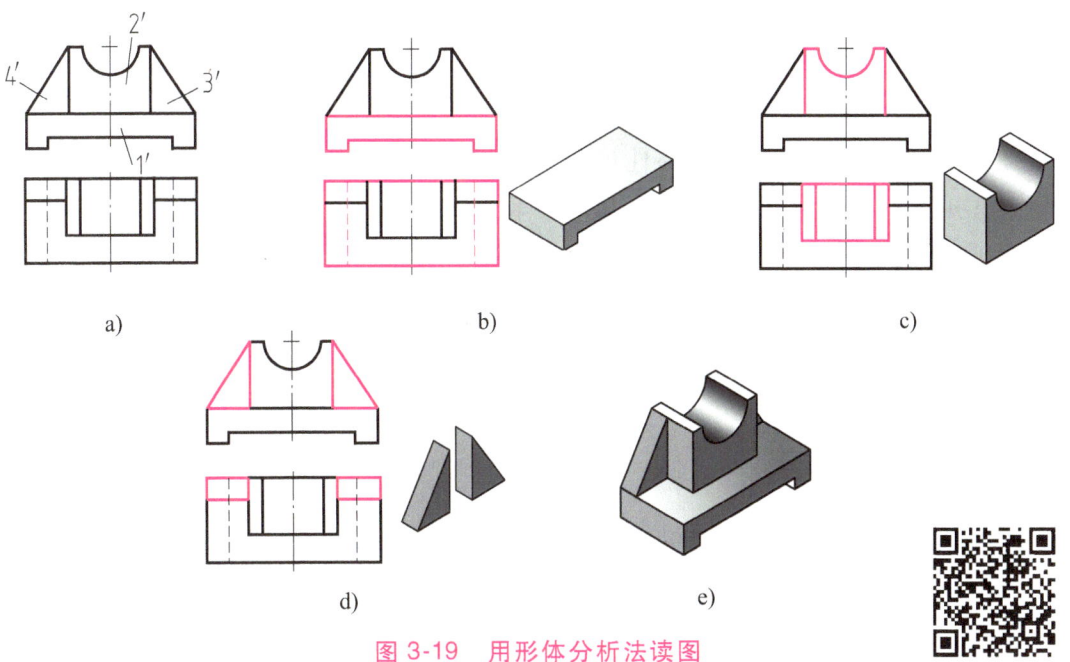

图 3-19　用形体分析法读图

出来，确定每组投影所表示的形体，如图 3-19b、c、d 所示。

（3）合起来，想整体　在读懂每部分形状的基础上，根据物体的三视图，进一步研究它们的相对位置和连接关系，综合想象而形成一个整体，如图 3-19e 所示。

【例 3-1】　读懂图 3-20 所示的主、左视图，想象组合体的形状，补画俯视图。

形体分析

对照左视图，把主视图中的图形划分为三个封闭线框作为组成支承的三个部分：1′是下部倒凹字形线框；2′是上部矩形线框；3′是圆形线框。可以想象出，该支承由两侧带耳板的底板及两个轴线正交的圆柱体叠加而成，这三个部分均有圆柱孔。再分析它们的相对位置，就可对支承的整体形状有初步认识。

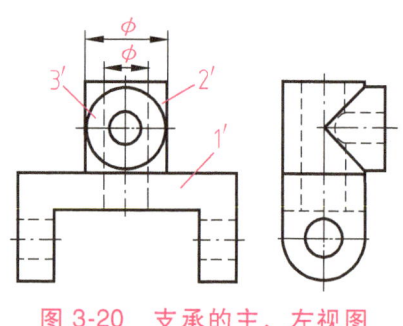

图 3-20　支承的主、左视图

画图步骤

（1）在主视图上分离出底板的线框　由主、左视图可看出它是一块长方形平板，左、右两侧是半圆柱体的耳板，耳板上各有一个圆柱形通孔。画出底板的俯视图，如图 3-21a 所示。

（2）在主视图上分离出上部的矩形线框　因为在图 3-20 中注有直径 φ，对照左视图可知，它是垂直于水平面的圆柱体，中间有穿通底板的圆柱孔，圆柱与底板的前、后端面相切。画出圆柱的俯视图，如图 3-21b 所示。

（3）在主视图上分离出上部的圆形线框　对照左视图可知，它也是一个中间有圆柱孔的轴线垂直于正面的圆柱体，直径与圆柱体Ⅱ相等，而孔的直径比圆柱体Ⅱ的孔小。两圆柱体的轴线垂直相交，且均平行于侧面。画出圆柱体Ⅲ的俯视图，如图 3-21c 所示。

（4）想象支承整体形状　根据底板和两个圆柱体的形状，以及它们之间的相互位置，想象出整体形状，根据图 3-21d 所示轴测图，并按轴测图校核补画的俯视图是否正确。

2. 面形分析法

读图时，对于比较复杂的组合体中一些不易读懂的部分，应在形体分析法的基础上，再运用面形分析法来帮助想象和读懂某些局部的形状。下面对面形分析法在读图中的应用举例说明。

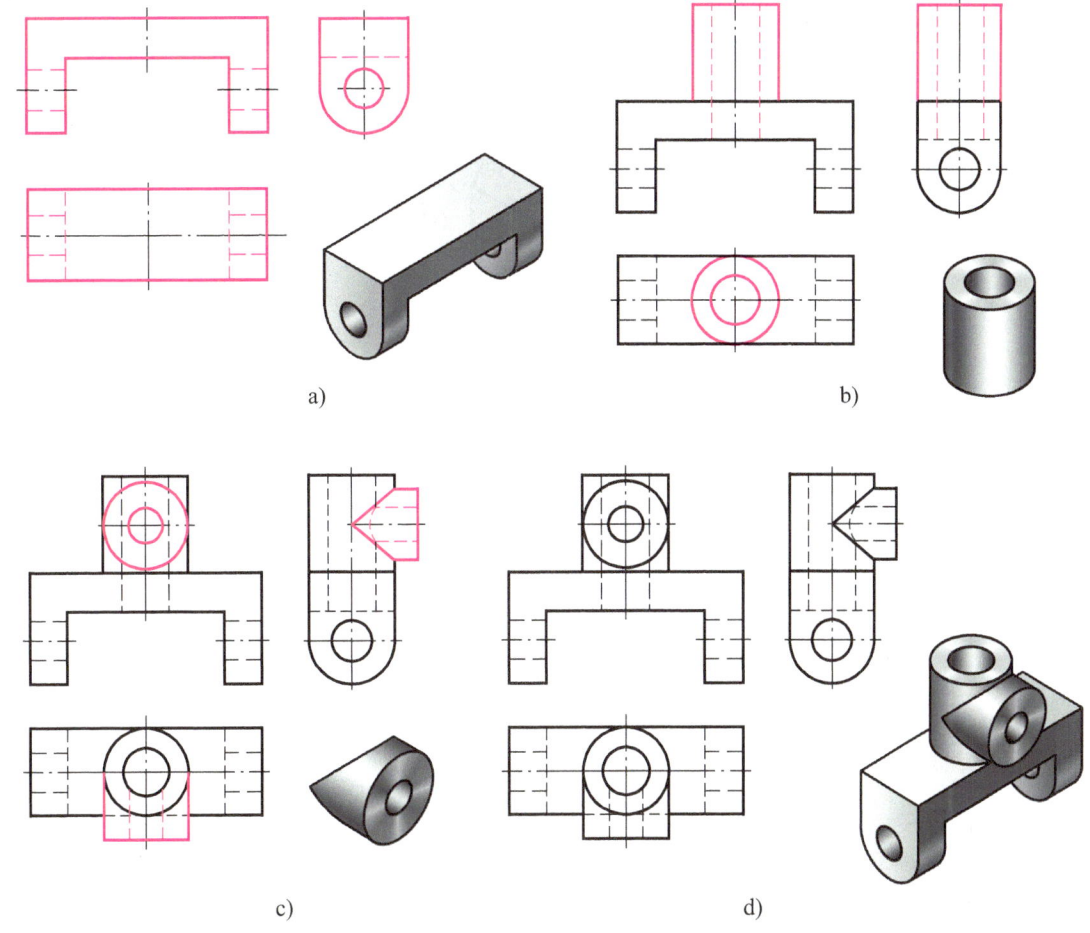

图 3-21 补画支承的俯视图

构成物体的各个表面，不论其形状如何，它们的投影如果不具有积聚性，一般都是一个封闭线框。运用面形分析法读图时，应将视图中的一个线框看作物体上的一个面（平面或曲面）的投影，利用投影关系，在其他视图上找到对应的图形，再分析这个面的投影特性（实形性、积聚性、类似性），确定这些面的形状，从而想象出物体的整体形状。

如图 3-22a 所示切割型组合体，对于俯视图上的五边形 p，由于在主视图上没有与它类似的线框，所以它的正面投影只可能对应斜线 p'，于是可判断 P 面为正垂面。同时，在左视图上可找到与其相对应的类似形 p''。

同样，在图 3-22b 中，主视图上的四边形 q'，在俯视图上也有对应的类似形 q，而在左视图上没有与它类似的线框，所以它的侧面投影只能对应斜线 q''，于是可判断 Q 面为侧垂面。

再分析视图中的其他线框。如图 3-22c 所示，俯视图上的线框 a，对应主、左

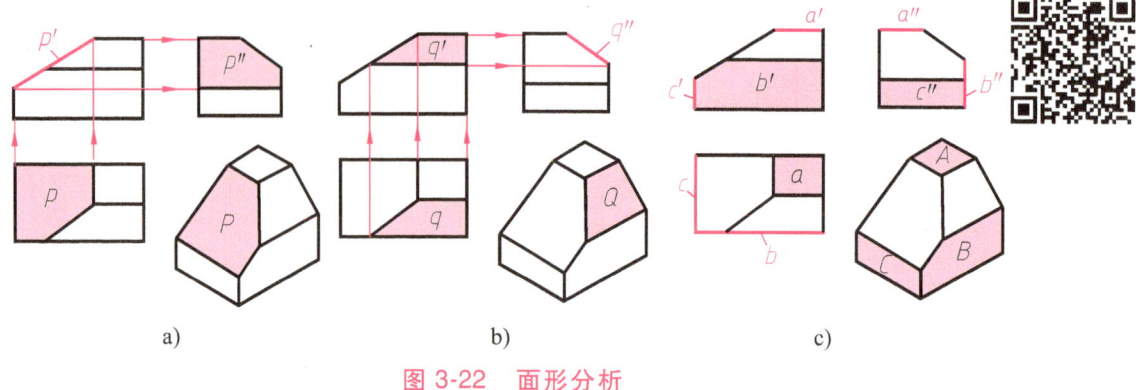

图 3-22 面形分析

视图中两段水平线;主视图上的线框 b′,对应俯、左视图中的水平线和铅垂线;左视图上的线框 c″,对应主、俯视图中的两段铅垂线。从而判断它们分别是水平面 A、正平面 B 和侧平面 C。

通过以上分析,可想象出该组合体由一个长方体被正垂面和侧垂面切去两块而形成。

【例 3-2】 读懂图 3-23 所示压板的三视图。

形体分析

由于压板三个视图的外形轮廓都是不完整的长方形,所以可想象压板由长方体被多个平面切割和挖圆柱孔、槽而成。主视图的长方形缺一个角,说明长方体的左上方切去一块;俯视图的长方形缺两个角,说明长方体左端前后各切去一块;左视图的长方形也缺两个角,说明长方体的下部前后各切去一块。此外,从主、俯视图可看出,压板中间偏右挖了一个圆柱形阶梯孔。通过以上分析,对压板的整体形状有了初步了解。但是,压板被哪些平面切割,切割后成为什么形状?还要进一步做面形分析才能真正读懂压板的三视图。

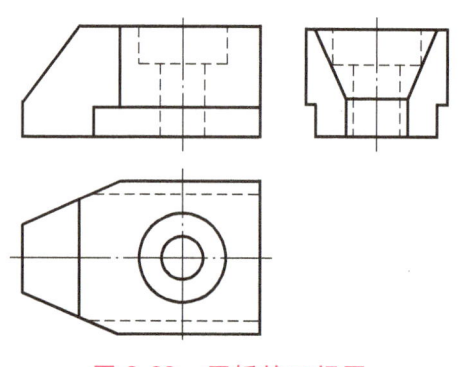

图 3-23 压板的三视图

面形分析

利用视图上面形的投影特性,对压板的表面进行面形分析。视图上的一个线框表示物体上一个表面的投影,它在其他视图上对应的投影不是积聚成直线就是类似形。按此投影特性划分出每个表面的三个投影,看懂它们的形状。

如图 3-24a 所示,俯视图上的线框 p 在主视图上对应的投影只能是斜线 p′,因此,P 面为正垂面,它的水平投影与侧面投影是类似的梯形,即长方体的左上方被正垂面切割而成。

如图 3-24b 所示，主视图上的线框 q′在俯视图上对应的投影只能是斜线 q，因此，Q 面为铅垂面，它的正面投影与侧面投影为类似的七边形，即长方体的左端被前后对称的两个铅垂面切割而成。

同样方法可看出平面 M 与平面 N 均为正平面，正面投影反映它们的实形，压板上的这两个表面为矩形，平面 M 在平面 N 之前，如图 3-24c 所示。

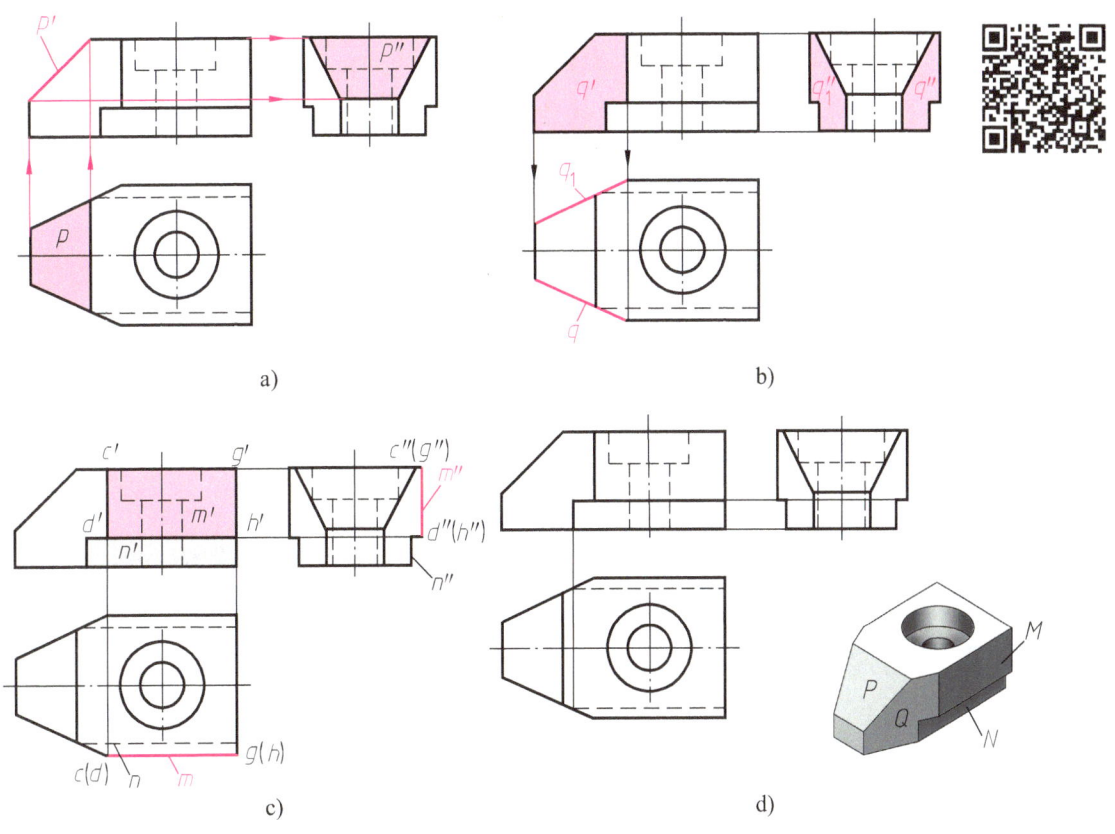

图 3-24　读图过程的线、面分析

经以上分析，可想象出压板是长方体被前后对称地切去两角后形成的"六棱柱"（俯视图外形轮廓是六边形），在其左上被正垂面切去一角，在其前、后面的下部分别被正平面和水平面切去一角，压板的中间偏右挖了一个圆柱形的台阶孔。综合想象出压板的形状，如图 3-24d 所示。

> **课堂讨论**

根据图 3-25 所示架体的主、俯视图，想象出架体的结构形状，并补画左视图。

问题（1）：视图上每个封闭线框代表物体上某个表面的投影，图 3-25 所示架体的主视图中有三个封闭线框 a'、b'、c'，表示架体上不在同一平面上的三个表面。既然不在同一平面上，则它们必定处于前后不同的相对位置，如何判断哪个表面在前，哪个表面在后？（提示：可采用先假设，后验证的方法。）

问题（2）：线框 c' 中还有小圆线框，它可能向外凸出或向内凹进，也可能是穿通的圆孔，怎样判断？

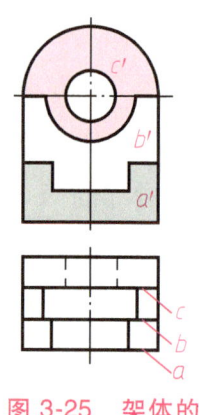

图 3-25 架体的主、俯视图

以上问题思考清楚了，架体的形状也逐步形成了，再补画出左视图。在补图过程中，可以边思考边徒手画出轴测草图，及时记录思考过程。

在两个视图已经确定物体形状的条件下，可根据绘出的两视图想象出物体的形状，补画出第三视图。例如，图 3-20 已知主、左视图，补画俯视图，图 3-25 已知主、俯视图，补画左视图。由两视图补画第三视图既是读图与画图的综合练习，也是检验是否读懂视图的有效方法。

第四单元

图样画法

工程实际中机件的形状是多种多样的，有些机件的内、外形状都比较复杂，如果只用三视图可见部分画粗实线、不可见部分画细虚线的方法往往不能表达清楚和完整。为此，国家标准规定了视图、剖视图和断面图等基本表示法。学习本单元要掌握各种表示法的特点和画法，以便灵活运用。

本单元是承上启下的重要环节，上承投影理论基础，下启零件图和装配图的识读和绘制。

第一节 视 图

视图是根据 GB/T 4458.1—2002《机械制图 图样画法 视图》的有关规定，用正投影法绘制出机件的图形。视图主要用来表示机件的外部形状。视图分为基本视图、向视图、局部视图和斜视图四种。

一、基本视图

将机件向基本投影面投射所得的视图称为基本视图。如图 4-1a 所示，基本视图是物体向六个基本投影面投射所得的视图。空间的六个基本投影面可设想围成一个正六面体，为使其上的六个基本视图位于同一平面内，可将六个基本投影面按图 4-1b 所示方法展开。

六个基本投射方向及视图名称见表 4-1。

在机械图样中，六个基本视图的名称和配置关系如图 4-2 所示。符合图 4-2 所示的配置规定时，图样中一律不标注视图名称。

六个基本视图仍保持"长对正、高平齐、宽相等"的三等关系，即仰视图与

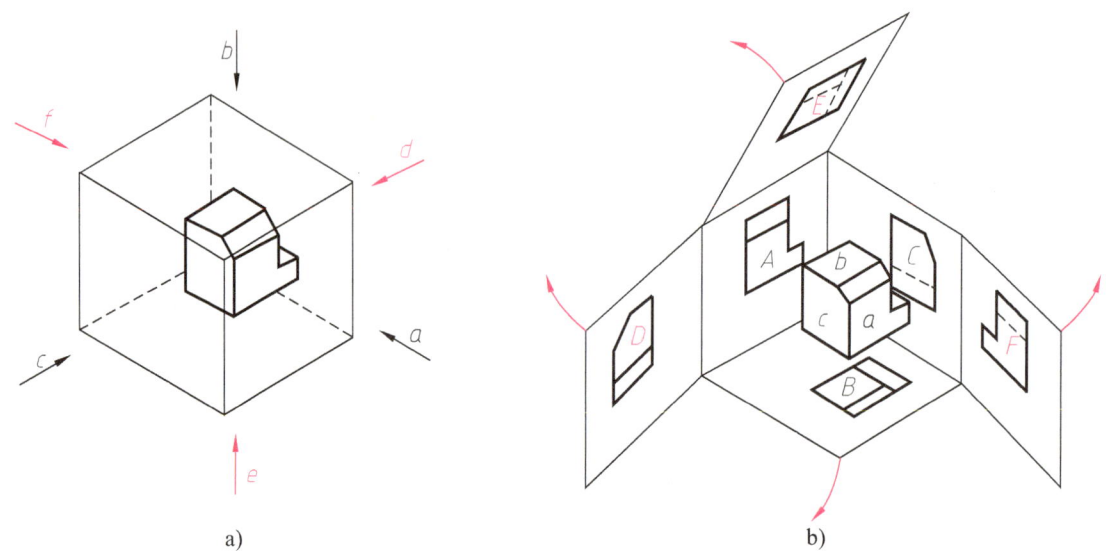

图 4-1 六个基本视图的形成

表 4-1 六个基本投射方向及视图名称

方向代号	a	b	c	d	e	f
投射方向	自前方投射	自上方投射	自左方投射	自右方投射	自下方投射	自后方投射
视图名称	主视图	俯视图	左视图	右视图	仰视图	后视图

俯视图同样反映物体长、宽方向的尺寸；右视图与左视图同样反映物体高、宽方向的尺寸；后视图与主视图同样反映物体长、高方向的尺寸。

除后视图外，在围绕主视图的俯、仰、左、右四个视图中，远离主视图的一侧表示机件的前方，靠近主视图的一侧表示机件的后方。

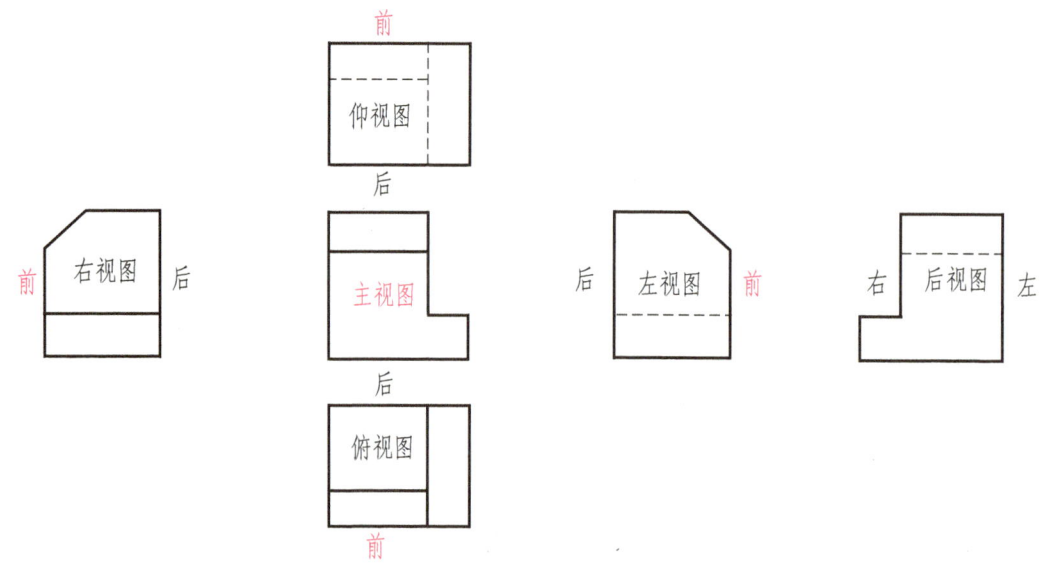

图 4-2 六个基本视图的名称和配置关系

实际画图时，无须将六个基本视图全部画出，应根据机件的复杂程度和表达需要，选用其中必要的几个基本视图，若无特殊情况，优先选用主、俯、左视图。

二、向视图

向视图是移位配置的基本视图。当某视图不能按投影关系配置时，可按向视图绘制，如图 4-3 中的"向视图 D""向视图 E""向视图 F"。

向视图必须在图形上方中间位置处注出视图名称"×"（"×"为大写拉丁字母，下同），并在相应的视图附近用箭头指明投射方向，注写相同的字母。

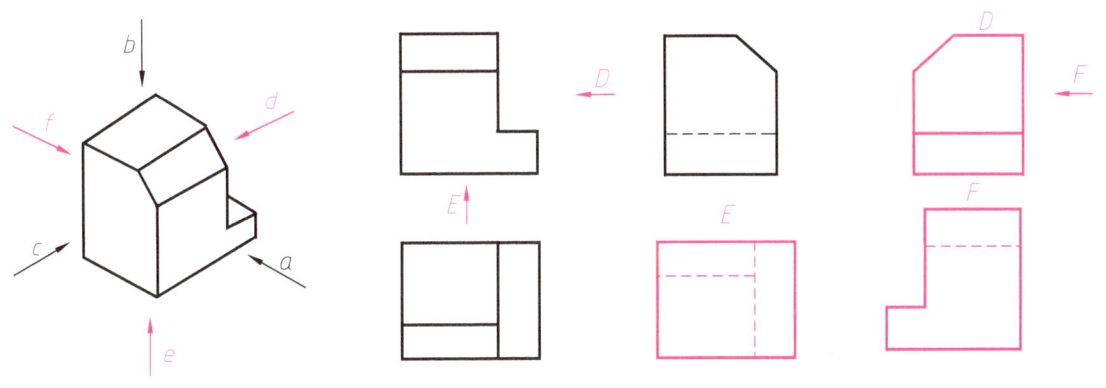

图 4-3　向视图及其标注

三、局部视图

局部视图是将机件的某一部分向基本投影面投射所得的视图。如图 4-4 所示的机件，用主、俯两个基本视图表达了主体形状，但左、右两边凸缘形状如用左视图和右视图表达，则显得繁琐和重复。采用 A 和 B 两个局部视图来表达两个凸缘形状，既简练又突出重点。

局部视图的配置、标注及画法如下：

1）局部视图可按基本视图配置的形式配置，中间若没有其他图形隔开时，则不必标注，如图 4-4 中的局部视图 A。

2）局部视图也可按向视图的配置形式配置在适当位置，如图 4-4 中的局部视图 B。

3）局部视图的断裂边界用波浪线（或双折线）表示，如图 4-4 中的局部视图 A。但当所表示的局部结构是完整的，其图形的外轮廓线呈封闭时，波浪线可省略不画，如图 4-4 中的局部视图 B。

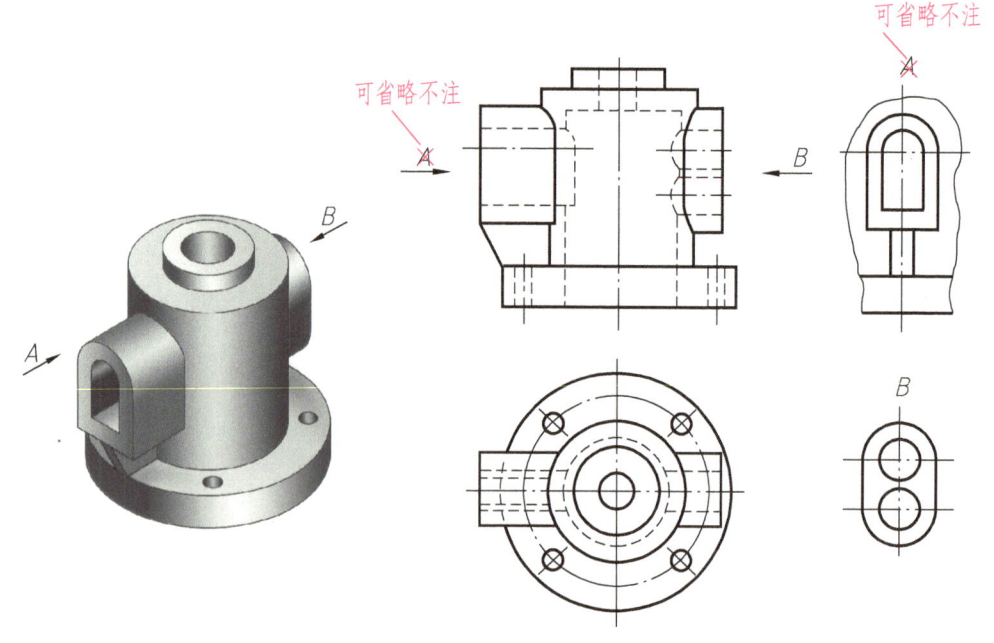

图 4-4 局部视图

四、斜视图

斜视图是物体向不平行于基本投影面的平面投射所得的视图。如图 4-5a 所示,当机件上某局部结构不平行于任何基本投影面,在基本投影面上不能反映该部分的实形时,可增加一个新的辅助投影面,使它与机件上倾斜结构的主要平面平行,并垂直于一个基本投影面。然后将倾斜结构向辅助投影面投射,就得到反映倾斜结构实形的视图,即斜视图。

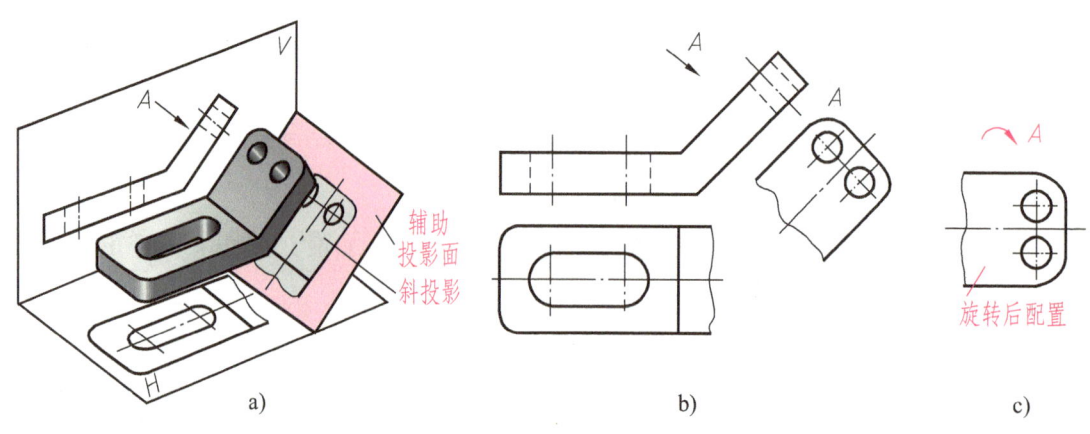

图 4-5 倾斜结构斜视图的形成

画斜视图时应注意如下两点：

1）斜视图常用于表达机件上的倾斜结构。画出倾斜结构的实形后，机件的其余部分不必画出，此时可在适当位置用波浪线或双折线断开，如图 4-5b 所示。

2）斜视图的配置和标注一般按向视图相应的规定，必要时，允许将斜视图旋转后配置到适当的位置。此时，应按向视图标注，且加注旋转符号，如图 4-5c 所示。旋转符号为半径等于字体高度的半圆弧，表示斜视图名称的大写拉丁字母应靠近旋转符号的箭头端，也允许将旋转角度标在字母之后。

【例 4-1】 选择压紧杆的表达方案。

分析

以上介绍了基本视图、向视图、局部视图和斜视图，在实际画图时，并不是每个机件的表达方案中都有这四种视图，而是应根据表达需要灵活选用。

图 4-6a 所示为压紧杆的三视图，由于压紧杆左端耳板是倾斜的，所以俯视图和左视图都不反映实形，画图比较困难，表达不清楚。为了清晰表达倾斜结构，可按图 4-6b 所示在平行于耳板的正垂面上作出耳板的斜视图，以反映耳板的实形。因为斜视图只是表达压紧杆倾斜结构的局部形状，所以画出耳板的实形后，用波浪线断开，其余部分的轮廓线不必画出。

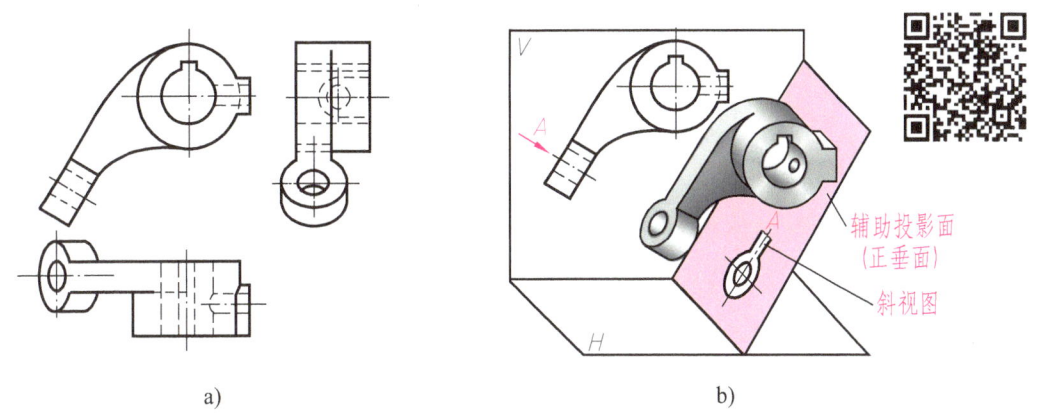

图 4-6 压紧杆的三视图及斜视图的形成

图 4-7 所示为压紧杆的两种表达方案。具体如下：

1）方案一（图 4-7a）。采用一个基本视图（主视图）、一个斜视图（A）和两个局部视图（B 和 C）。

2）方案二（图 4-7b）。采用一个基本视图（主视图）、一个配置在俯视图位置上的局部视图（不必标注）、一个旋转配置的斜视图 A，以及画在右端凸台附近的局部视图（用细点画线连接，不必标注）。

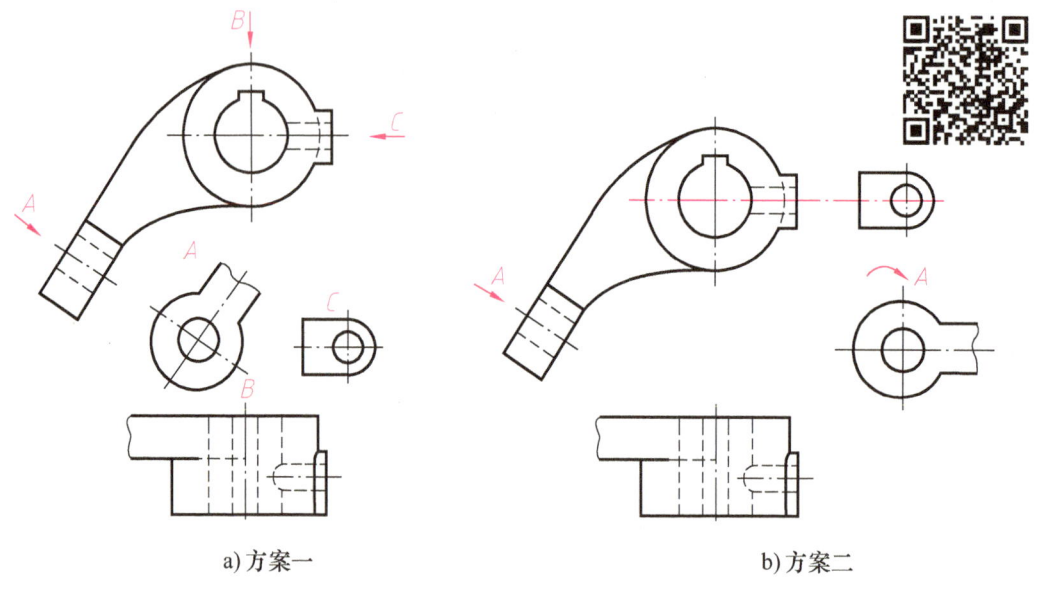

a) 方案一　　　　　　　　　b) 方案二

图 4-7　压紧杆的两种表达方案

比较压紧杆的两种表达方案，显然，方案二的视图布置更加紧凑。

小知识

基本视图与向视图的区别：基本视图是将机件向基本投影面投射所得的视图，向视图是可以移位配置的基本视图。当某个视图不能按投影关系配置时，可按向视图绘制。

局部视图与斜视图的区别：局部视图是将机件的某一部分向基本投影面投射所得的视图，斜视图是将机件的倾斜部分向不平行于基本投影面的平面投射所得的视图。

第二节　剖　视　图

视图主要用来表达机件的外部形状，当机件的内部结构比较复杂时，视图上会出现较多虚线而使图形不清晰，不便于看图和标注尺寸。怎么解决这个矛盾呢？为了清晰表示机件内部的结构形状，国家标准规定了剖视图画法。

由于国家标准中关于剖视图的种类多、画剖视图的方法多、标注的规定多，初学者容易混淆，所以在学习过程中要善于归纳、整理。首先要建立剖视概念，其次要厘清剖视图和剖切面的分类，最后应掌握剖视图的画法和标注。

一、剖视图的形成和画法（GB/T 4458.6—2002 和 GB/T 17453—2005）

1. 剖视图的形成

图 4-8a 所示的主视图中虚线较多。故假想用剖切面剖开支座，将处在观察者与剖切面之间的部分移去，将其余部分向投影面投射。投射所得的图形称为剖视图，简称剖视。剖视图的形成过程如图 4-8b、c 所示，图 4-8d 中的主视图即为支座的剖视图。

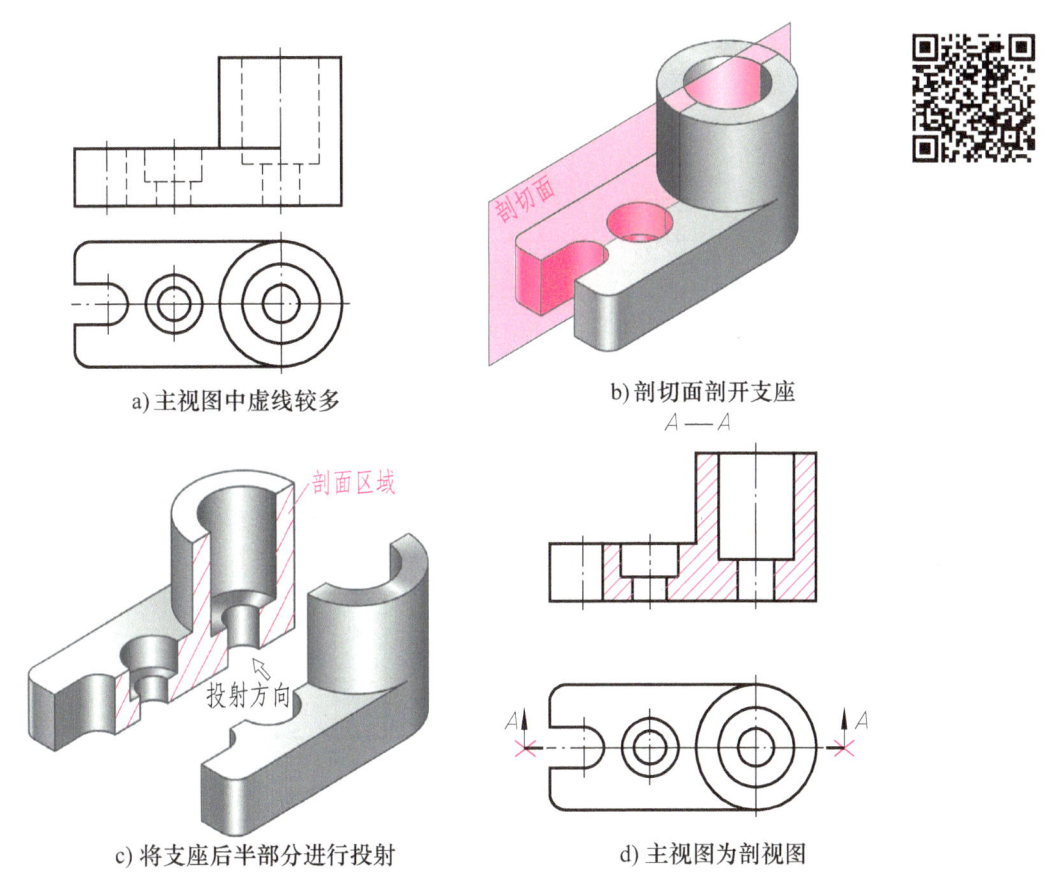

图 4-8 支座剖视图的形成

2. 剖面符号

支座被假想剖切后，剖切面与支座的接触部分（即剖面区域）要画出与材料相应的剖面符号，以便区别支座的实体与空腔部分，如图 4-8c 所示。

当不需要在剖面区域中表示材料类别时，剖面符号可采用间隔相等的平行细实线，且与图形的主要轮廓线成 45°，如图 4-8d 所示的主视图。

3. 画剖视图的方法与步骤

以图 4-9a 所示机件为例，说明画剖视图的方法与步骤。

1）确定剖切面的位置。如图 4-9b 所示，剖切平面选择通过机件上孔和槽的前后对称面。

2）画剖视图。先画出剖切平面与机件实体接触部分的投影，即剖面区域的轮廓线，如图 4-9c 中的红色区域；再画出剖切平面之后的机件可见部分的投影，如图 4-9d 中台阶面的投影和键槽轮廓线（也可以图 4-9c、d 两步同时绘制）。

3）在剖面区域内画剖面线，描深图线，标注剖面符号和视图名称，校核，完成作图，如图 4-9e 所示。

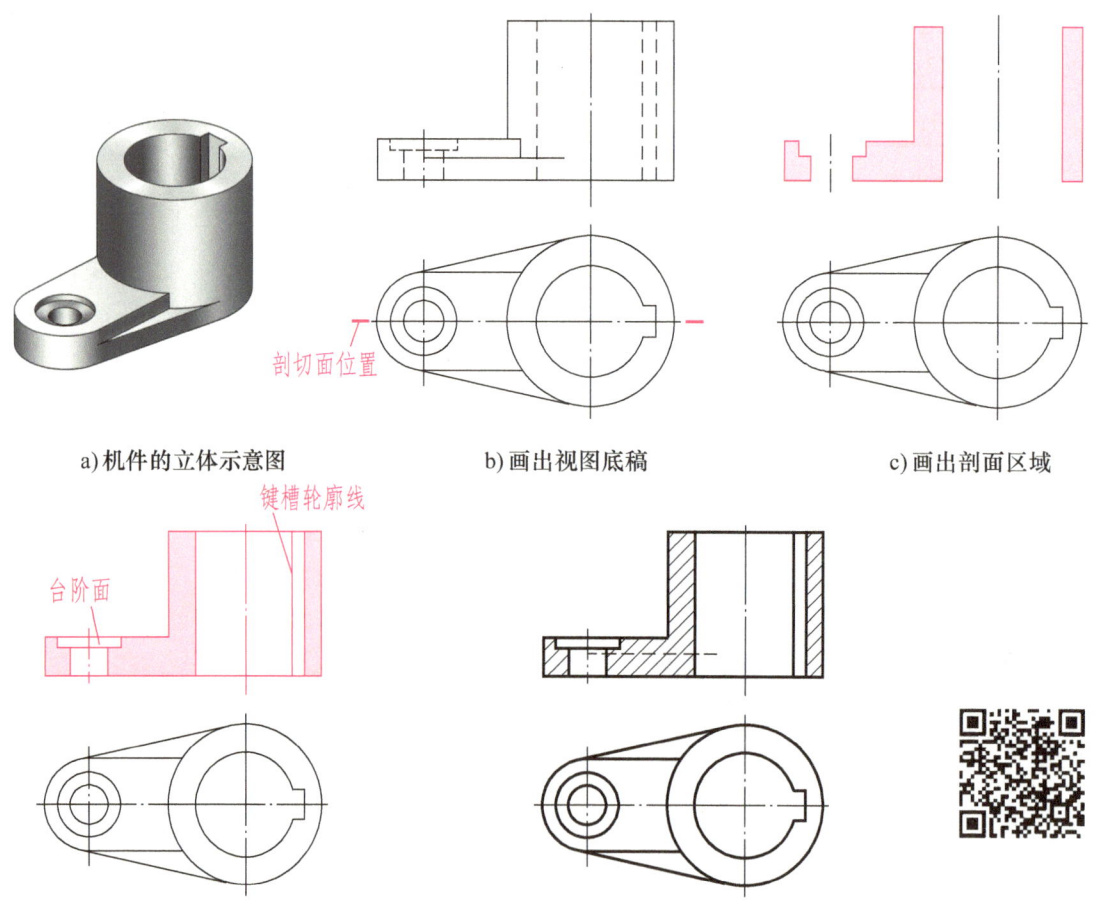

a) 机件的立体示意图　　b) 画出视图底稿　　c) 画出剖面区域

d) 补画出剖切平面后面的可见部分　　e) 画出剖面线和必要的虚线，剖切符号可省略不注

图 4-9　画剖视图的方法与步骤

画剖视图时注意如下：

1）由于剖切是假想的，所以将一个视图画成剖视图后，其他视图仍应按完整的机件画出。

2）画剖视图的目的是表达机件的内部结构形状，所以应使剖切平面平行于剖视图所在的投影面，且尽量通过内部结构（孔、槽等）的对称平面或轴线。

3）画剖视图时，在剖切面后面的可见部分一定要全部画出，在剖切面后面的不可见轮廓线一般不画，只有当结构尚未表达清楚时，才用细虚线画出。如图4-9e中主视图上的一段细虚线表示底板上部结构的厚度。

4. 剖视图的标注与配置

为了便于读图，一般应在剖视图上方用字母标出名称"×—×"，在相应的视图上画出剖切符号［用线宽为 $(1～1.5)d$ 的线表示剖切位置，d 为粗实线线宽，用箭头表示投射方向］，并注上同样的字母，如图4-8d所示。当剖视图按投影关系配置时，可省略箭头。当单一剖切面通过机件的对称平面，且剖视图按投影关系配置，中间又没有其他图形隔开时，可以不标注，如图4-9e所示。图4-8d中主视图的 $A—A$，俯视图中的剖切位置和箭头等也符合不必标注的条件，可不标注。

剖视图可按基本视图的形式配置，也可按向视图的形式配置在其他适当位置。

二、剖视图的种类

根据剖切范围的大小，剖视图可分为全剖视图、半剖视图和局部剖视图。

1. 全剖视图

用剖切面完全地剖开机件所得的剖视图称为全剖视图。全剖视图一般适用于外形比较简单、内部结构较为复杂的机件。图4-8和图4-9所示就是全剖视图的实例。

2. 半剖视图

当机件具有对称平面时，以对称平面为界，用剖切面剖开机件的一半所得的剖视图称为半剖视图。图4-10所示机件左右对称，所以主视图采用剖切右半部分表达，俯视图采用剖切上半部分表达。

半剖视图既表达了机件的内部形状，又保留了外部形状，所以常用于表达内、外形状都比较复杂的对称机件。

画半剖视图时应注意以下问题：

1）半个视图与半个剖视图的分界线用细点画线表示，而不能画成粗实线。

2）机件的内部形状已在半剖视图中表达清楚，在另一半表达外形的视图中一般不再画出细虚线。

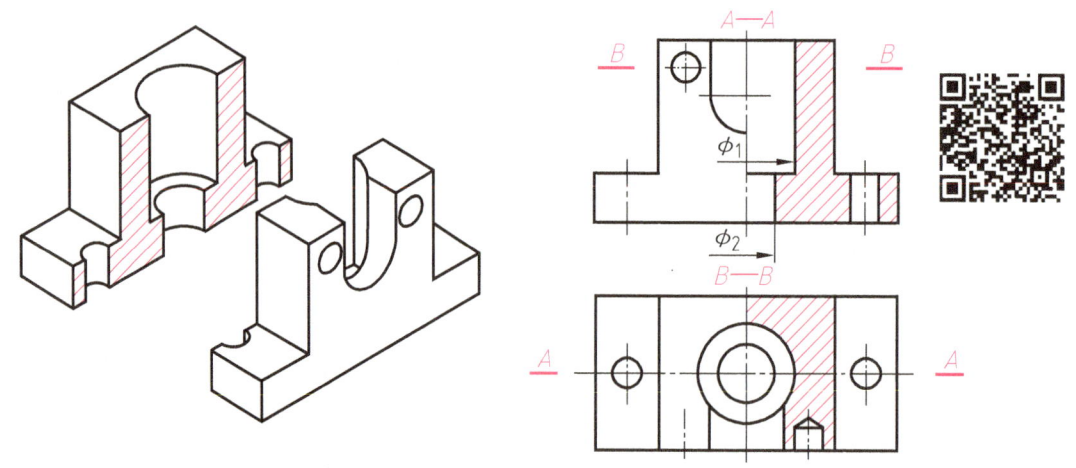

图 4-10 半剖视图

3. 局部剖视图

用剖切面局部地剖开机件所得的剖视图称为局部剖视图。如图 4-11 所示的箱体，其顶部有一矩形孔，底板上有四个安装孔，箱体的左右、上下、前后都不对称。为了兼顾内、外结构形状的表达，将主视图画成两个不同剖切位置的局部剖视图。在俯视图上，为了保留顶部的外形，采用了 A—A 剖切位置的局部剖视图。

局部剖视图的标注与全剖视图相同，当剖切位置明确时，局部剖视图不必标注。

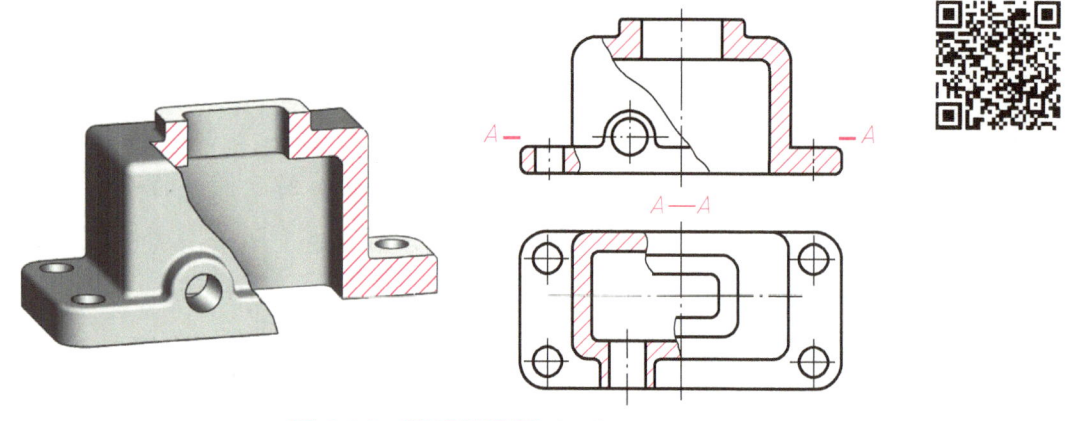

图 4-11 局部剖视图（一）

局部剖视图的剖切位置和剖切范围根据需要而定，是一种比较灵活的表达方法，运用得当，可使图形表达得简洁而清晰。局部剖视图通常用于下列情况：

1) 如图 4-11 所示，当不对称机件的内、外形状均需要表达，或者只有局部结构的内形需剖切表示，而又不宜采用全剖视图时。

2）如图 4-12 所示，当对称机件的轮廓线与中心线重合，不宜采用半剖视图时。

3）如图 4-13 所示，当实心机件（如轴、杆等）上面的孔或槽等局部结构需剖开表达时。

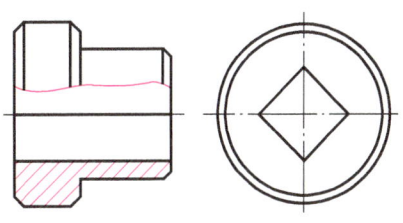

图 4-12　局部剖视图（二）

画局部剖视图时应注意以下几点：

1）当被剖的局部结构为回转体时，允许将该结构的中心线作为局部剖视图与视图的分界线，如图 4-14 所示。而图 4-12 所示的孔部分，只能用波浪线（断裂边界线）作为分界线。

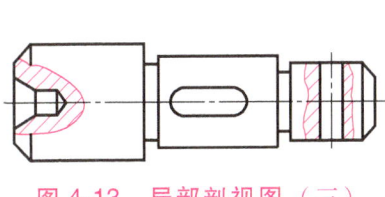

图 4-13　局部剖视图（三）

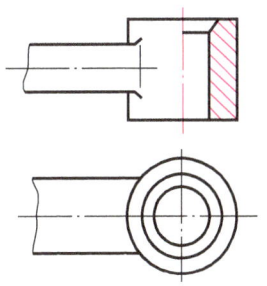

图 4-14　局部剖视图（四）

2）剖切位置与范围根据需要而定，剖开部分和原视图之间用波浪线分界。波浪线应画在机件的实体部分，不能超出视图的轮廓线或与图样上其他图线重合，如图 4-15 所示。

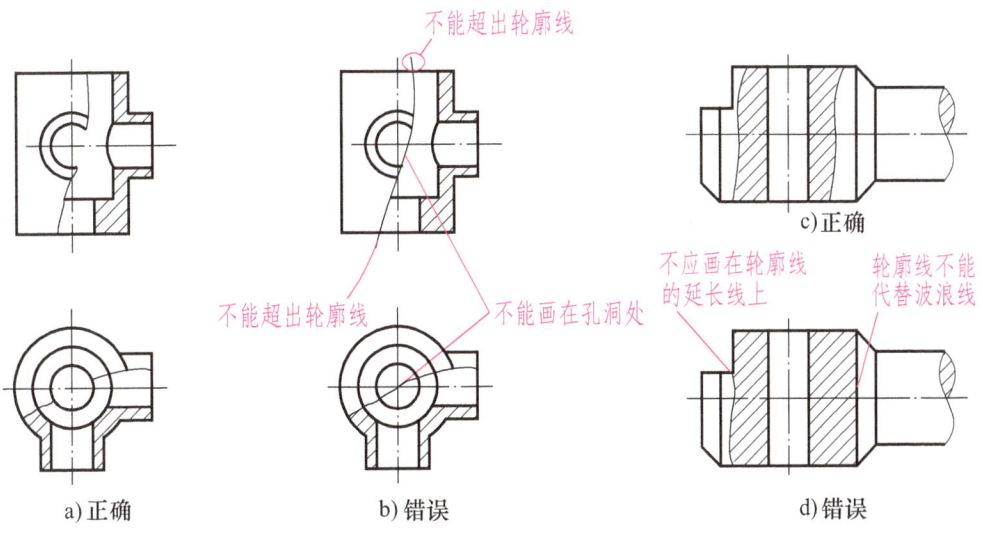

图 4-15　局部剖视图中波浪线画法

3) 局部剖视图是一种比较灵活的表达方法,哪里需要哪里剖。但在同一个视图中,使用局部剖视图这种表示法的次数不宜过多,否则会显得零乱而影响图形清晰。

4) 局部剖视图的标注方法与全剖视图相同。当单一剖切平面的剖切位置明显时,局部剖视图的标注可省略。

课堂练习

读懂视图,选择正确的局部剖视图(画"√")。

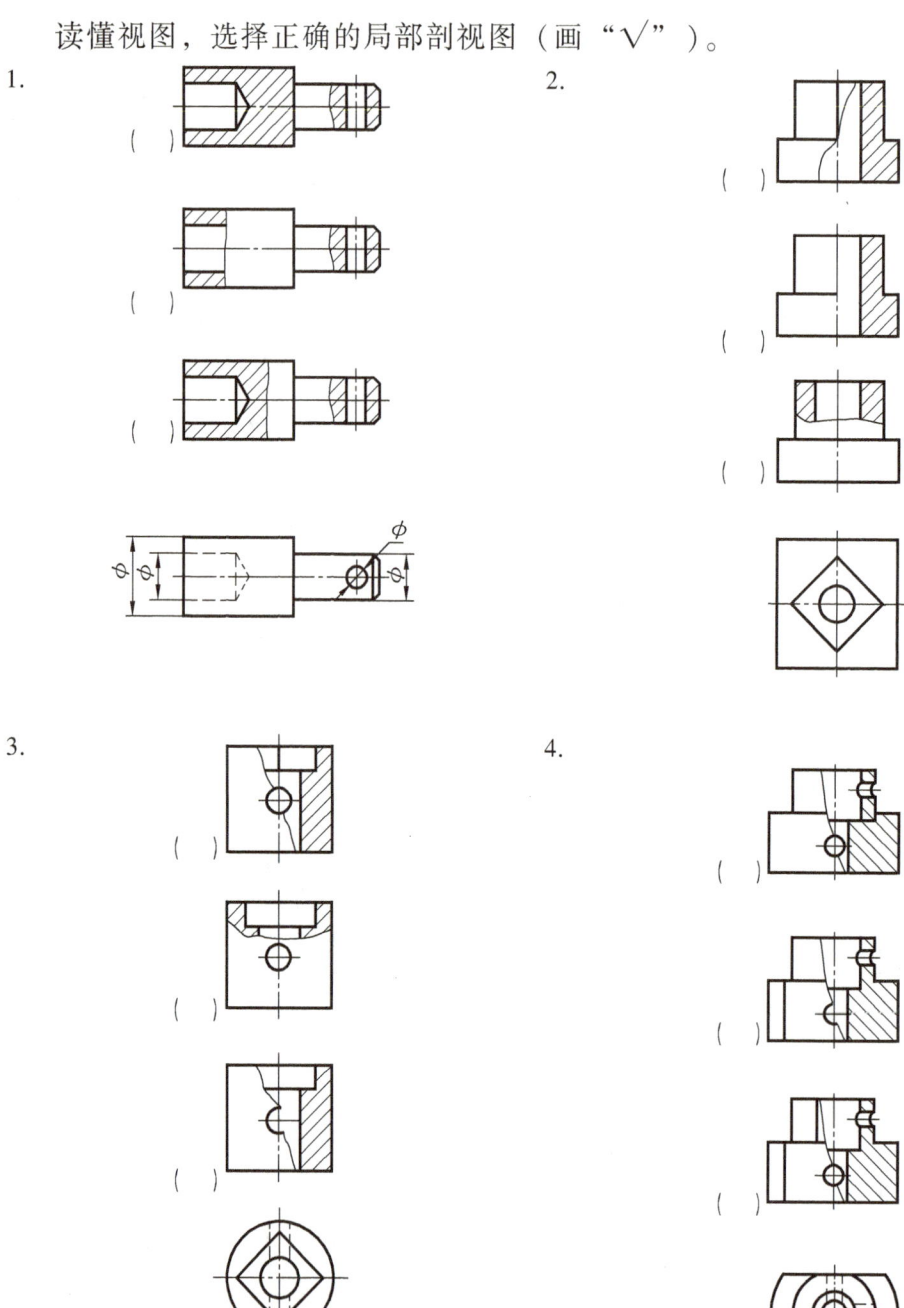

三、剖切面的种类

剖视图是假想将机件剖开后投射而得到的视图。前面叙述的全剖视图、半剖视图和局部剖视图都是用平行于基本投影面的单一剖切平面剖切机件而得到的。由于机件内部结构形状的多样性和复杂性，常需选用不同数量和位置的剖切面来剖开机件，才能把机件的内部形状表达清楚。国家标准规定，根据机件的结构特点，可选择以下剖切面：单一的剖切面、几个平行的剖切平面、几个相交的剖切面。

1. 单一的剖切面

单一的剖切面可以是平行于基本投影面的剖切平面。例如之前所述的全剖视图、半剖视图和局部剖视图所举图例大多数是用这种剖切面剖开机件而得到的剖视图。单一的剖切面也可以是不平行于基本投影面的斜剖切平面，如图 4-16 所示的 B—B。这种剖视图一般应与倾斜部分保持投影关系，但也可配置在其他位置。为了画图和读图方便，可把视图转正，但必须按规定标注，如图 4-16 所示。

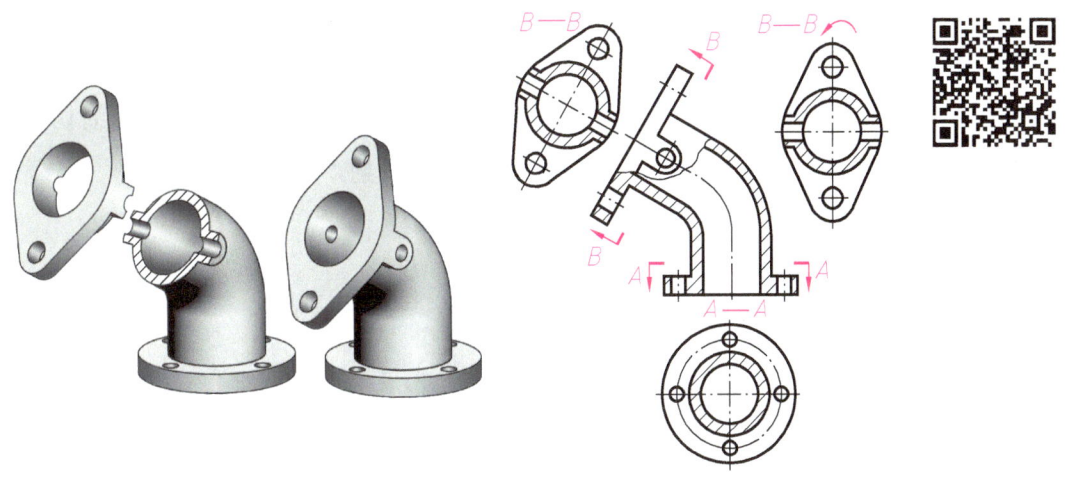

图 4-16　单一的剖切面

2. 几个平行的剖切平面

用几个平行的剖切平面剖开机件获得的剖视图，如图 4-17a 所示，轴承挂架左右对称，如果用单一的剖切面在机件的对称平面处剖开，则上部两个小圆孔不能剖到，若采用两个平行的剖切平面将机件剖开，可同时将机件上、下部分的内部结构表达清楚，如图 4-17b 中的 A—A。

采用这类剖切平面画剖视图时应注意以下问题：

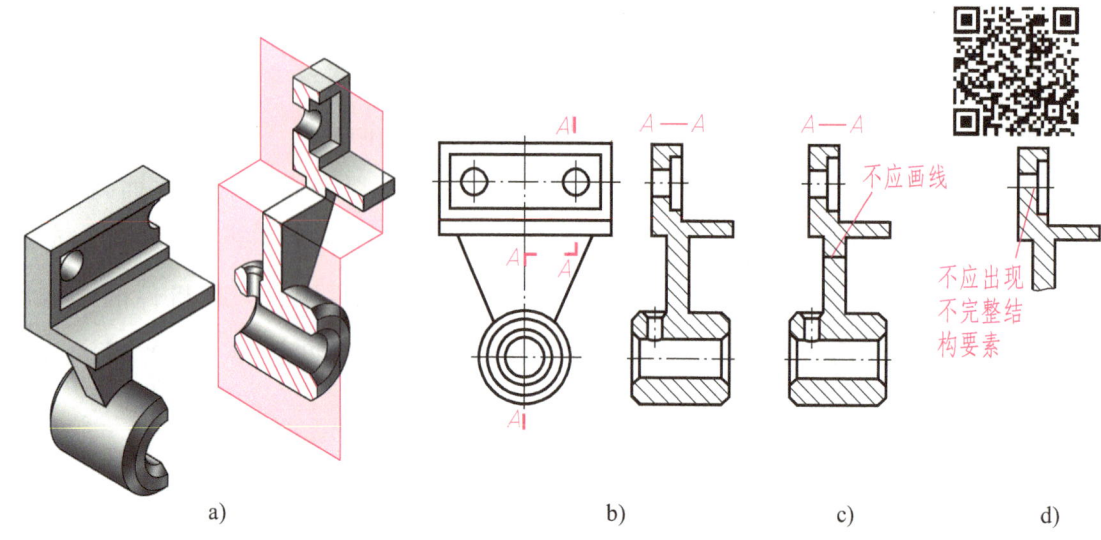

图 4-17 用两个平行的剖切平面剖切时剖视图的画法

1）因为剖切平面是假想的,所以不应画出剖切平面转折处的投影,如图 4-17c 所示。

2）剖视图中不应出现不完整结构要素,如图 4-17d 所示。

3. 几个相交的剖切面（交线垂直于某一投影面）

当机件的内部结构形状用单一的剖切面不能完整表达时,可采用两个（或两个以上）相交的剖切面剖开机件,如图 4-18 所示,并将与投影面倾斜的剖切面剖开的结构及有关部分旋转到与投影面平行后再进行投射。

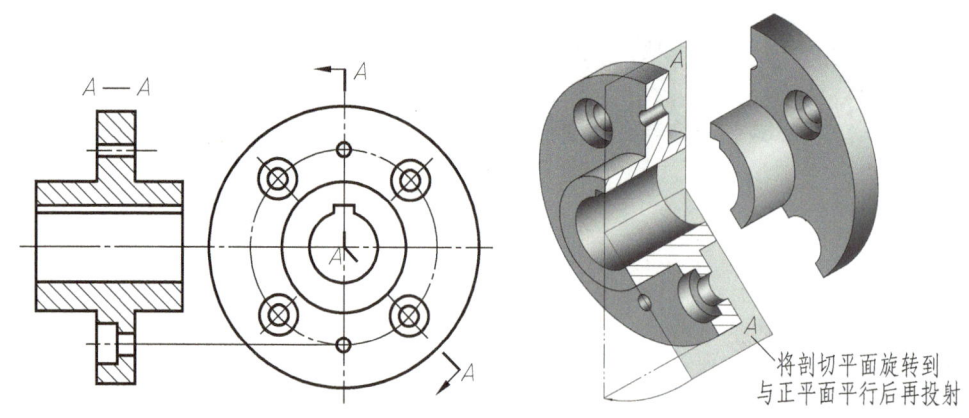

图 4-18 用两个相交的剖切面剖切时剖视图的画法

采用这种剖切面画剖视图时应注意以下问题：

1）相邻两剖切平面的交线应垂直于某一投影面。

2）用几个相交的剖切面剖开机件绘图时，应先剖切后旋转，使剖开的结构及其有关部分旋转至与某一选定的投影面平行再投射。此时，旋转部分的某些结构与原图形不再保持投影关系，如图 4-19 所示机件中倾斜部分的剖视图。在剖切面后的其他结构一般仍应按原来位置投射，如图 4-19 中剖切平面后的小圆孔。

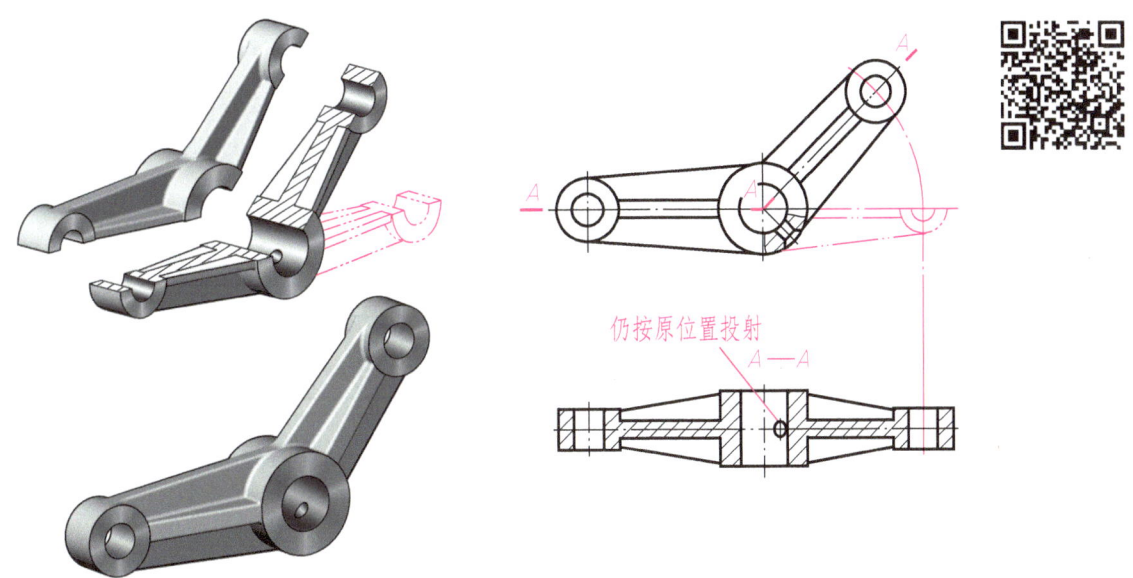

图 4-19　用相交剖切面剖切时未剖到部分仍按原位置投射

3）采用这种剖切面剖切后，应对剖视图加以标注。剖切符号的起讫及转折处用相同字母标出。但当转折处空间狭小又不致引起误解时，转折处允许省略字母。

应该指出，上述三种剖切面可以根据机件内部形状特征的表达需要任意选用。

小口诀

剖视的概念，好比买了西瓜，是生是熟、是白瓤是红瓤，切开就知道了。

几个平行的剖切平面（习惯上称为阶梯剖）和几个相交的剖切面（习惯上称为旋转剖）剖开机件能得到全剖、半剖或局部剖视图。

本节叙述的内容多、种类多、画法多、规定多，为了帮助记忆可运用以下口诀：

外形简单宜全剖，形状对称用半剖。

一个剖面切不到，采用阶梯旋转剖。

局部剖视最灵活，哪里需要哪里剖。

🔸 小归纳

剖视图分类——根据剖切范围分为全剖视图、半剖视图和局部剖视图三种。

剖切面分类——根据相对投影面的位置及剖切的组合形式和数量分为单一的剖切面、几个平行的剖切平面、几个相交的剖切面三种。

🔸 课堂练习

根据俯视图，选择正确的主视图（画"√"）。

1.

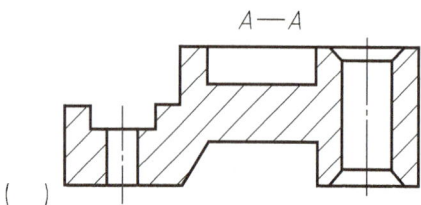
(　)

2.

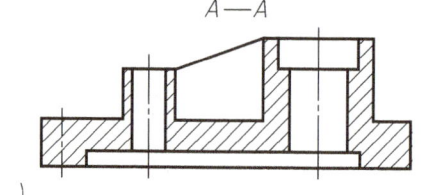
(　)

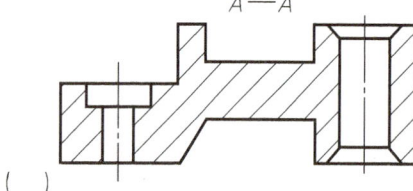
(　)

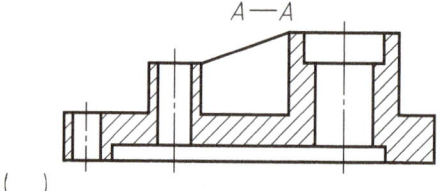
(　)

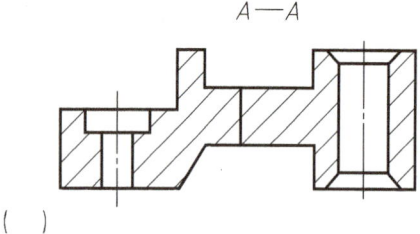
(　)

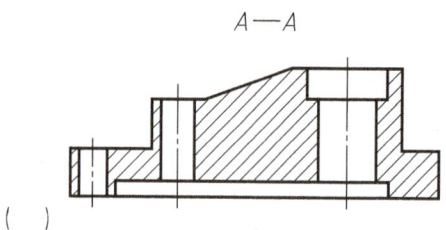
(　)

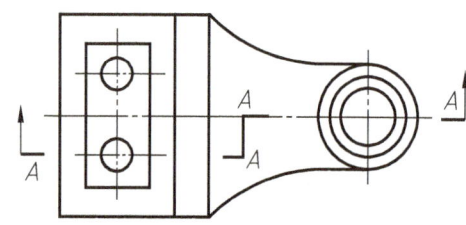

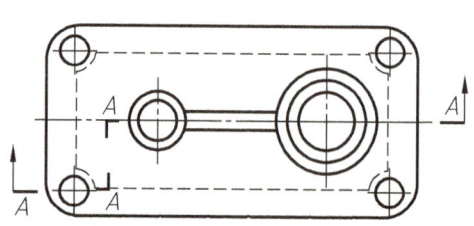

3.

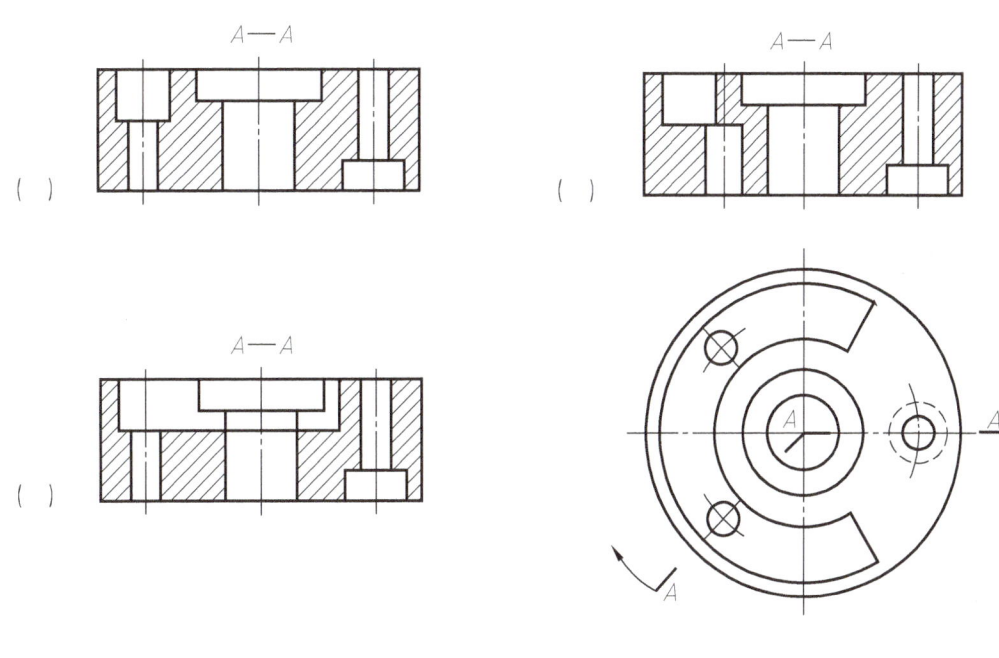

第三节　断　面　图

一、断面图的概念

假想用剖切面将机件的某处切断，仅画出剖切面与机件接触部分的图形称为断面图，简称断面。如图 4-20a 所示的小轴，为了将轴上的键槽表达清楚，假想用一个垂直于轴线的剖切平面在键槽处将轴切断，只画出断面的图形，并画上剖面符号，即为断面图，如图 4-20b 所示。

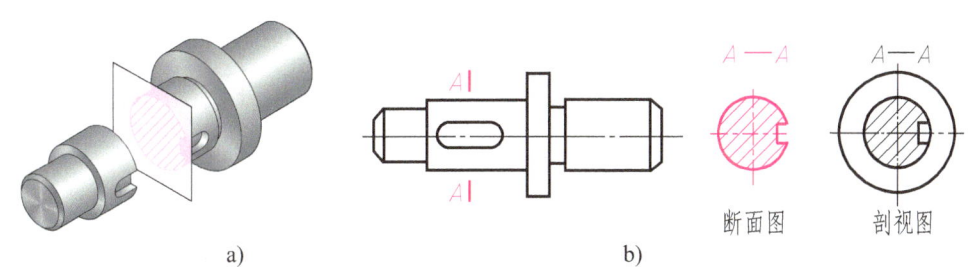

图 4-20　断面图与剖视图的比较

剖视图与断面图的区别：断面图只画机件被剖切后的断面形状，而剖视图除了画出断面形状之外，还必须画出机件上位于剖切平面后的可见轮廓线。

二、移出断面图——画在视图轮廓线之外的断面图

1. 移出断面图的配置与标注

移出断面图应尽可能配置在剖切位置的延长线上,如图 4-21b、c 所示。必要时也可配置在其他适当位置,但需要标注,标注形式与剖视图基本相同,如图 4-21a、d 所示。

根据具体情况,标注时可简化或省略,具体如下:

(1) 对称的移出断面图 画在剖切符号的延长线上时,可省略标注(图 4-21c);画在其他位置时,可省略箭头(图 4-21a)。

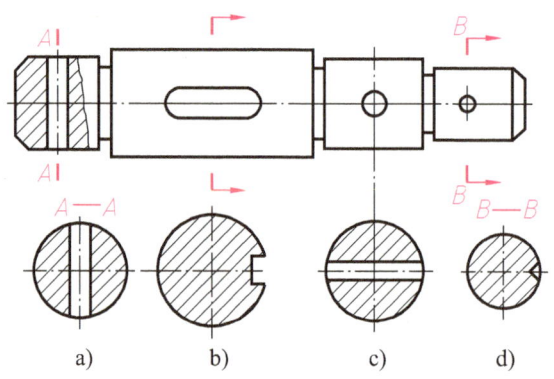

图 4-21 移出断面画法(一)

(2) 不对称的移出断面图 画在剖切符号的延长线上时,可省略字母(图 4-21b);画在其他位置时,要注明剖切符号、箭头和字母(图 4-21d)。

2. 移出断面图的画法

1) 移出断面图的轮廓线用粗实线绘制。当剖切平面通过由回转面形成的孔或凹坑的轴线时,这些结构应按剖视绘制,如图 4-21a、c、d 所示。

2) 剖切平面应与被剖切部分的主要轮廓线垂直。由两个或多个相交的剖切平面剖切所得到的移出断面图,中间应断开,如图 4-22 所示。

3) 当断面图形对称时,移出断面图可配置在视图的中断处,如图 4-23 所示。

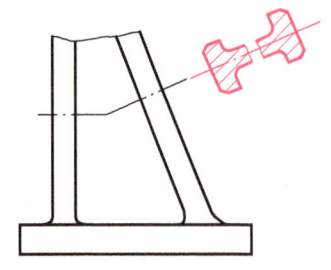

图 4-22 移出断面画法(二)

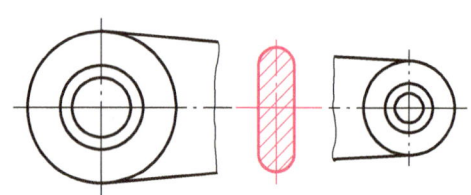

图 4-23 移出断面画法(三)

三、重合断面图——画在视图轮廓线之内的断面图

1. 重合断面图的画法

重合断面图的轮廓线用细实线绘制。当视图中的轮廓线与重合断面图的图形

重叠时,视图中的轮廓线仍应连续画出,不可间断,如图 4-24b 所示。

2. 重合断面图的标注

对称的重合断面不必标注(图 4-24a);不对称的重合断面,在不致引起误解时可省略标注(图 4-24b)。

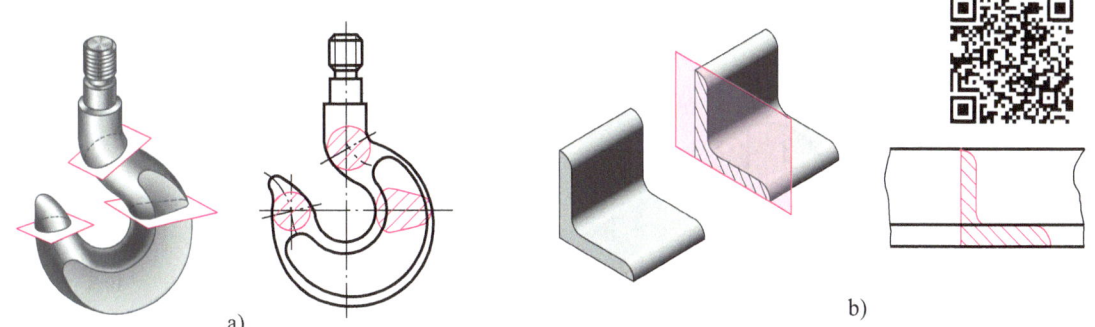

图 4-24 重合断面图画法和标注

课堂练习

判断 A—A、B—B 和 C—C 断面图的画法是否正确,在正确的括号内打"√"。

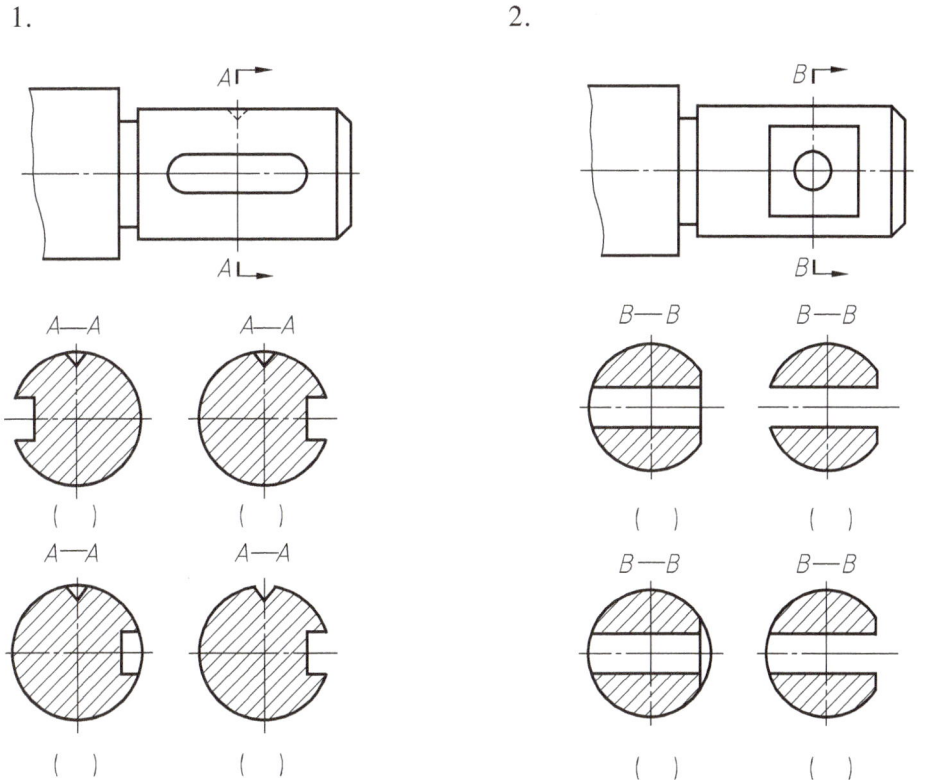

3.

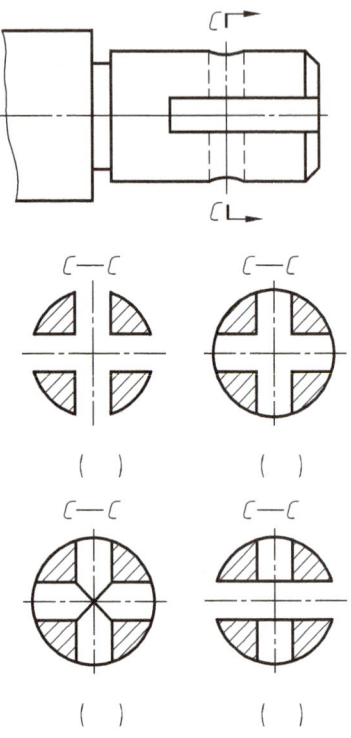

第四节　局部放大图和简化画法

当机件上的细小结构在视图中表达不清时，可采用局部放大图。

为了制图简便，可在不致引起误解的前提下，使用国家标准规定的简化画法。

一、局部放大图（GB/T 4458.1—2002）

将机件的部分结构，用大于原图形所采用的比例画出的图形，称为局部放大图。如图 4-25 所示，当同一机件上有多处需要放大时，可用细实线圈出被放大的部位，用罗马数字依次标明被放大的部位，并在局部放大图的上方标注出相应的罗马数字和所采用的比例。对于同一机件上不同部位，但图形相同或对称时，只需画出一个局部放大图，如图 4-26 所示。

二、简化画法（GB/T 16675.1—2012）

1）在不致引起误解时，图形中可用细实线绘制过渡线（图 4-27a），用粗实线绘制相贯线（图 4-27b），还可以用圆弧代替非圆曲线，当两回转体的直径相差

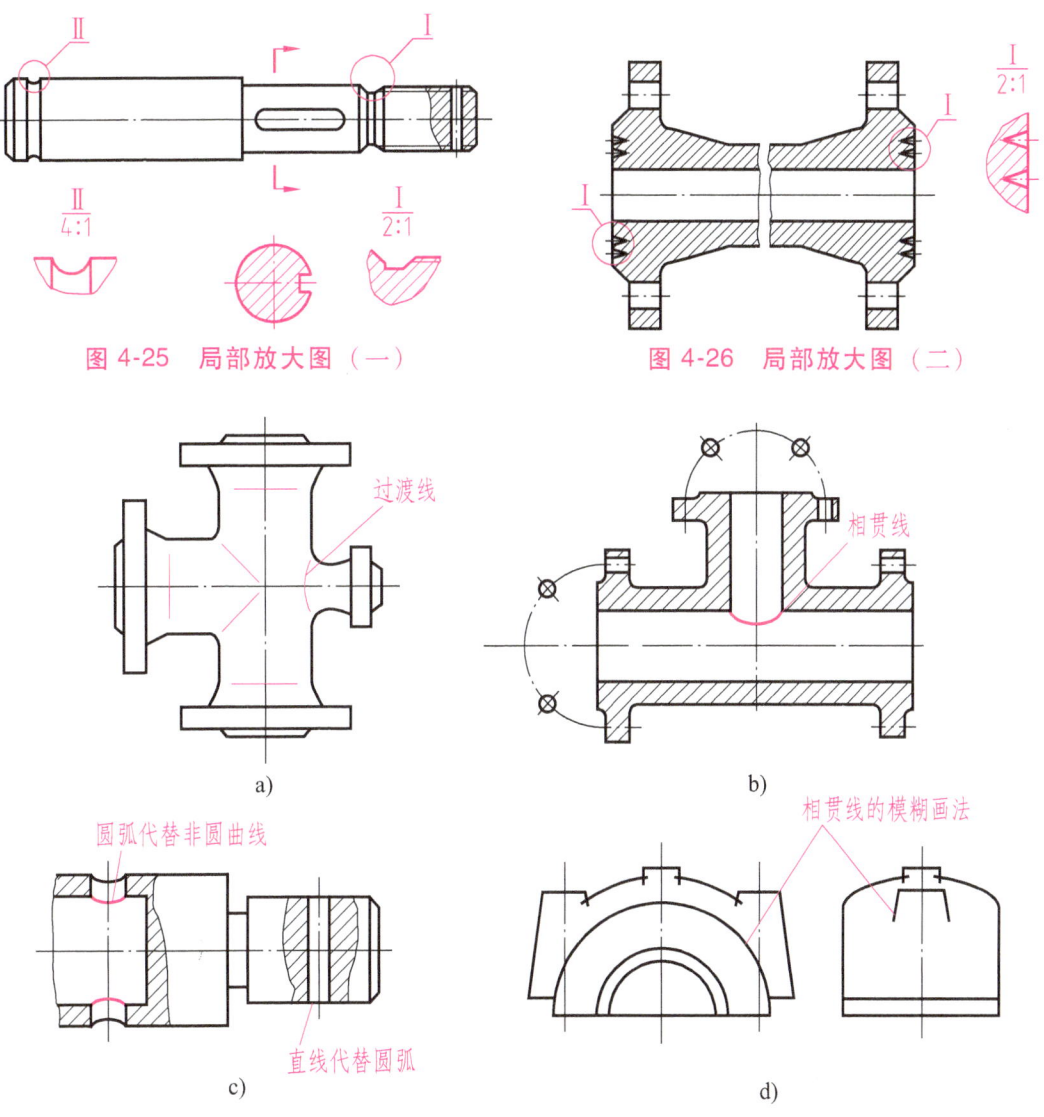

图 4-25 局部放大图（一）

图 4-26 局部放大图（二）

图 4-27 过渡线和相贯线的简化画法

较大时，相贯线可以用直线代替曲线（图 4-27c），也可以用模糊画法表示相贯线（图 4-27d）。

2）对于机件的肋、轮辐及薄壁等，如按纵向剖切，这些结构都不画剖面符号，而用粗实线将它们与其邻接部分分开（图 4-28a）。当零件回转体上均匀分布的肋、轮辐、孔等结构不处于剖切平面上时，可将这些结构旋转到剖切平面上画出（图 4-28b）。

3）当机件具有若干直径相同且呈规律分布的孔（圆孔、螺孔、沉孔等）时，可以仅画出一个或几个，其余只需表示其中心位置（图 4-29a、b）。图 4-29c 中的 EQS 表示"呈放射状均布"。

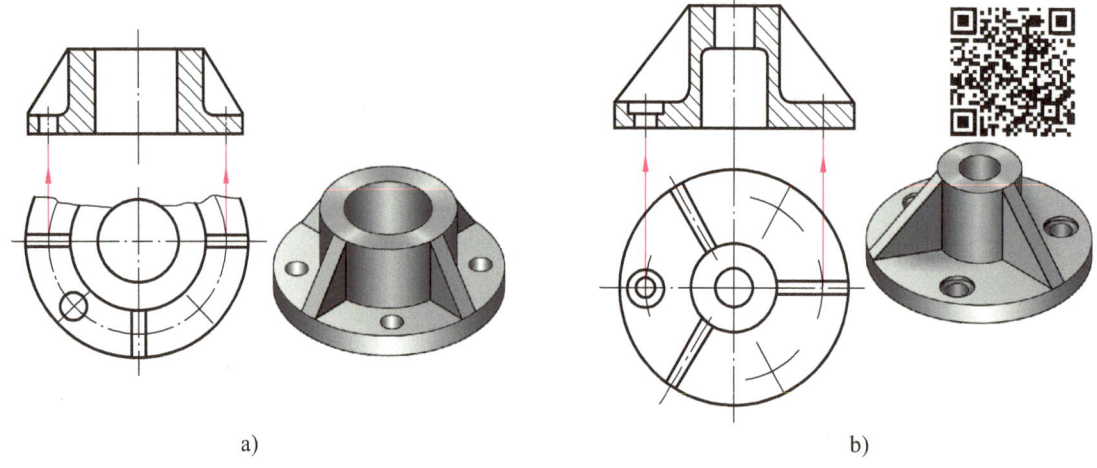

图 4-28 机件上的肋、孔等结构的简化画法

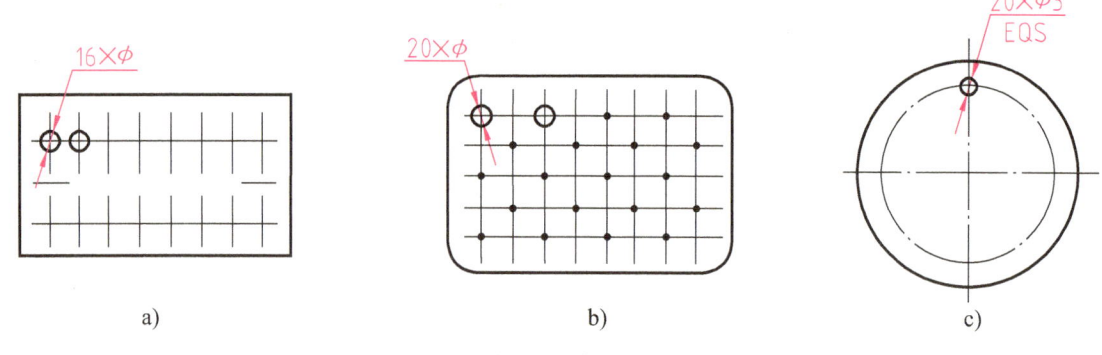

图 4-29 相同要素的简化画法

4) 较长机件（轴、杆、型材、连杆等）沿长度方向的形状一致或按一定规律变化时，可断开后缩短绘制，但尺寸仍按机件的设计要求标注（图 4-30）。

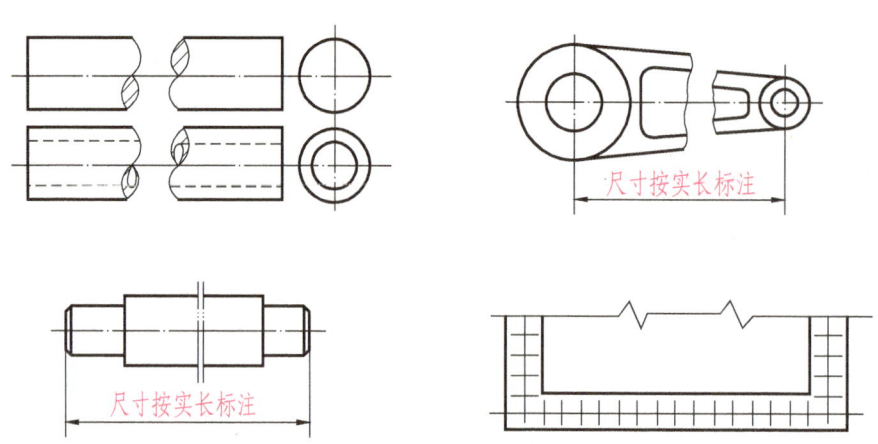

图 4-30 较长机件的简化画法

*第五节　第三角画法简介

GB/T 14692—2008《技术制图　投影法》规定："技术图样应采用正投影法绘制，并优先采用第一角画法"。国际上多数国家（如中国、英国、法国、德国、俄罗斯等）都是采用第一角画法，但是，美国、日本、加拿大、澳大利亚等则采用第三角画法。为了便于日益增多的、国家间的技术交流和协作，我国在 1993 年就曾规定："必要时（如按合同规定等）允许使用第三角画法"。所以，应该对第三角画法有所了解。

一、第三角画法与第一角画法的区别

1. 第一、三分角的形成

图 4-31 所示为三个互相垂直相交的投影面，将空间分为八个部分，每部分为一个分角，依次为Ⅰ～Ⅷ分角。

将机件放在第一分角内（H 面之上、V 面之前、W 面之左）而得到的多面正投影为第一角画法（图 4-32a）。将机件放在第三分角内（H 面之下、V 面之后、W 面之左）而得到的多面正投影为第三角画法（图 4-32b）。第一角画法是将机件置于观察者与投影面之间进行投射；第三角画法是将投影面置于观察者与机件之间进行投射（把投影面看作透明）。

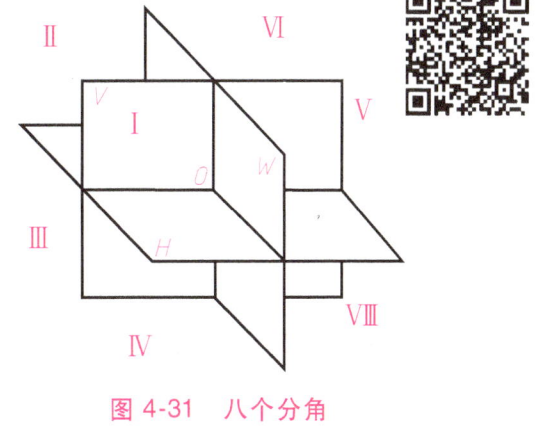

图 4-31　八个分角

第三角画法中，在 V 面上形成自前方投射所得的主视图，在 H 面上形成自上方投射所得的俯视图，在 W 面上形成自右方投射所得的右视图（图 4-32b）。令 V 面保持正立位置不动，将 H 面、W 面分别绕它们与 V 面的交线向上、向右旋转 90°，与 V 面展开成同一个平面，得到机件的三视图。与第一角画法类似，采用第三角画法的三视图也有下述特性，即多面正投影的投影规律：主、俯视图长对正；主、右视图高平齐；俯、右视图宽相等，前后对应。

与第一角画法一样，第三角画法也有六个基本视图。将机件向正六面体的六

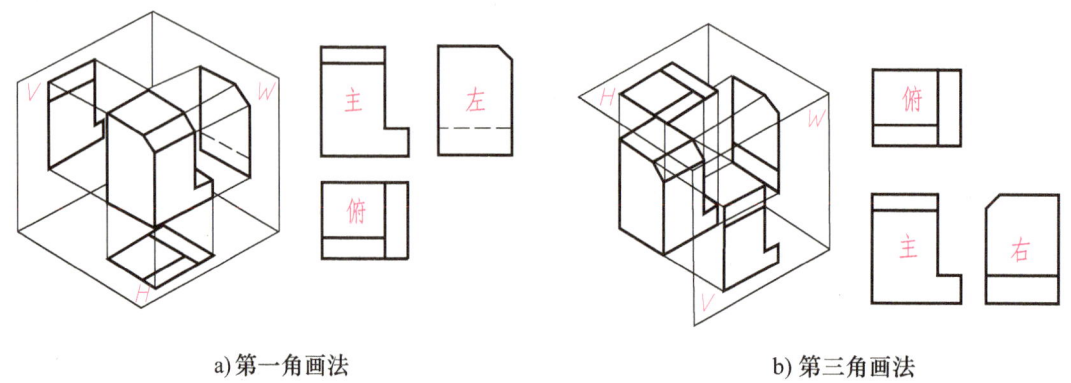

a) 第一角画法　　　　　　　　　　b) 第三角画法

图 4-32　第一角画法与第三角画法的位置关系对比

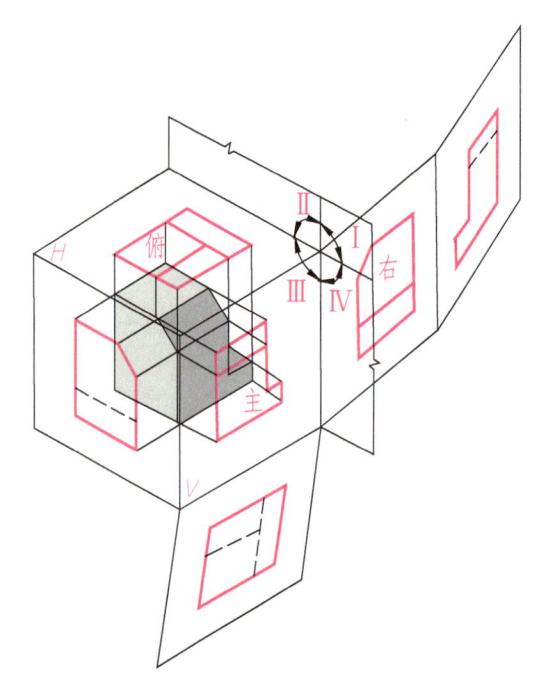

图 4-33　第三角画法的六个基本视图及其展开

个平面（基本投影面）进行投射，然后按图 4-33 所示的方法展开，即得六个基本视图，它们相应的配置如图 4-34a 所示。

2. 第一、三角画法的配置

第三角画法与第一角画法在各自的投影面体系中，观察者、机件、投影面三者之间的相对位置不同，决定了它们六个基本视图配置关系的不同。从图 4-34a、b 所示两种画法的六面视图对比中，可以很清楚地得出如下关系：

1）第三角画法的俯视图和仰视图与第一角画法的俯视图和仰视图的位置

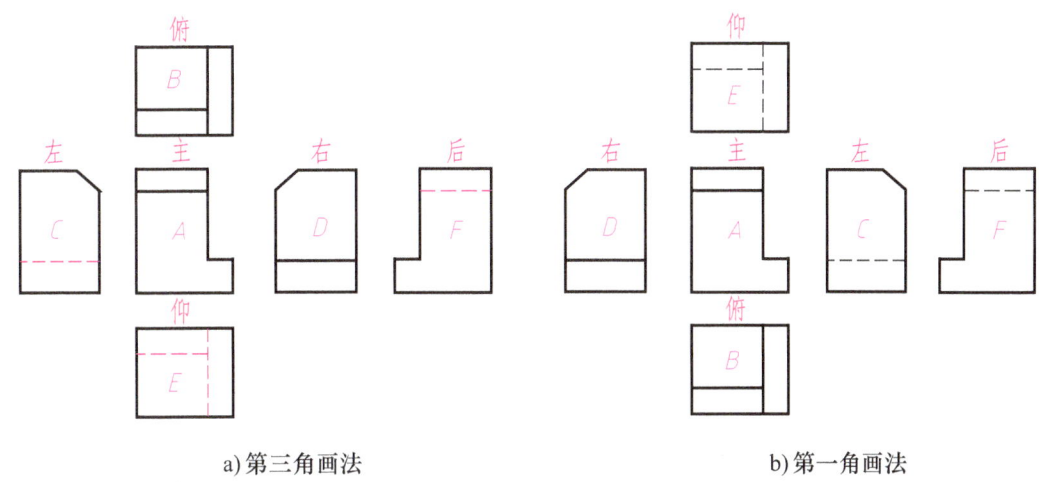

a) 第三角画法　　　　　　　　　　　　b) 第一角画法

图 4-34　第三角画法与第一角画法的六面视图对比

对换。

2）第三角画法的左视图和右视图与第一角画法的左视图和右视图的位置对换。

3）第三角画法的主、后视图与第一角画法的主、后视图一致。

二、第三角画法与第一角画法的识别符号

为了识别第三角画法与第一角画法，规定了相应的识别符号，如图 4-35 所示，该符号一般标在所画图样标题栏的上方或左方。

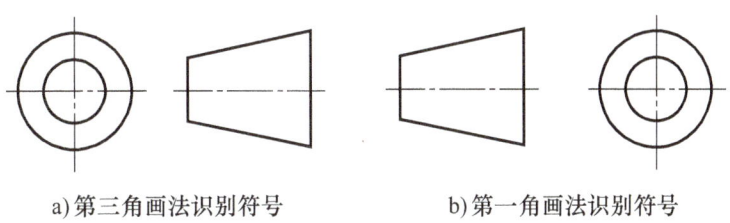

a) 第三角画法识别符号　　　　　b) 第一角画法识别符号

图 4-35　第三角和第一角画法识别符号

采用第三角画法时，必须在图样中画出第三角画法的识别符号；采用第一角画法时，在图样中一般不必画出第一角画法的识别符号，但在必要时也需画出。

课堂练习

已知主视图和俯视图，选出正确的右视图，在括号内画"√"。

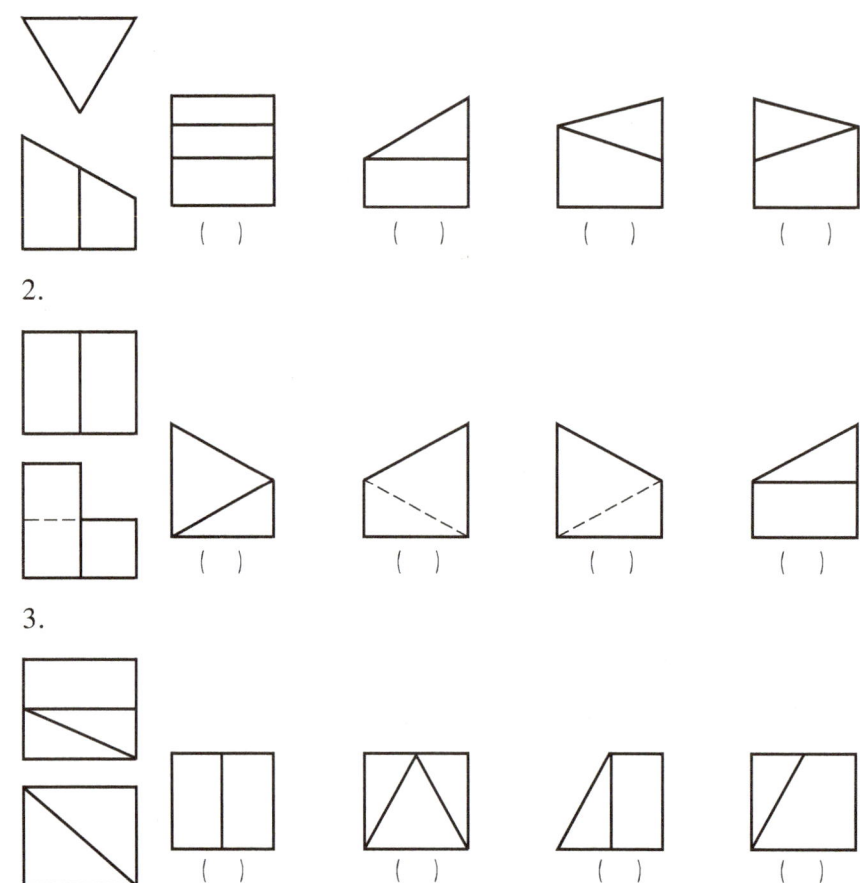

第五单元

常用标准件及结构要素的表示法

常用件是指在机械设备和仪器仪表的装配及安装过程中广泛使用的零件。它包括结构、尺寸及技术要求都已标准化的常用标准件（如螺钉等）和不属于标准件的常用机件（如齿轮等）。

本单元将介绍螺纹和螺纹紧固件、齿轮、键、销、滚动轴承和弹簧的表示法。

第一节 螺纹和螺纹紧固件

一、螺纹的形成

螺纹是根据螺旋线原理加工而成的。当圆柱形工件做等速旋转运动时，车刀与工件表面接触并沿工件轴线做等速轴向移动，在工件表面即形成螺旋线。在圆柱（或圆锥）外表面上的螺纹为外螺纹（图 5-1a），在圆柱（或圆锥）内表面上

a) 加工外螺纹

b) 加工内螺纹

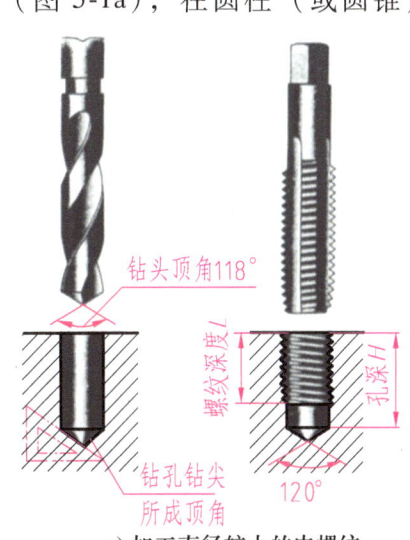

c) 加工直径较小的内螺纹

图 5-1 螺纹的加工方法

的螺纹为内螺纹（图 5-1b）。车刀的切削刃形状不同，便加工出不同牙型的螺纹。当加工直径较小的内螺纹时，先用钻头钻孔（由于钻头顶角为 118°，所以钻孔的底部按 120°简化画出），再用丝锥加工，如图 5-1c 所示。

二、螺纹的结构要素

内、外螺纹总是成对使用的，只有当内、外螺纹的牙型、公称直径、螺距、线数和旋向五个结构要素完全一致时，才能正常旋合。螺纹的五个结构要素见表 5-1。

表 5-1 螺纹的五个结构要素

结构要素	图示	说明
牙型	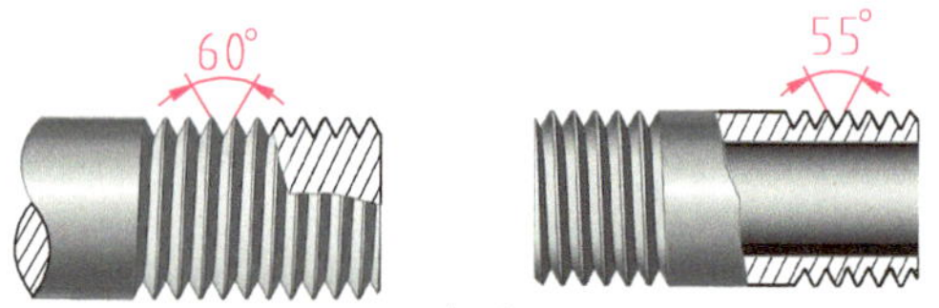 三角形（60°）／（55°）；锯齿形；梯形（30°）	牙型是指通过螺纹轴线断面上的螺纹轮廓形状。常见的螺纹牙型有三角形、梯形、锯齿形等。其中三角形螺纹用于连接或紧固，梯形和锯齿形螺纹用于传递动力
直径	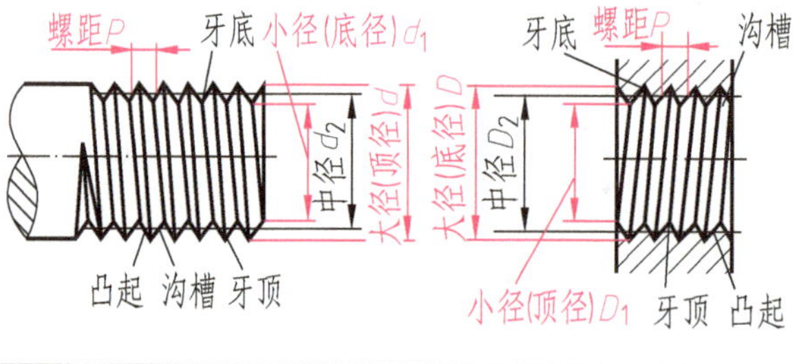 螺距 P、牙底、小径(底径) d_1、中径 d_2、大径(顶径) d、凸起、沟槽、牙顶；牙底、螺距 P、沟槽、中径 D_2、大径(底径) D、小径(顶径) D_1、牙顶、凸起	d、D 分别为外螺纹、内螺纹大径，大径是螺纹的最大直径，称为公称直径 d_1、D_1 分别为外螺纹、内螺纹小径 d_2、D_2 分别为外螺纹、内螺纹中径
线数	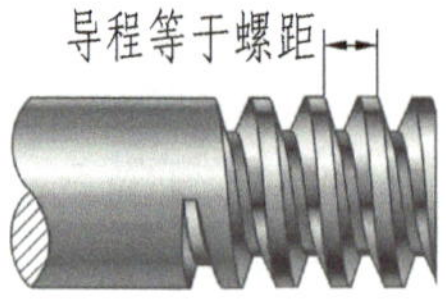 导程等于螺距（单线螺纹）；导程 P_h、螺距 P（双线螺纹） 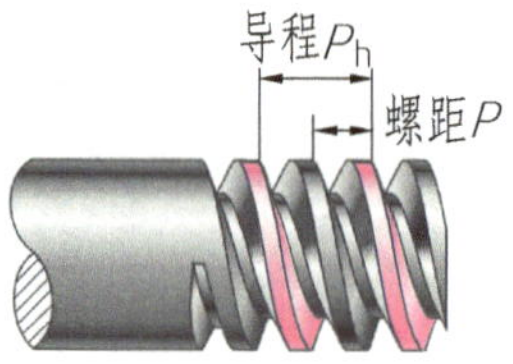	同一圆柱面上只切削一条螺纹称为单线螺纹，切削两条或两条以上螺纹时称为双线或多线螺纹
螺距和导程		螺距 P 为相邻两牙对应点间的轴向距离 单线螺纹：螺距 P = 导程 P_h 多线螺纹：螺距 $P = \dfrac{导程 P_h}{线数 n}$

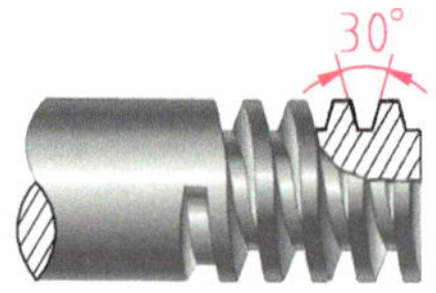

结构要素	图示	说明
旋向	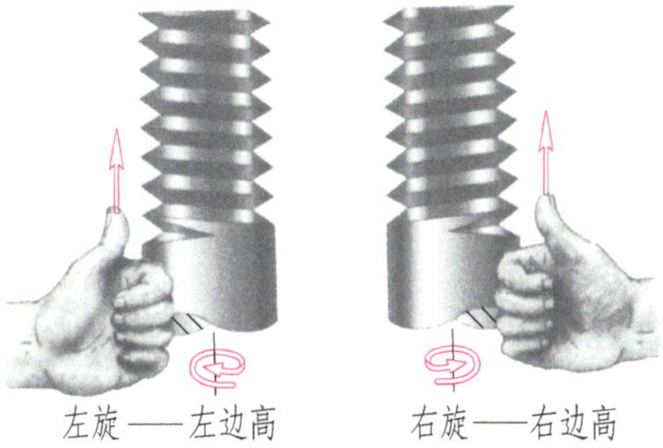 左旋——左边高　　右旋——右边高	当螺纹按顺时针方向旋进时为右旋螺纹,反之为左旋螺纹。工程上常用的是右旋螺纹,只有特殊情况下采用左旋螺纹

三、螺纹的规定画法

为了简化绘图,国家标准规定螺纹不按其真实投影绘制,采用表 5-2 中的规定画法。

表 5-2　螺纹规定画法

项目	规定画法	说　明
外螺纹	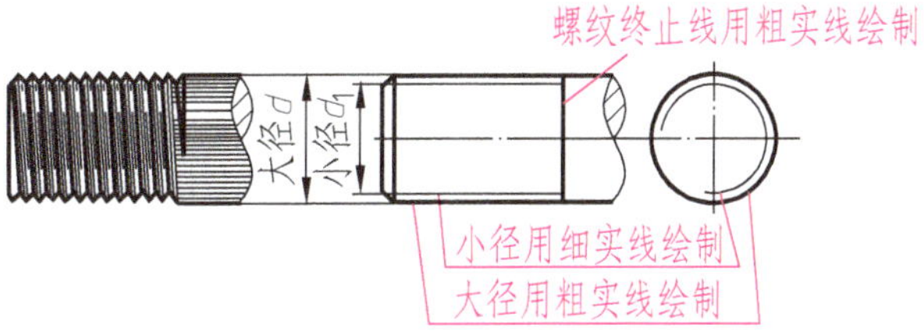 螺纹终止线用粗实线绘制；小径用细实线绘制；大径用粗实线绘制	螺纹的牙顶(大径)和螺纹终止线画粗实线,牙底(小径)画细实线,并画进倒角。通常,小径按大径的 0.85 画出。在投影为圆的视图中,表示牙底的细实线画约 3/4 圈,倒角圆省略不画
内螺纹	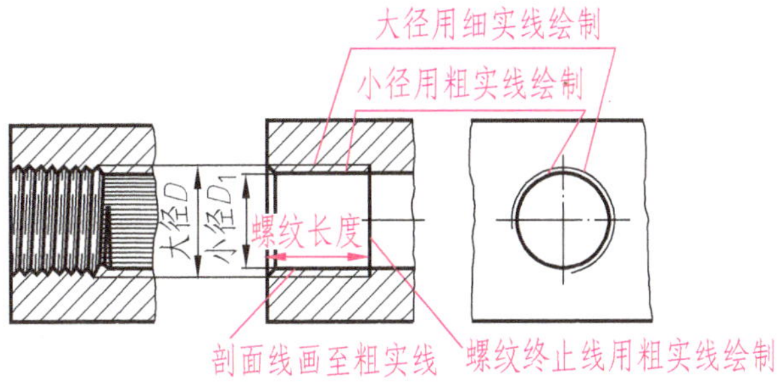 大径用细实线绘制；小径用粗实线绘制；剖面线画至粗实线；螺纹终止线用粗实线绘制	螺纹的牙底(大径)画细实线,牙顶(小径)和螺纹终止线画粗实线,剖面线应画到粗实线处。在投影为圆的视图中,表示牙底的细实线画约 3/4 圈,倒角圆省略不画
不通螺孔	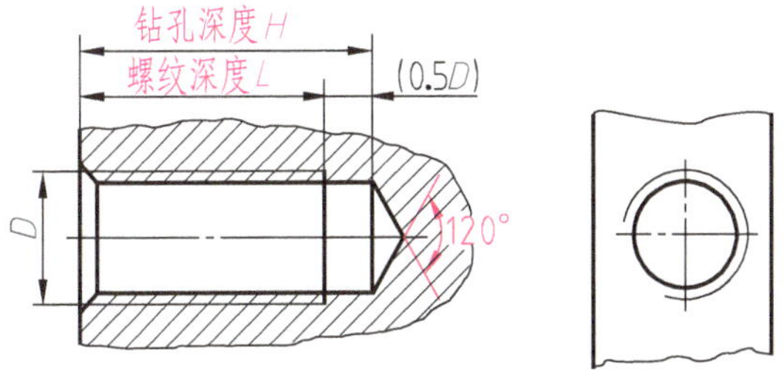 钻孔深度 H；螺纹深度 L；(0.5D)；120°	对于没有穿通的螺孔应分别画出钻孔深度 H 和螺纹深度 L,一般钻孔深度比螺纹深度深 0.5D(D 为螺孔大径)。钻孔尖端锥角按 120°画出

项目	规 定 画 法	说 明
内外螺纹连接	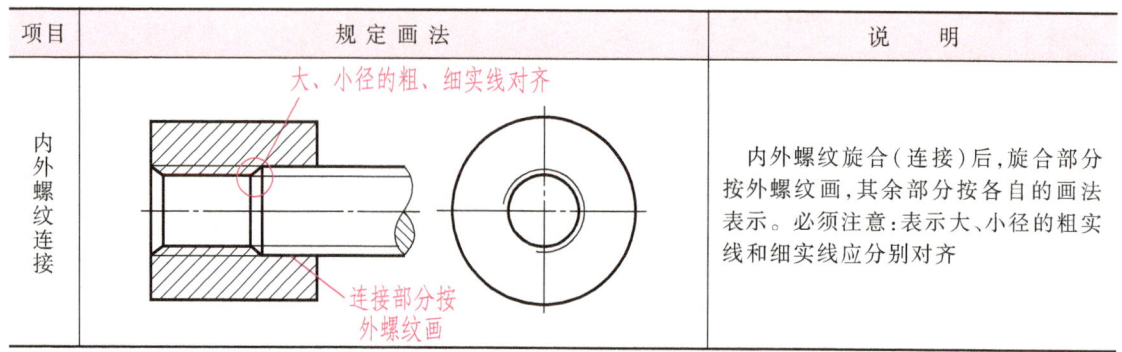	内外螺纹旋合（连接）后，旋合部分按外螺纹画，其余部分按各自的画法表示。必须注意：表示大、小径的粗实线和细实线应分别对齐

四、螺纹的图样标注

螺纹按画法规定简化画出后，在图上不能反映它的牙型、螺距、线数和旋向等结构要素，因此，必须按规定的标记在图样中进行标注。

1. 螺纹的标记规定

（1）普通螺纹的螺纹标记的构成

单线普通螺纹标记格式如下：

|特征代号|公称直径|×|螺距P|-|公差带代号|-|旋合长度代号|-|旋向代号|

多线普通螺纹标记格式如下：

|特征代号|公称直径|×|Ph 导程（P 螺距）|-|公差带代号|⊖|-|旋合长度代号|-|旋向代号|

例如：

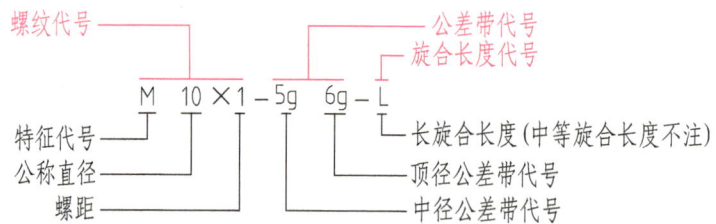

（2）梯形螺纹和锯齿形螺纹的螺纹标记的构成

|特征代号|公称直径|×|导程（P 螺距）|旋向代号|-|公差带代号|-|旋合长度代号|

例如：Tr40×14(P7)-7H/7e

（3）55°非密封管螺纹的螺纹代号内容及标注格式

|特征代号|尺寸代号|公差等级代号|-|旋向代号|

⊖ 关于公差带的概念在第六单元中叙述。

例如：

2. 常用螺纹的种类和标注示例（表5-3）

表5-3 常用螺纹的种类和标注示例

螺纹种类		牙型放大图	特征代号		标记示例	说　明
连接螺纹	普通螺纹	60°	M	粗牙	M20	粗牙普通外螺纹，公称直径为20mm，右旋。螺纹公差带：中径、大径均为6g。旋合长度属中等（不标注N）的一组（按规定6g不注）
				细牙	M20×1.5-7H-L	细牙普通内螺纹，公称直径为20mm，螺距为1.5mm，右旋。螺纹公差带：中径、顶径均为7H。旋合长度属长的一组
	管螺纹	55°	G	55°非密封管螺纹	G½A	55°非密封圆柱外螺纹，尺寸代号为½，公差等级为A级，右旋。用引出标注
			Rp R₁ Rc R₂	55°密封管螺纹	Rc1½	55°密封的与圆锥外螺纹旋合的圆锥内螺纹，尺寸代号为1½，右旋。用引出标注 与圆锥内螺纹旋合的圆锥外螺纹的特征代号为R₂ 圆柱内螺纹、圆锥外螺纹旋合时，其特征代号分别为Rp和R₁
传动螺纹	梯形螺纹	30°	Tr		Tr40×14(P7)LH-7H	梯形内螺纹，公称直径为40mm，双线螺纹，导程为14mm，螺距为7mm，左旋（代号为LH）。螺纹公差带：中径为7H。旋合长度属中等的一组
	锯齿形螺纹	30° 3°	B		B32×6-7e	锯齿形外螺纹，公称直径为32mm，单线螺纹，螺距为6mm，右旋。螺纹公差带：中径为7e。旋合长度属中等的一组

3. 螺纹标注时的注意点

1）普通螺纹的螺距有粗牙和细牙两种，粗牙螺距不标注，细牙必须注出螺距。

2）左旋螺纹要注写 LH，右旋螺纹不注。

3）螺纹公差带代号包括中径和顶径公差带代号，如 5g6g，前者表示中径公差带代号，后者表示顶径公差带代号。如果中径与顶径公差带代号相同，则只标注一个代号。

4）普通螺纹的旋合长度规定为短（S）、中（N）、长（L）三组，中等旋合长度（N）不必标注。

5）最常用的中等公差精度的普通螺纹（公称直径≤1.4mm 的 5H、6h 和公称直径≥1.6mm 的 6H、6g），可不标注公差带代号。

6）55°非密封的内管螺纹和 55°密封管螺纹仅一种公差等级，公差带代号省略不注，如 Rc1。55°非密封的外管螺纹有 A、B 两种公差等级，螺纹公差等级代号标注在尺寸代号之后，如 G1½A-LH。

五、螺纹紧固件

1. 常用螺纹紧固件的种类和标记

常用的螺纹紧固件有螺栓、螺柱、螺母、垫圈和螺钉等，如图 5-2 所示。它们的结构、尺寸都已标准化，使用时可从相应的标准中查出所需的结构尺寸。常用螺纹紧固件的标记示例见表 5-4。

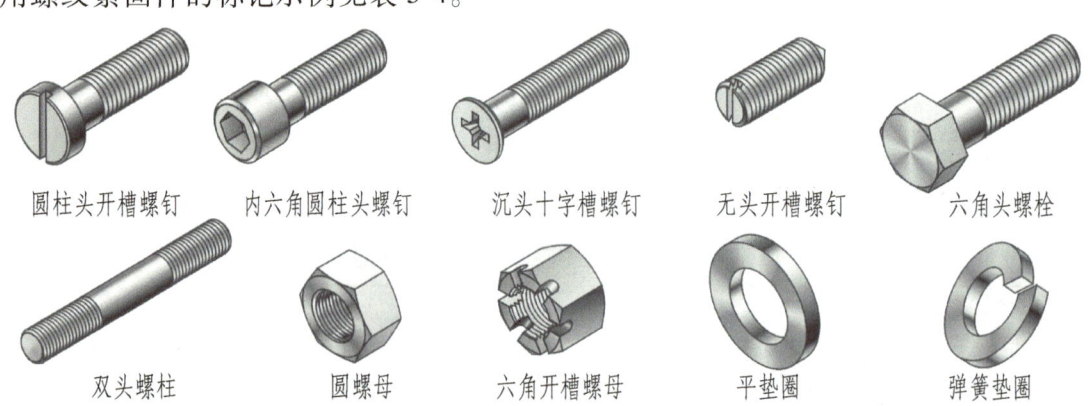

图 5-2 常用的螺纹紧固件

表 5-4 常用螺纹紧固件的标记示例

名称及标准号	图例及规格尺寸	标记示例
六角头螺栓——A 级和 B 级 GB/T 5782—2016	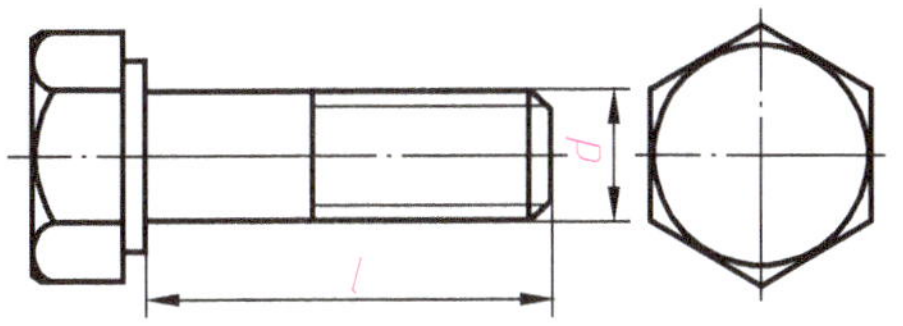	螺栓 GB/T 5782 M8×40 螺纹规格 $d=M8$、公称长度 $l=40mm$、性能等级为 8.8 级、表面不经处理、产品等级为 A 级的六角头螺栓
双头螺柱——A 级和 B 级 GB/T 897—1988、GB/T 898—1988、GB/T 899—1988、GB/T 900—1988	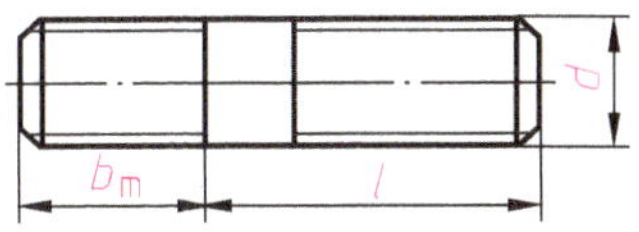	螺柱 GB/T 898 M8×50 两端均为粗牙普通螺纹、$d=M8$、$l=50mm$、性能等级为 4.8 级、不经表面处理、B 型、$b_m=1.25d$ 的双头螺柱
1 型六角螺母——A 级和 B 级 GB/T 6170—2015	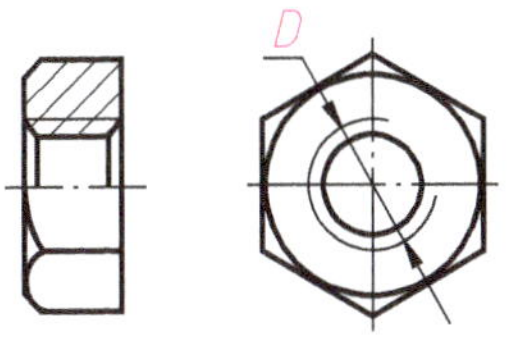	螺母 GB/T 6170 M8 螺纹规格 $D=M8$、性能等级为 10 级、不经表面处理、A 级的 1 型六角螺母
平垫圈——A 级 GB/T 97.1—2002	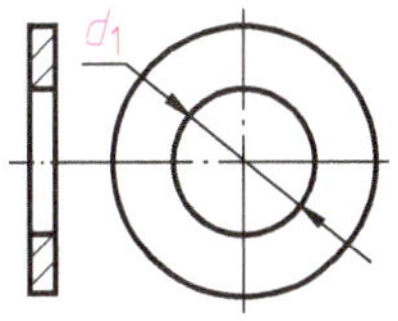	垫圈 GB/T 97.1 8 标准系列、公称直径为 8mm、硬度等级为 200HV 级、不经表面处理、产品等级为 A 级的平垫圈
标准型弹簧垫圈 GB/T 93—1987	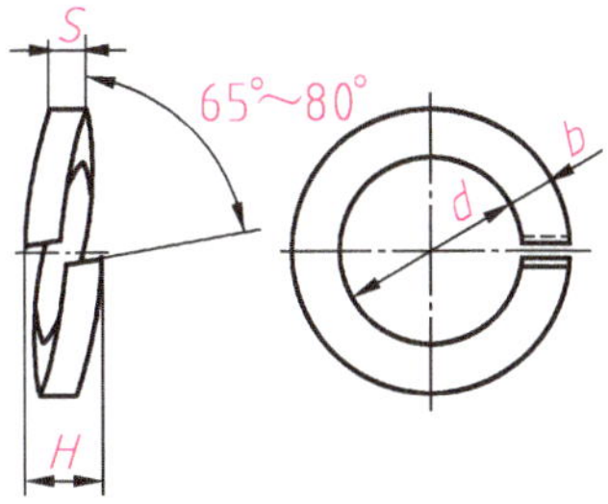	垫圈 GB/T 93 8 规格 8mm、材料为 65Mn、表面氧化的标准型弹簧垫圈
开槽沉头螺钉 GB/T 68—2016	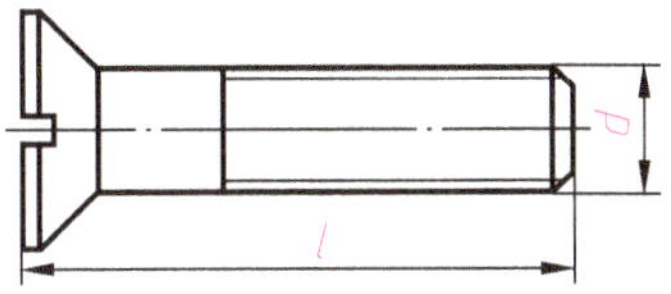	螺钉 GB/T 68 M8×30 螺纹规格 $d=M8$、公称尺寸 $l=30mm$、性能等级为 4.8 级、不经表面处理的开槽沉头螺钉

2. 螺纹紧固件的连接画法

画螺纹紧固件的连接时先做如下规定:

当剖切平面通过螺杆的轴线时,螺栓、螺柱、螺钉及螺母、垫圈等均按未剖切绘制;在剖视图上,两零件接触表面画一条线,不接触表面画两条线;相接触两零件的剖面线方向相反。

在连接图中,常用的螺纹紧固件可用简化画法绘制。

在装配体中,零件与零件或部件间常用螺纹紧固件进行连接,最常用的连接形式有:螺栓连接(图 5-3a)、螺柱连接(图 5-3b)和螺钉连接(图 5-3c)。由于装配图主要是表达零部件之间的装配关系,所以装配图中的螺纹紧固件不仅可按上述画法的基本规定简化表示,而且图形中的各部分尺寸也可简便地按比例画法绘制。

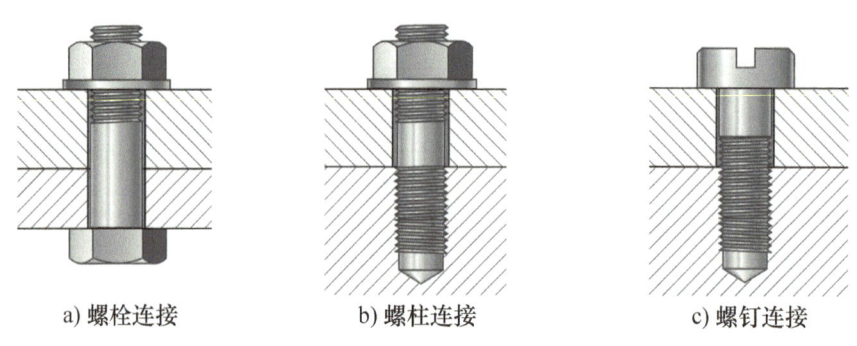

a) 螺栓连接　　b) 螺柱连接　　c) 螺钉连接

图 5-3　螺栓、螺柱、螺钉连接

(1) 螺栓连接的简化画法(图 5-4)　螺栓适用于连接两个不太厚的并能钻成通孔的零件。如图 5-4a 所示,连接时将螺栓穿过被连接两零件的通孔(孔径比螺栓大径略大,一般可按 $1.1d$ 画出),套上垫圈,然后拧紧螺母。

螺栓的公称长度 $l \geqslant t_1 + t_2 + h + m + a$ (查表计算后取接近的标准长度)。

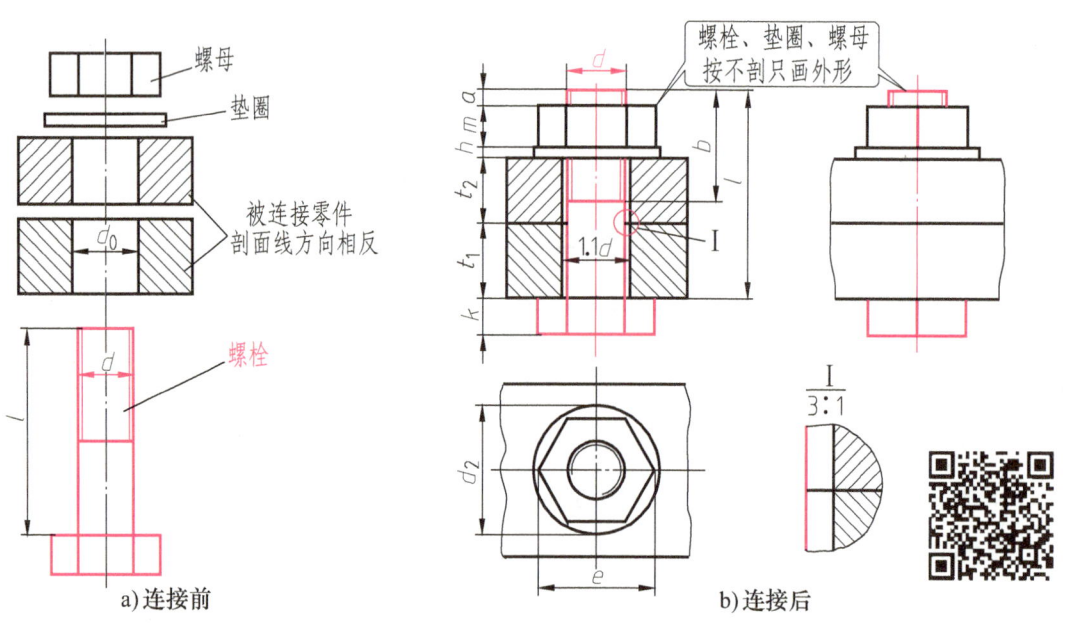

a) 连接前　　b) 连接后

图 5-4　螺栓连接的简化画法

根据螺纹公称直径 d 按下列比例作图。

$b=2d$，$h=0.15d$，$m=0.8d$，$a=0.3d$，$k=0.7d$，$e=2d$，$d_2=2.2d$。

如图 5-4b 所示，画螺栓连接时应注意，螺栓的螺纹终止线应低于垫圈底面，以便拧紧螺母时还有足够的螺纹长度。

（2）螺柱连接的简化画法（图 5-5） 当被连接零件之一较厚，不允许或不可能钻成通孔时，可采用螺柱连接。螺柱的两端均制有螺纹。连接前，先在较厚的零件上制出螺孔，在另一零件上加工出通孔。将螺柱的一端（称旋入端）全部旋入螺孔内，在另一端（称紧固端）套上制出通孔的零件，再套上弹簧垫圈或平垫圈，拧紧螺母，即完成了螺柱连接。

（3）螺钉连接的简化画法（图 5-6） 螺钉连接用于受力不大的场合。装配时将螺钉直接穿过被连接零件上的通孔，拧入机体上的螺孔中，靠螺钉头部压紧被连接零件。其连接如图 5-6a 所示。螺钉头部的形状有多种形式，图 5-6b、c 所示分别为开槽圆柱头螺钉和开槽沉头螺钉，螺钉头部的一字槽在主视图上可画成特粗（约 $2d$）短线，俯视图中画成与水平线成 45°斜线。

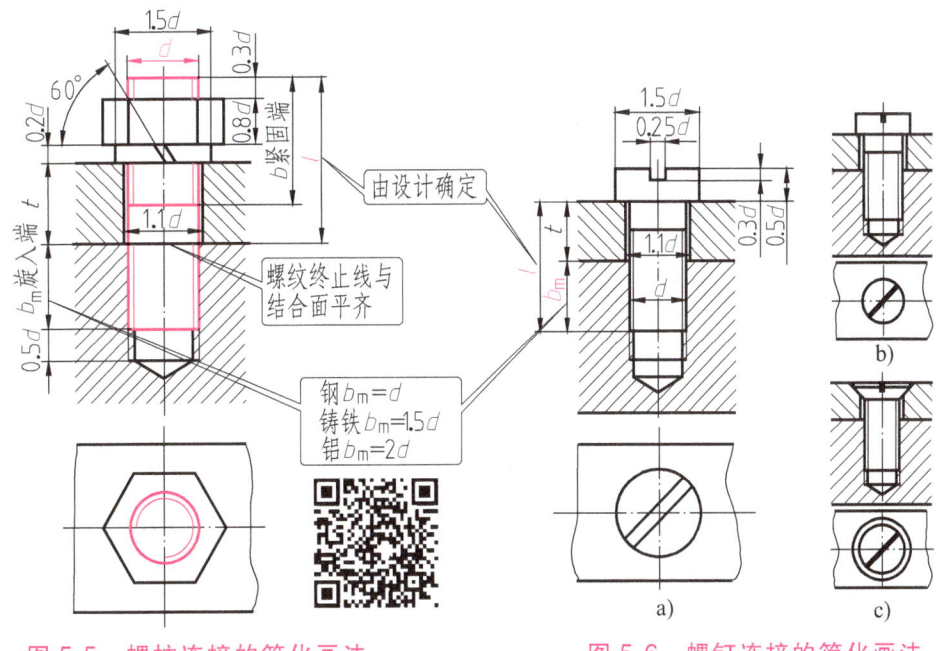

图 5-5 螺柱连接的简化画法　　图 5-6 螺钉连接的简化画法

课堂练习

1. 填空题

1）螺纹的结构要素包括_____、_____、_____、_____、

_____五项。

2）规定标记"螺栓 GB/T 5782 M12×50"表明该螺栓的螺纹规格为_____，公称长度为_____。

3）常见螺纹连接的三种形式为_____、_____和_____。

2. 选择题

1）下面四组螺栓连接图中，选择画法正确的在括号内画"√"。

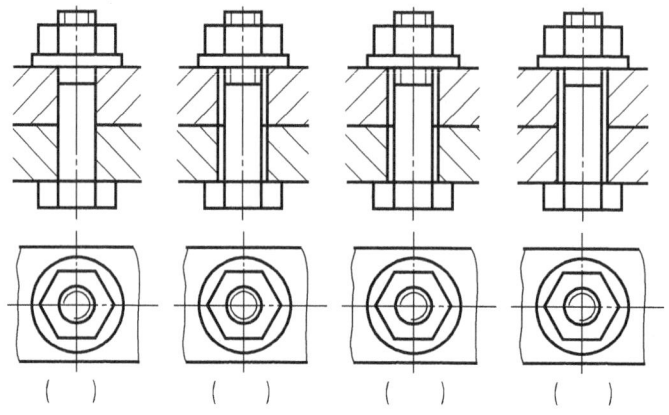

2）下面四个螺柱连接图中，选择画法正确的在括号内画"√"。

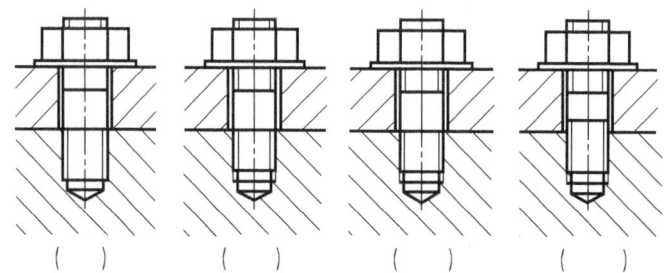

3）下面四组螺钉连接图中，选择画法正确的在括号内画"√"。

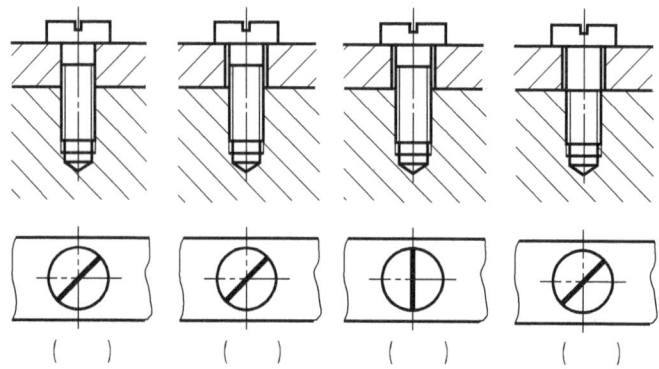

第二节　直齿圆柱齿轮

齿轮是广泛用于机器或部件中的传动零件，它不仅可以用来传递动力，还能改变转速和回转方向。

齿轮传动中常见的三种类型如下：

（1）圆柱齿轮　它用于两平行轴之间的传动，如图 5-7a 所示。

（2）锥齿轮　它用于两相交轴之间的传动，如图 5-7b 所示。

（3）蜗轮蜗杆　它用于两垂直交错轴之间的传动，如图 5-7c 所示。

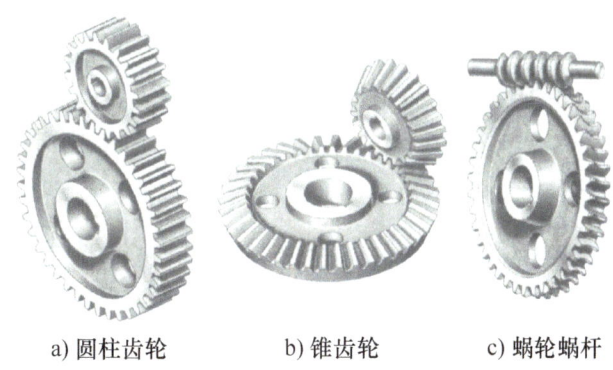

a) 圆柱齿轮　　b) 锥齿轮　　c) 蜗轮蜗杆

图 5-7　齿轮传动的常见类型

齿轮的齿廓曲线有多种，应用最广的是渐开线。本节只介绍齿廓曲线为渐开线的标准直齿圆柱齿轮的几何要素及其画法。

圆柱齿轮按轮齿方向的不同分为直齿、斜齿和人字齿三种。

1. 直齿圆柱齿轮的几何要素及尺寸关系（图 5-8）

（1）齿顶圆　齿顶圆是指通过轮齿顶部的圆，其直径用 d_a 表示。

（2）齿根圆　齿根圆是指通过轮齿根部的圆，其直径用 d_f 表示。

（3）分度圆　分度圆是一个约定的假想圆，在该圆上，齿厚 s 等于齿槽宽 e（s 和 e 均指弧长）。分度圆直径用 d 表示，它是设计、制造齿轮时计算各部分尺寸的基准圆。

（4）齿距　齿距是分度圆上相邻两齿廓对应点之间的弧长，用 p 表示。

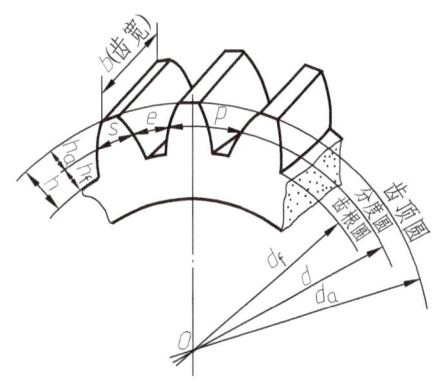

图 5-8　齿轮的几何要素及其代号

(5) 齿高　齿高是轮齿在齿顶圆与齿根圆之间的径向距离，用 h 表示，$h = h_a + h_f$。

1) 齿顶高。齿顶圆与分度圆之间的径向距离，用 h_a 表示。

2) 齿根高。齿根圆与分度圆之间的径向距离，用 h_f 表示。

(6) 中心距　中心距是两啮合齿轮轴线之间的距离，用 a 表示。

2. 直齿圆柱齿轮的基本参数

(1) 齿数 z　齿轮上轮齿的个数就是该齿轮的齿数。

(2) 模数 m　齿轮的分度圆周长 $\pi d = zp$，则 $d = \dfrac{p}{\pi} z$，令 $\dfrac{p}{\pi} = m$，则 $d = mz$。所以模数是齿距 p 与圆周率 π 的比值，即 $m = \dfrac{p}{\pi}$，单位为 mm。

模数是齿轮设计、加工中十分重要的参数。模数越大，轮齿就越大，因而齿轮的承载能力也越大。为了便于设计和制造，模数已经标准化，我国规定的标准模数值见表 5-5。

表 5-5　渐开线圆柱齿轮标准模数（GB/T 1357—2008）（单位：mm）

第Ⅰ系列	1　1.25　1.5　2　2.5　3　4　5　6　8　10　12　16　20　25　32　40　50
第Ⅱ系列	1.125　1.375　1.75　2.25　2.75　3.5　4.5　5.5　(6.5)　7　9　11　14　18　22　28　36　45

注：应尽量避免采用第Ⅱ系列中的法向模数 6.5，表中用括号表示。

(3) 压力角 α　压力角是指通过齿廓曲线上与分度圆交点所作的切线与径向所夹的锐角，根据 GB/T 1356—2001 的规定，我国采用的标准压力角 α 为 20°。

两标准直齿圆柱齿轮正确啮合传动的条件是模数 m 和压力角 α 均相同。

3. 直齿圆柱齿轮各部分尺寸的计算公式

齿轮的基本参数 z、m、α 确定以后，齿轮各部分尺寸可按表 5-6 中的公式计算。

表 5-6　渐开线直齿圆柱齿轮几何要素的尺寸计算

名称	代号	计算公式	名称	代号	计算公式
齿顶高	h_a	$h_a = m$	齿顶圆直径	d_a	$d_a = m(z+2)$
齿根高	h_f	$h_f = 1.25m$	齿根圆直径	d_f	$d_f = m(z-2.5)$
齿高	h	$h = 2.25m$	中心距	a	$a = \dfrac{1}{2}(d_1 + d_2) = \dfrac{1}{2}m(z_1 + z_2)$
分度圆直径	d	$d = mz$			

4. 单个圆柱齿轮的画法（GB/T 4459.2—2003）

齿轮上的轮齿是多次重复出现的结构，GB/T 4459.2—2003 对齿轮的画法做了如下规定，如图 5-9 所示。

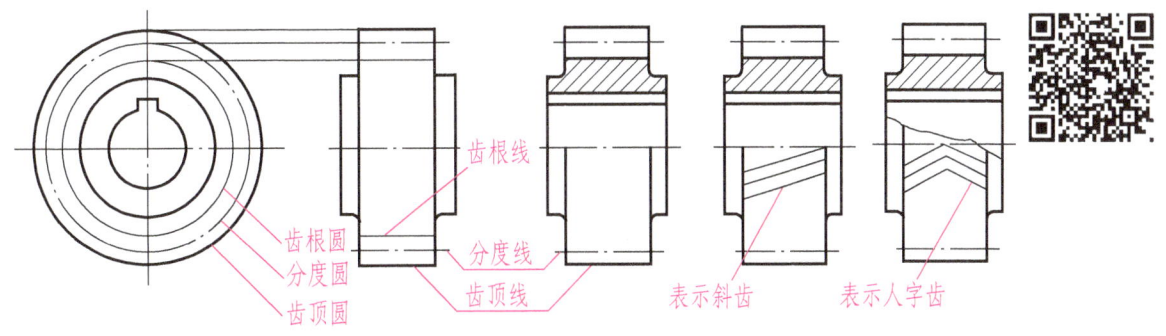

图 5-9　单个圆柱齿轮的画法

1）齿顶圆和齿顶线用粗实线表示；分度圆和分度线用细点画线表示；齿根圆和齿根线画细实线或省略不画。

2）在剖视图中，齿根线用粗实线表示，轮齿部分不画剖面线。

3）对于斜齿或人字齿的圆柱齿轮，可用三条细实线表示轮齿的方向。齿轮的其他结构，按投影画出。

图 5-10 所示为直齿圆柱齿轮零件图。

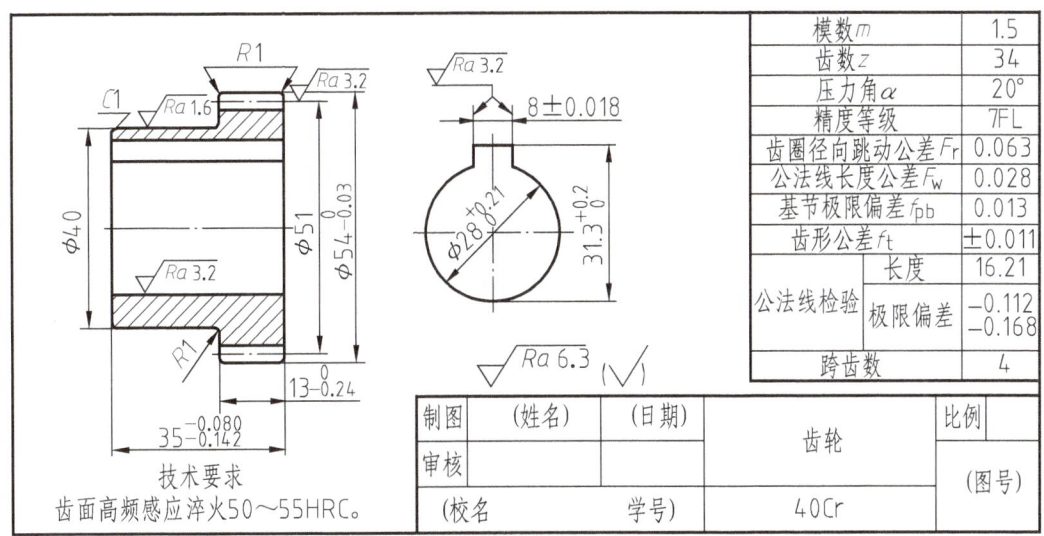

图 5-10　直齿圆柱齿轮零件图

5. 两圆柱齿轮啮合的画法

两标准齿轮互相啮合时，两齿轮分度圆处于相切的位置，此时分度圆又称为节圆。两圆柱齿轮的啮合画法如图 5-11 所示，关键是啮合区的画法，其他部分仍按单个齿轮的画法规定绘制。啮合区的画法规定如下。

1) 在投影为圆的视图中，两齿轮的节圆相切。啮合区内的齿顶圆均画粗实线（图 5-11a），也可以省略不画（图 5-11b）。

2) 在非圆投影的剖视图中，两齿轮节线重合，画细点画线，齿根线画粗实线。齿顶线的画法是将一个齿轮的轮齿作为可见，画成粗实线，另一个齿轮的轮齿被遮住部分画成细虚线（图 5-11a），该虚线也可省略不画。

3) 在非圆投影的外形视图中，啮合区的齿顶线和齿根线不必画出，节线画成粗实线（图 5-11c、d）。

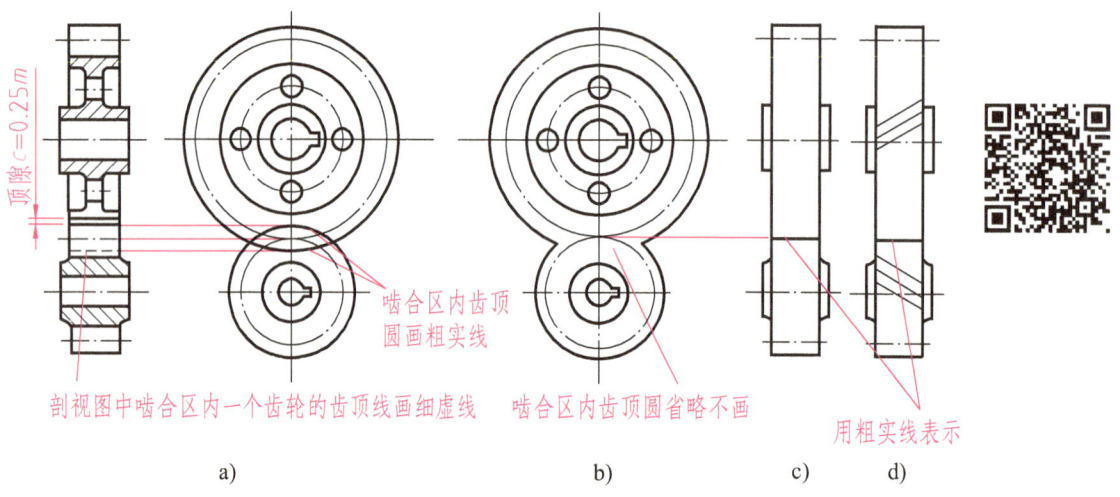

图 5-11 两圆柱齿轮的啮合画法

课堂练习

1. 已知直齿圆柱齿轮 $m=5\text{mm}$、$z=40$，计算该齿轮的分度圆、齿顶圆和齿根圆的直径。

2. 用 1∶2 比例补全下列两视图，并注尺寸（齿顶圆倒角 $C2$）。

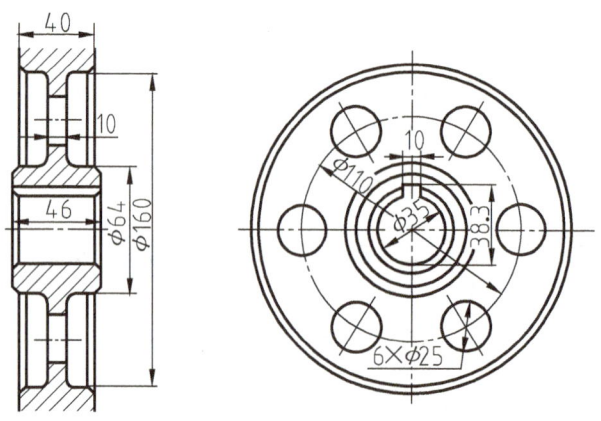

第三节　键、销连接与滚动轴承

键、销和滚动轴承都是标准件或标准组件。本节简单介绍它们的类型和画法。

一、键连接

键通常用来连接轴和轴上的传动零件（如齿轮、带轮等），使轴和传动件一起转动，如图 5-12a 所示。键连接画法如图 5-12b 所示。

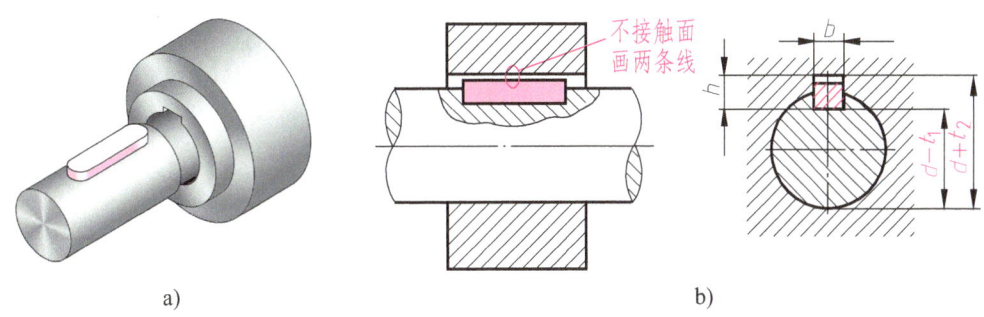

图 5-12　普通平键连接画法

用普通平键连接时，键的工作面是两侧面。因此，画键连接图时，平键的两侧面和下底面都与轴上、轮上键槽的相应表面接触，画一条线。而平键的顶面与轮廓的键槽底面之间有间隙，画成两条线。当剖切平面通过轴和键的轴线时，轴和键均按不剖画出（实心零件），为了表示键在轴上的装配情况，轴采用局部剖视图。

键的种类很多，最常用的是普通平键，普通平键分为 A、B、C 三种型式，A 型应用最多。键是标准件，其类型、画法及规定的标记如图 5-13 所示。各种键和键槽的尺寸都可以根据轴的直径从国家标准中查得（表 H-1）。

二、销连接

销也是标准件，通常用于零件间的定位或连接。常用的有圆柱销和圆锥销。销的种类、型式、标记和连接画法见表 5-7。

三、滚动轴承

在机器设备中，滚动轴承是用来支承轴的标准组件。由于它可以大大减小轴与孔相对旋转时的摩擦力，且具有机械效率高、结构紧凑等优点，因此应用极为广泛。

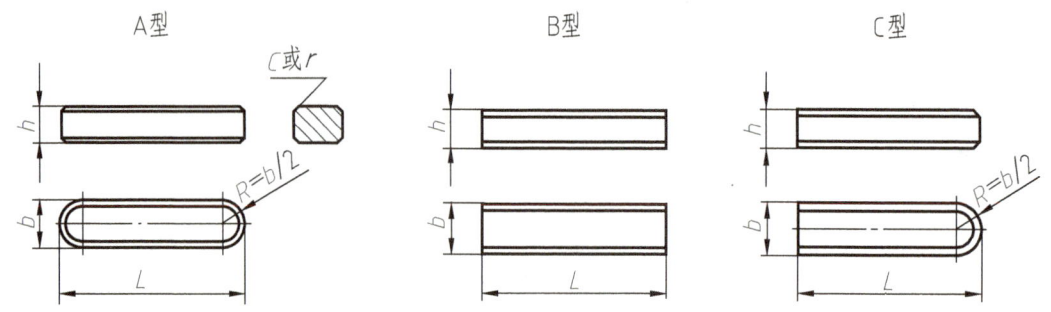

标记示例

GB/T 1096 键 16×10×100 （普通 A 型平键，$b=16$mm，$h=10$mm，$L=100$mm）
GB/T 1096 键 B 16×10×100 （普通 B 型平键，$b=16$mm，$h=10$mm，$L=100$mm）
GB/T 1096 键 C 16×10×100 （普通 C 型平键，$b=16$mm，$h=10$mm，$L=100$mm）

图 5-13 普通平键的类型

表 5-7 销的种类、型式、标记和连接画法

名称及标准号	主要尺寸	标记示例	连接画法
圆柱销 GB/T 119.1—2000		公称直径 $d=6$mm、公差为 m6、公称长度 $l=30$mm，材料为钢，不经淬火、不经表面处理的圆柱销的标记：销 GB/T 119.1 6 m6×30 公称直径 $d=6$mm、公差为 m6、公称长度 $l=30$mm，材料为钢，普通淬火（A 型）、表面氧化处理的圆柱销的标记：销 GB/T 119.2 6×30 公称直径 $d=6$mm、公差为 m6、公称长度 $l=30$mm，材料为 C1 组马氏体不锈钢、表面简单处理的圆柱销的标记：销 GB/T 119.2 6×30-C1	
圆锥销 GB/T 117—2000		公称直径 $d=6$mm、公称长度 $l=30$mm、材料为 35 钢、热处理硬度 28~38HRC、表面氧化处理的 A 型圆锥销的标记：销 GB/T 117 6×30	

滚动轴承是标准组件，一般不画零件图，在装配图中是根据内径 d、外径 D、宽度 B 等主要尺寸用规定画法画出的，如图 5-14 所示。

滚动轴承的种类很多，但结构上一般都由内圈、外圈、滚动体（圆球、圆柱或圆锥等）、保持架四部分组成，如图 5-15 所示。

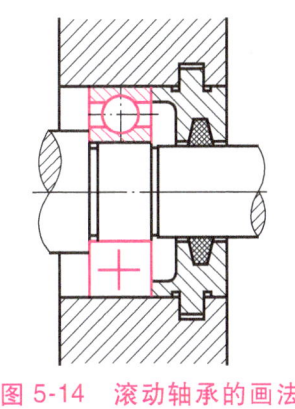

图 5-14 滚动轴承的画法

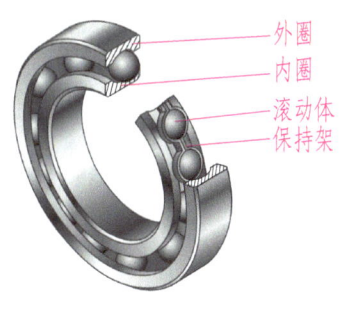

图 5-15 滚动轴承的结构

滚动轴承的标记由名称、代号、标准编号三部分组成。例如：

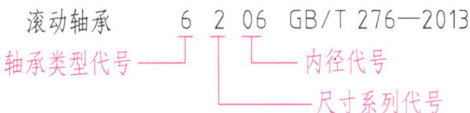

1. 轴承类型代号

用数字（或字母）表示。例如"6"表示深沟球轴承，"3"表示圆锥滚子轴承，"5"表示推力球轴承等。

2. 尺寸系列代号

用数字表示。例如"1"和"7"为特轻系列，"2"为轻窄系列，"3"为中窄系列，"4"为重窄系列等。

3. 内径代号

表示滚动轴承的内圈孔径，是轴承的公称内径，用两位数字表示。

当代号数字为 00、01、02、03 时，分别表示内径 d = 10mm、12mm、15mm、17mm。

当代号数字为 04~96 时，代号数字乘以"5"即为轴承内径。

常用滚动轴承的类型、画法和标记见表 5-8。

表 5-8 常用滚动轴承的类型、画法和标记

名称及代号	结构型式	规定画法	标记示例
深沟球轴承 （GB/T 276—2013） 6000 型			轴承 6 2 06 GB/T 276 轴承内径 d=06×5=30mm 尺寸系列 深沟球轴承

名称及代号	结构型式	规定画法	标记示例
圆锥滚子轴承（GB/T 297—2015） 30000 型			轴承 3 03 08 GB/T 297 └─ 轴承内径 d=08×5=40mm └─ 尺寸系列 └─ 圆锥滚子轴承
推力球轴承（GB/T 301—2015） 51000 型			轴承 5 11 04 GB/T 301 └─ 轴承内径 d=04×5=20mm └─ 尺寸系列 └─ 推力球轴承

课堂讨论与练习

按下图完成下列问题。

1）一个螺钉详细画出后，另一个对称位置的螺钉允许怎样表示？

2）齿轮与轴通过平键连接，试画出键连接图（示意性、不要求准确）。

3）用规定画法画出滚动轴承，并计算轴承 6205 的内径 d。

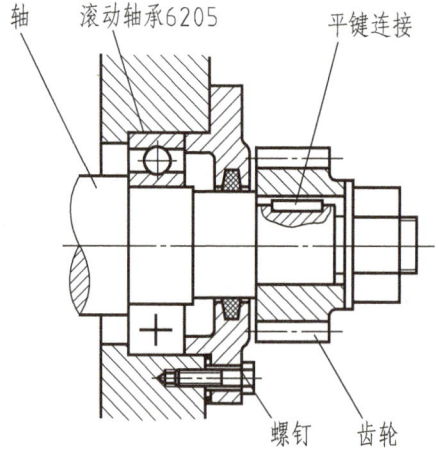

第四节 弹 簧

在机械设备中弹簧是用途很广的零件，弹簧的特点是在弹性变形范围内，去掉外力后能立即恢复原状。在工作中的作用是减振、夹紧、测力和储能。常用的弹簧如图 5-16 所示。

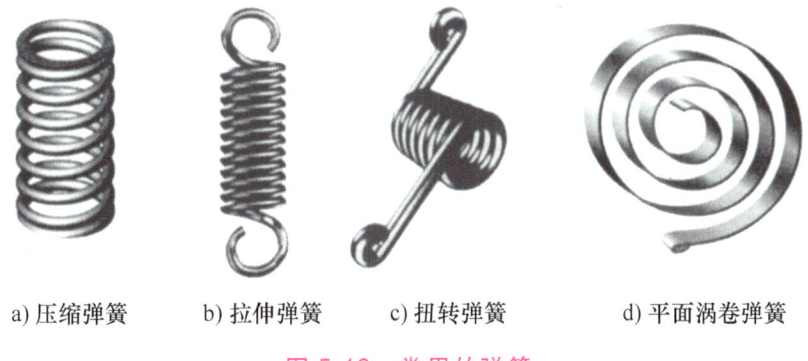

a) 压缩弹簧　　b) 拉伸弹簧　　c) 扭转弹簧　　d) 平面涡卷弹簧

图 5-16　常用的弹簧

一、圆柱螺旋压缩弹簧的画法（GB/T 2089—2009）

如图 5-17 所示，在平行于轴线的投影面的视图中，各圈的轮廓不必按螺旋线的真实投影画出，而用直线来代替螺旋线的投影。弹簧均可画成右旋，对必须保证的旋向要求，应在"技术要求"中注明。

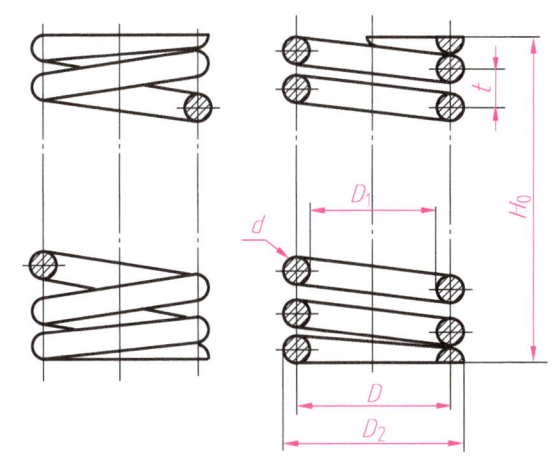

图 5-17　圆柱螺旋压缩弹簧的画法

d—金属丝直径　D_1—弹簧内径　D—弹簧中径　D_2—弹簧外径　t—节距　H_0—弹簧自由高度

二、弹簧在装配图中的画法

在装配图中，圆柱螺旋压缩弹簧被剖切后，有效圈数在 4 圈以上的，中间各圈可以省略，只画出其两端的 1~2 圈（不包括支承圈），中间只需用通过弹簧钢丝断面中心的细点画线连起来（图 5-18a）。

不论中间各圈是否省略，被弹簧挡住的结构一般不画，其可见部分应从弹簧的外轮廓线或弹簧钢丝剖面的中心线画起。当弹簧被剖切时,断面可用涂黑表示(图 5-18b)。

当弹簧钢丝的直径在图上小于或等于 2mm 时,圆柱螺旋压缩弹簧允许用图 5-18c 所示的示意画法表示。

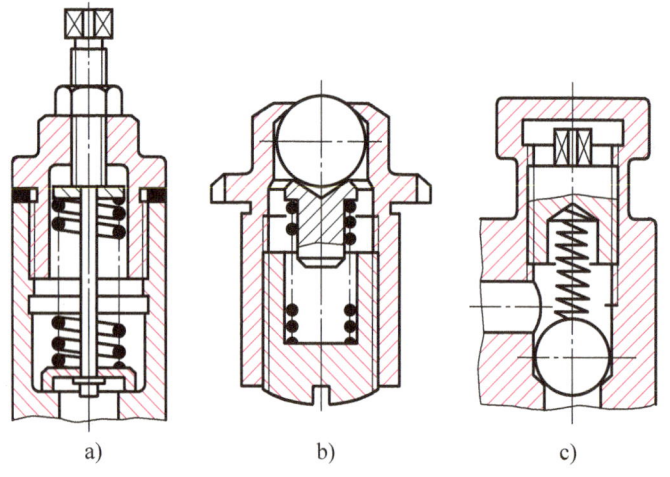

图 5-18 装配图中弹簧的画法

第六单元

零件图

任何一台机器或一个部件都是由若干零件按一定的装配关系以及设计和使用要求装配而成的。表达单个零件的图样称为零件图，它是制造和检验零件的主要依据。

本单元将介绍表达与识读零件图及零件测绘的基本方法，并简要介绍在零件图上标注尺寸的合理性、零件的加工工艺结构以及极限与配合、几何公差、表面粗糙度等内容。

第一节 零件表达方案的确定

零件图要求把零件的内、外结构形状正确、完整、清晰地表达出来。要满足这些要求，首先要对零件的结构形状特点进行分析，并尽可能了解零件在机器或部件中的位置、作用和它的加工方法，然后灵活地选择视图、剖视图、断面图等表示法。解决表达零件结构形状的关键是恰当地选择主视图和其他视图，确定一个比较合理的表达方案。

一、零件图的作用与内容

零件是组成机器或部件的基本单元。图6-1所示的球阀，是管道系统中控制流体流量和启闭的部件，由13种零件组成。制造这个球阀时，必须绘制除了标准件以外所有零件的零件图。零件图表示零件的结构形状、大小和有关技术要求，是机械加工和检验的依据。

图6-2所示为球阀中序号4（阀芯）的零件图。一张完整的零件图应包括以下四方面内容。

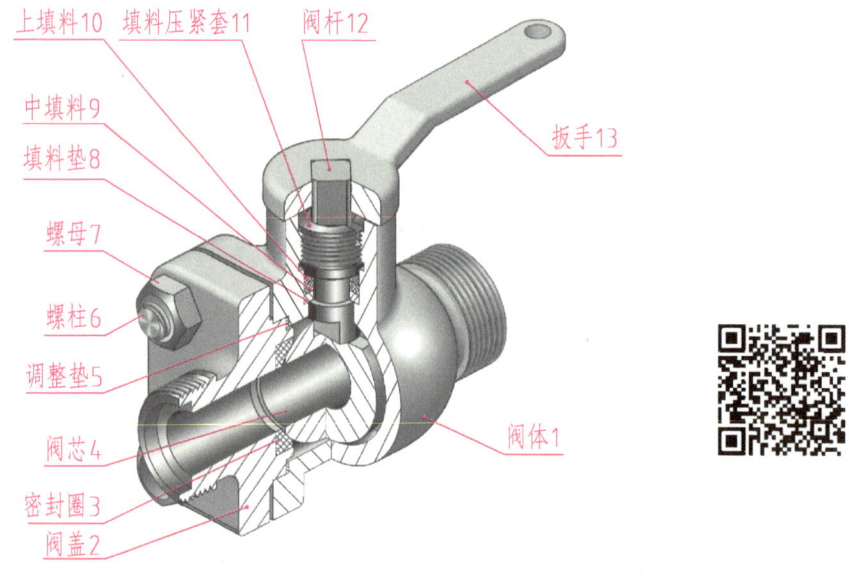

图 6-1 球阀轴测装配图

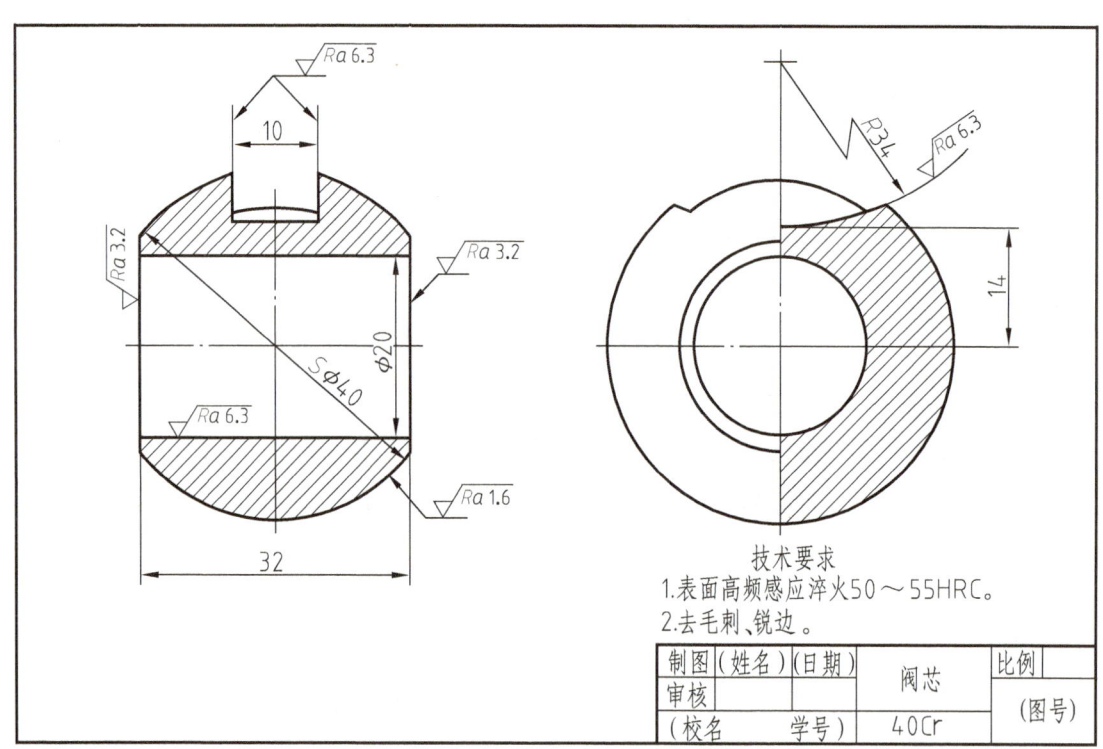

图 6-2 阀芯零件图

1. 一组图形

选用一组适当的视图、剖视图、断面图等图形,将零件的内、外形状正确、完整、清晰地表达出来。该阀芯用主、左视图表达,主视图采用全剖视,左视图采用半剖视。

2. 齐全的尺寸

正确、齐全、合理地标注零件在制造和检验时所需要的全部尺寸。阀芯在主视图中标注的尺寸 $S\phi 40\text{mm}$ 和 32mm 确定了它的轮廓形状，中间的通孔为 $\phi 20\text{mm}$，上部凹槽的形状和位置通过主视图中的尺寸 10mm 和左视图中的尺寸 $R34\text{mm}$、14mm 来确定。

3. 技术要求

用规定的符号、代号、标记和文字说明等简明地给出零件制造和检验时所应达到的各项技术指标与要求，如表面粗糙度值 $Ra6.3\mu m$、$Ra3.2\mu m$、$Ra1.6\mu m$，以及表面高频感应淬火 50~55HRC、去毛刺等。

4. 标题栏

填写零件名称、材料、图号以及制图、审核人员的责任签字等。

二、零件图的视图选择

表达一个零件，要了解该零件在部件中的作用、位置和加工方法，分析零件的内、外结构形状。主视图应以能反映零件各部分形体特征作为视图投射方向，同时还要考虑尽可能符合零件在部件中的工作位置（便于零件图和装配图对照看图）和加工位置（便于对照图样进行加工）。

主视图确定以后，要分析该零件还有哪些结构形状未表达清楚，再灵活选用各种表达方法，在满足完整、清晰表达零件的前提下，尽可能减少视图数量，力求绘图简便。

以图 6-3 所示轴承座为例，说明零件图的视图选择。

1. 分析零件

轴承座的功用是支承轴，其工作状态如图 6-3 所示。轴承座的主体结构由四部分组成，即圆筒（包容轴或轴瓦）、底板（与机座连接）、支承板（连接圆筒和底板）、肋板（增加强度和刚度）。此外，还有轴承座的局部结构，如圆筒顶部有凸台和螺孔（安装油杯加润滑油），底板上有两个安装孔（通过螺栓与机座固定）。

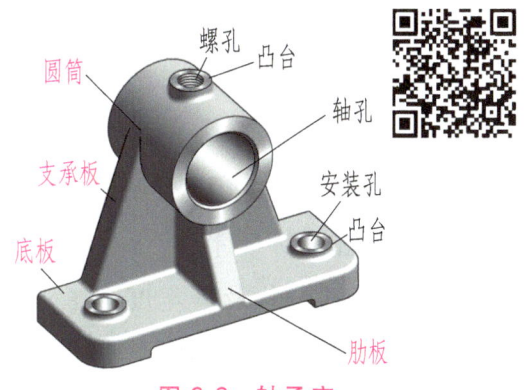

图 6-3 轴承座

2. 选择主视图

图 6-4a、b 都符合轴承座的工作位置，如果将图 6-4b 取局部剖视后（图 6-4c），对圆筒的结构形状表示很清楚，但从总体来分析，图 6-4a 反映结构形状明显，且各部分之间的相对位置和连接关系更清楚，表示信息量最多，所以确定作为主视图。

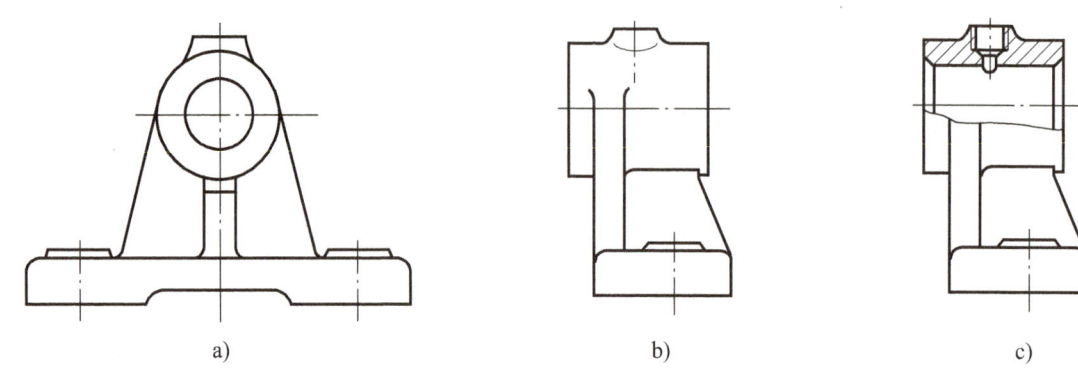

图 6-4 轴承座的主视图选择

3. 选择其他视图

1) 圆筒的长度、轴孔（通孔或不通孔）及顶部的螺孔，主视图均未能表达，此时，可采用左视图或俯视图表达。左视图能反映其加工状态，并且如果取局部剖视（图 6-4c），还能表明圆筒轴孔（通孔）与螺孔的连接关系，所以采用左视图比俯视图好。

2) 主视图未能表达支承板厚度，此时，也可采用左视图或俯视图表达，用左视图更明显，如图 6-4b 所示。

3) 主视图表示了肋板的厚度，但未能表达其形状，这也需要通过左视图表达，如图 6-4c 所示。

至此，左视图的必要性显而易见。此外，还需考虑内、外形兼顾，故采用局部剖视，如图 6-4c 所示。

4) 底板的形状及其宽度，主视图均未表明。虽然左视图能表示其宽度，但要确定其形状必须采用俯视图或仰视图，优先选用俯视图。至此，通过三个基本视图形成了轴承座的初步表达方案，如图 6-5 所示。如果选择图 6-4c 作为主视图，则表达方案如图 6-6 所示，显然图形布局不合理。

4. 选择辅助视图，表达局部结构

1) 底板上两个通孔的形状可在主视图上采取局部剖视表达，如图 6-7 所示。

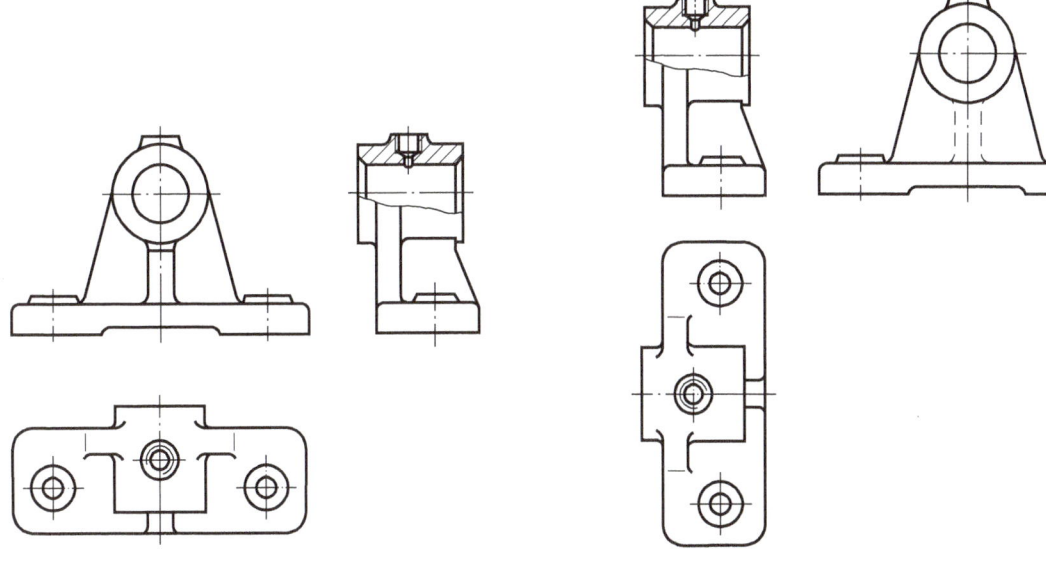

图 6-5 轴承座视图方案（一）

图 6-6 轴承座视图方案（二）

2）支承板与肋板的垂直连接关系，在图 6-5 所示的三个基本视图中尚未表达清楚，可如图 6-7 所示，将俯视图画成全剖视图，或者如图 6-8 所示加画一个断面图和 B 向局部视图。

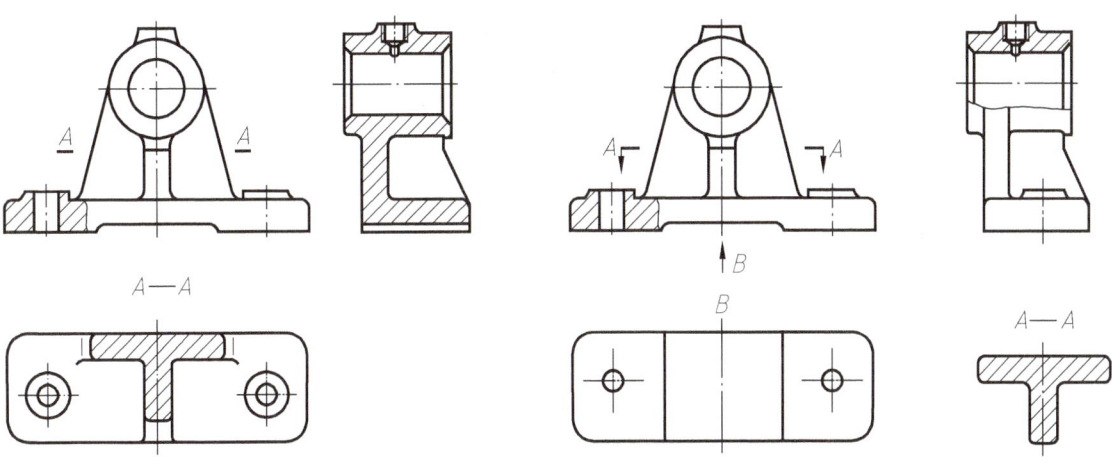

图 6-7 轴承座视图方案（三）

图 6-8 轴承座视图方案（四）

课堂讨论

从轴承座的四个表达方案中分析、比较，哪一个方案最佳？

第二节　零件图的尺寸标注

零件图中的尺寸标注，除了要满足正确、齐全和清晰的要求外，还要考虑标注尺寸合理。

标注尺寸合理是指所注尺寸既要满足设计使用要求，又能符合工艺要求，便于零件的加工和检验。必须注意，要使尺寸标注合理，需要有一定的生产实践经验和有关专业知识。本节所述仅是尺寸标注合理的一些基本知识。

一、合理选择尺寸基准

任何零件都有长、宽、高三个方向的尺寸，每个方向至少要选择一个尺寸基准。一般常选择零件结构的对称面、回转轴线、主要加工面、重要支承面或结合面作为尺寸基准。

根据作用的不同，基准可分为设计基准和工艺基准两种。

1. 设计基准

根据设计要求用以确定零件结构的位置所选定的基准称为设计基准。如图6-9所示的轴承座，选择底面为高度方向的设计基准，对称面为长度方向的设计基准。由于一根轴通常要由两个轴承支承，两者的轴孔应在同一轴线上，所以在标注高

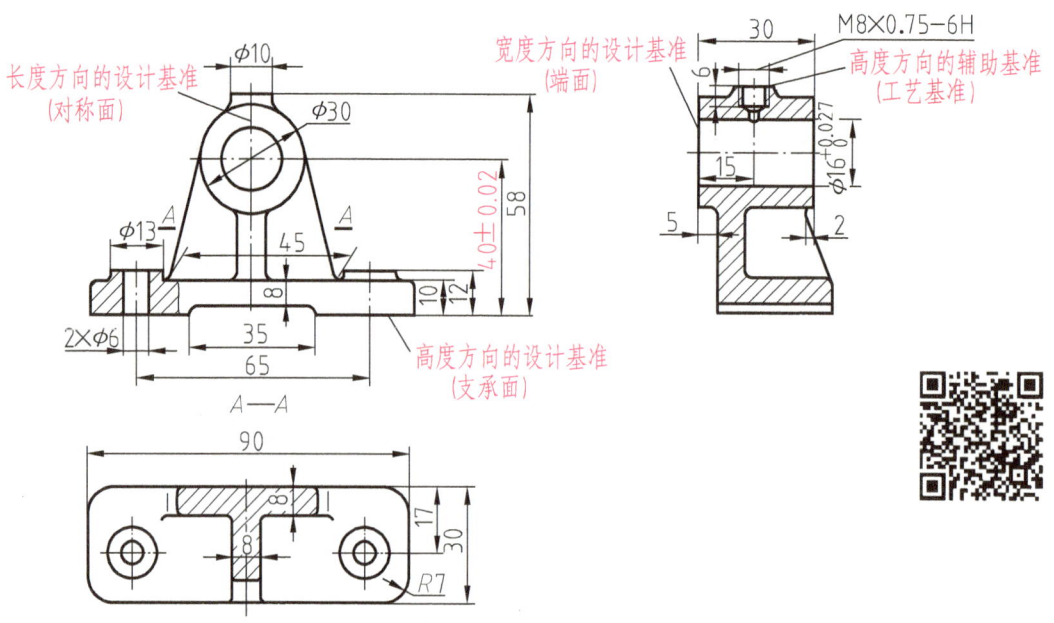

图 6-9　轴承座的尺寸标注

度方向尺寸时，应以底面为基准，以保证两轴孔到底面的距离相等；在标注长度方向尺寸时，应以对称面为基准，以保证底板上两个安装孔之间的中心距及其与轴孔的对称关系，实现两轴承座安装后同轴。

2. 工艺基准

为便于零件加工和测量所选定的基准称为工艺基准。如图6-9中凸台的顶面为工艺基准，以此为基准测量螺孔的深度6mm比较方便。

设计基准和工艺基准最好能重合，这样既可满足设计要求，又便于加工制造。例如，轴承座的底面是设计基准，也是工艺基准。对于顶面的局部结构，凸台顶面既是螺孔深度的设计基准，又是加工测量时的工艺基准。

当同一方向不止一个尺寸基准时，根据基准作用的重要性分为主要基准和辅助基准。例如，以轴承座底面为起点标注的尺寸有（40±0.02）mm（保证轴承座工作性能的重要尺寸）和三个一般尺寸10mm、12mm、58mm，而以凸台顶面为起点标注的尺寸只有一个螺孔深度6mm。因此，底面是高度方向的主要基准，顶面是辅助基准。辅助基准与主要基准之间必须有直接的尺寸联系，如图6-9中的辅助基准是通过尺寸58mm与主要基准相联系的。

二、主要尺寸直接注出

为保证设计精度要求，主要尺寸应直接注出。如图6-10a中轴承孔的中心高应从设计基准（底面）为起点直接注出尺寸 a，不能如图6-10b所示，以 b、c 两个尺寸之和来代替。同理，为了保证底板上两个安装孔与机座上的两个螺孔对中，必须直接注出其中心距 l，而不应如图6-10b所示标注两个尺寸 e。

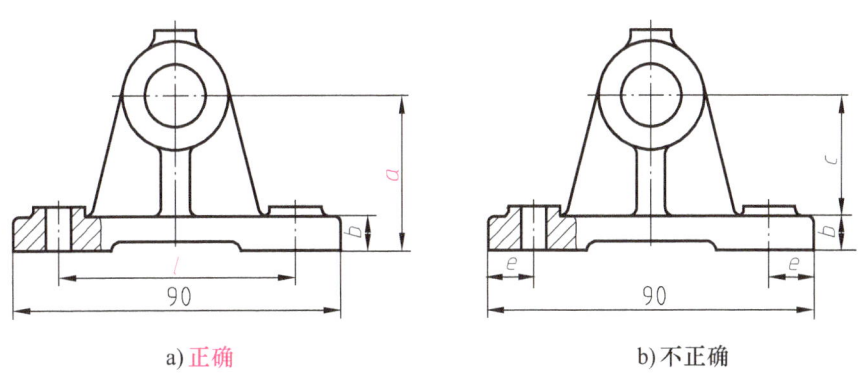

a) 正确　　　　　　　　　　b) 不正确

图6-10　主要尺寸直接注出

三、避免出现封闭尺寸链

封闭尺寸链是指尺寸线首尾相接，绕成一整圈的一组尺寸。如图 6-11b 所示的阶梯轴，长度方向的尺寸不仅注出了 l_1、l_2、l_3，也标注了总长 l_4，首尾相接，构成封闭尺寸链。这种情况应该避免，因为尺寸 l_4 是尺寸 l_1、l_2、l_3 之和，而尺寸 l_4 有一定精度要求，但在加工时，尺寸 l_1、l_2、l_3 都可能产生误差，这些误差会积累到 l_4 上。所以在几个尺寸构成的尺寸链中，应选一个不重要的尺寸空出不注（如 l_1），以便使所有的尺寸误差都累积到这一段，保证重要尺寸的精度要求，如图 6-11a 所示。

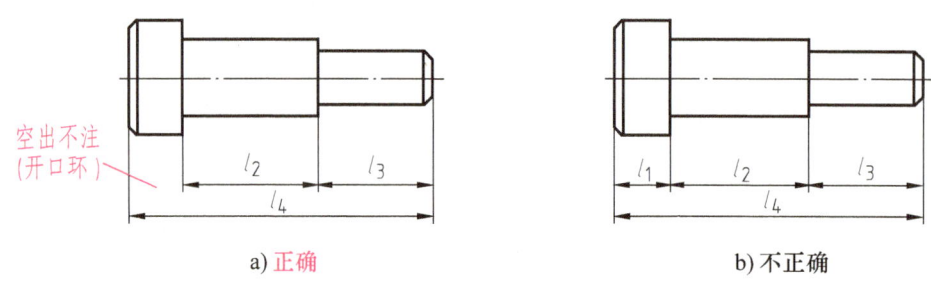

图 6-11 避免出现封闭尺寸链示例

四、符合加工顺序和便于测量

按零件的加工顺序标注尺寸，便于看图和测量，有利于保证加工精度。

图 6-12a 所示为该零件的加工顺序。图 6-12b 所示的尺寸标注符合加工顺序，便于测量。而图 6-12c 所示的尺寸标注不符合加工顺序，不便测量，故不宜采用。

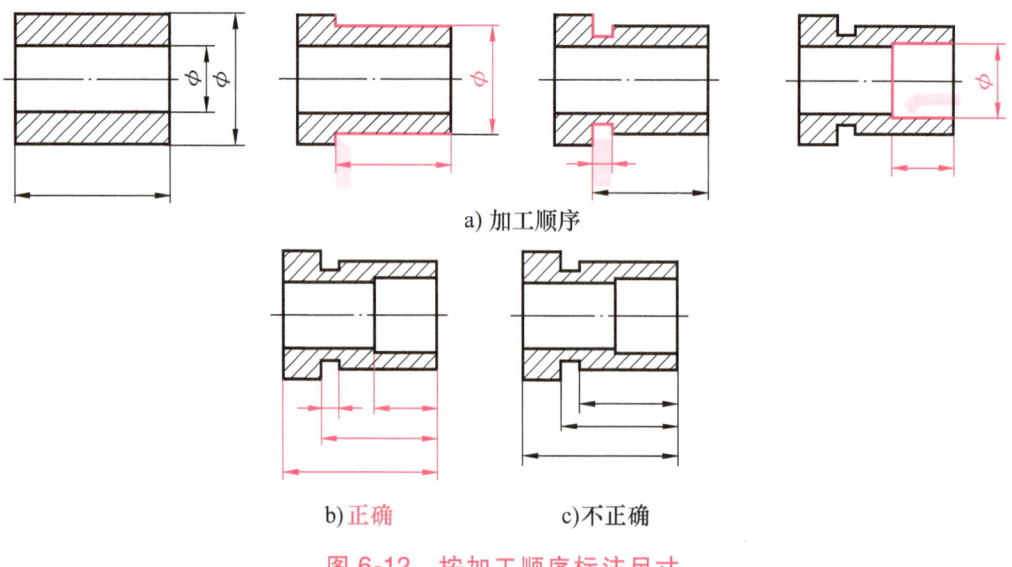

图 6-12 按加工顺序标注尺寸

课堂练习

根据图 6-13 中已经标注尺寸的减速器输出轴，分析怎样合理选择尺寸基准及标注尺寸的步骤（填空）。

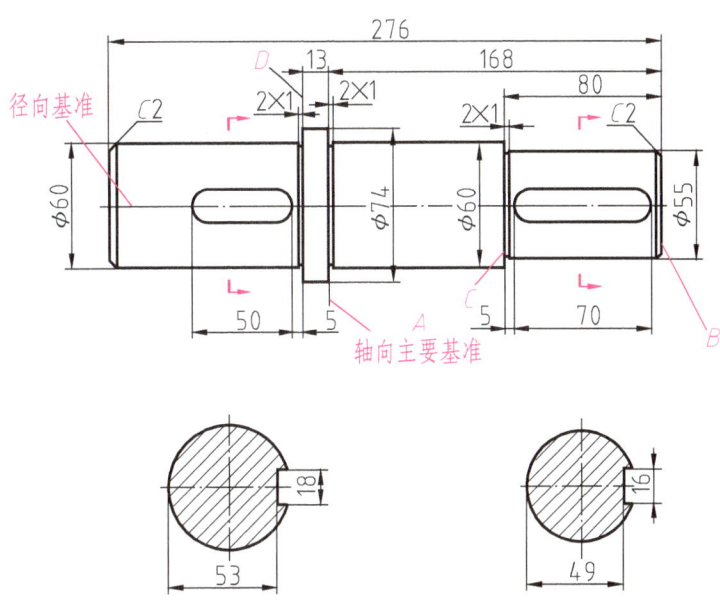

图 6-13 减速器输出轴的尺寸标注

按轴的加工特点和工作状况，选择轴线为宽度和高度方向的主要基准，端面 A 为长度方向的主要基准（对回转体类零件常用这样的基准，前者为径向基准，后者则为轴向基准）。标注尺寸的顺序如下。

1）由径向基准直接注出尺寸 φ____、φ____、φ____、φ____。

2）由轴向主要基准端面 A 直接注出尺寸 ____ 和 ____，定出轴向辅助基准 B 和 D，由轴向辅助基准 B 标注尺寸 ____，再定出轴向辅助基准 C。

3）由轴向辅助基准 C、D 分别注出两个键槽的定位尺寸 ____，并注出两个键槽的长度 ____、____。

4）按尺寸注法的规定注出键槽的断面尺寸 _____、_____ 和 _____、____ 以及退刀槽 _____ 和倒角 _____ 的尺寸。

*五、零件上常见孔的尺寸标注方法

按照 GB/T 16675.2—2012《技术制图 简化表示法 第 2 部分：尺寸注法》的规定标注尺寸时，应使用符号和缩写词，各种孔的尺寸注法见表 6-1。

表 6-1　各种孔的尺寸注法

零件结构类型		简化注法	一般注法	说　　明
光孔	一般孔	4×φ5↓10	4×φ5, 10	↓深度符号 4×φ5 表示直径为 5mm 均布的四个光孔,孔深可与孔径连注,也可分别注出
	锥孔	锥销孔φ5 配作	锥销孔φ5 配作	φ5 为与锥销孔相配的圆锥销小头直径(公称直径)。锥销孔通常是两零件装在一起后加工的
埋头孔		4×φ7 ∨φ13×90°	90°, φ13, 4×φ7	∨埋头孔符号 4×φ7 表示直径为 7mm 均匀分布的四个孔。锥形沉孔可以旁注,也可直接注出
沉孔		4×φ7 ⌴φ13↓3	φ13, 3, 4×φ7	⌴沉孔及锪平孔符号 柱形沉孔的直径为 13mm,深度为 3mm,均需标注
螺孔	通孔	2×M8	2×M8-6H	2×M8 表示公称直径为 8mm 的两螺孔(中径和顶径的公差带代号 6H 不注),可以旁注,也可直接注出
	不通孔	2×M8↓10 孔↓12	2×M8-6H, 10, 12	一般应分别注出螺纹和钻孔的深度尺寸(中径和顶径的公差带代号 6H 不注)

*第三节　零件上常见工艺结构的画法

由于设计与工艺的要求,零件上常有一些特定的铸造结构,如起模斜度、铸造圆角等,还有一些机械加工结构,如倒角、圆角、凸台、退刀槽等。这些结构往往影响零件的使用性能，因此在绘制零件图时，必须准确地表示出上述工艺结构，以便使所绘制出的零件图具有合理的工艺性。

零件上常见工艺结构的画法及作用说明见表6-2。

表6-2 零件上常见工艺结构的画法及作用说明

内容	图例	说明
起模斜度和铸造圆角		为了起模方便，一般沿起模方向做成一定斜度，称为起模斜度。若无特殊要求时，起模斜度在图样中不必画出，也不做标注。为防止浇注时铁液将砂型尖角处冲坏和避免铸件冷却收缩时在尖角处产生裂纹，铸件各表面相交处应做成圆角
铸件壁厚		为避免浇注后零件各部分冷却速度不同而产生缩孔、裂纹等缺陷，应尽可能使铸件壁厚均匀或逐渐变化
凸台或凹坑		为使零件装配时表面接触良好，并减少加工面积，改善工艺性，常在零件上设计出凸台与凹坑等结构
倒角与倒圆		为便于装配和去掉毛刺、锐边，在轴或孔端部一般加工出倒角。对阶梯形的轴或孔，为便于装配或防止应力集中，常把轴肩、孔肩处倒圆
退刀槽及砂轮越程槽		如不留出退刀槽和砂轮越程槽，刀具或砂轮就不能顺利退出，且轴肩和圆柱面交界处会产生圆角，影响装配，对螺纹根部如不留出退刀槽会产生不完整螺纹，有时会影响旋合

第四节　机械图样中的技术要求

零件图上除了图形和尺寸外，还必须有制造和检验该零件应达到的一些质量要求，称为技术要求。技术要求通常是用符号、代号或标记标注在图形上，或者用简明的文字注写在标题栏附近。

技术要求涉及面很广，本节简要介绍表面结构表示法、极限与配合、几何公差，以及材料热处理等基本知识和注写方法。

一、表面结构表示法

表面结构是表面粗糙度、表面波纹度、表面缺陷、表面纹理和表面几何形状的总称。这里主要介绍常用的表面粗糙度表示法。

1. 表面粗糙度的基本概念

零件经过机械加工后的表面并不都是绝对光滑的，用放大镜观察，可看到凹凸不平的刀痕。表面粗糙度是指零件加工后表面上具有较小间距与峰谷所组成的微观不平度。它是评定零件表面质量的一项重要技术指标，对于零件的配合、耐磨性、耐蚀性及密封性都有显著影响。

2. 表面粗糙度的评定参数

评定表面粗糙度的主要参数：轮廓算术平均偏差 Ra 和轮廓最大高度 Rz，优先选用 Ra。零件表面粗糙度 Ra 值的选用，应该既满足零件表面的功用要求，又要考虑经济合理。一般情况下，凡是零件上有配合要求或有相对运动的表面，其 Ra 值要小。Ra 值越小，表面质量越高，其加工成本也越高。因此，在满足使用要求的前提下，应尽量选用较大的 Ra 值，以降低成本。常用的 Ra 值及其对应的表面特征和加工方法见表 6-3。

表 6-3　常用的 Ra 值及其对应的表面特征和加工方法

$Ra/\mu m$	表 面 特 征	主要加工方法	应用举例
25	可见刀痕	粗车、粗铣、粗刨、钻孔、粗磨	非配合表面,如倒角、退刀槽、螺孔、机座底面等
12.5	微见刀痕	粗车、刨、立铣、平铣、钻等	
6.3	可见加工痕迹	半精车、半精铣、半精刨、铰、镗、粗磨等	没有相对运动的零件接触面,如箱盖、套筒要求紧贴的表面,键和键槽工作表面,相对运动速度不高的接触面,如支架孔、衬套的工作表面等
3.2	微见加工痕迹		
1.6	看不见加工痕迹		

（续）

$Ra/\mu m$	表面特征	主要加工方法	应用举例
0.8	可辨加工痕迹方向	精车、精铰、精拉、半精磨等	要求很好配合的接触面，如与滚动轴承配合的表面、锥销孔等；相对运动速度较高的接触面，如滑动轴承的配合表面、齿轮轮齿的工作表面等

3. 表面结构的图形符号

表面结构的符号及含义见表6-4。

表6-4　表面结构的符号及含义

符号名称	符　号	含义及说明
基本图形符号	字高h 符号线宽$h/10$	未指定工艺方法的表面，当作为注解时，可单独使用
扩展图形符号	∇	用去除材料的方法获得的表面
扩展图形符号	∇ (带圆圈)	用于不去除材料的表面，也可表示保持上道工序形成的表面
完整图形符号	三种带横线符号	在上述三个符号的长边上加一横线，用于标注有关参数和说明

4. 表面结构要求在图样中的注法（GB/T 131—2006）

1）表面结构要求对每一表面一般只注一次，并尽可能注在相应的尺寸及其公差的同一视图上。除非另有说明，所标注的表面结构要求是对完工零件表面的要求。

2）表面结构的注写和读取方向与尺寸的注写和读取方向一致。表面结构要求可标注在轮廓线上，其符号应从材料外指向并接触表面（图6-14）。必要时，表面结构也可用带箭头或黑点的指引线引出标注（图6-15）。

3）在不致引起误解时，表面结构要求可以标注在给定的尺寸线上（图6-16）。

4）表面结构要求可标注在几何公差框格的上方（图6-17）。

5）圆柱和棱柱表面的表面结构要求只标注一次（图6-18）。

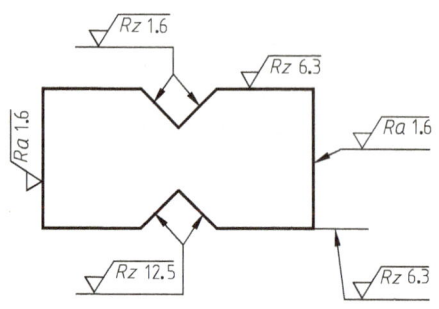

图 6-14 表面结构要求在轮廓线上的标注

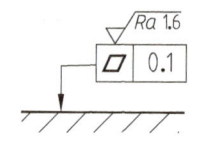

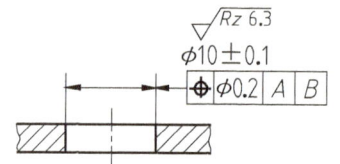

图 6-15 用指引线引出标注表面结构要求

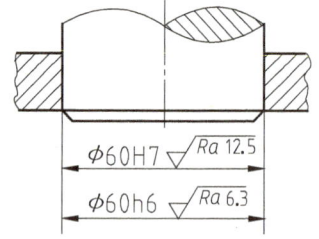

图 6-16 表面结构要求标注在尺寸线上

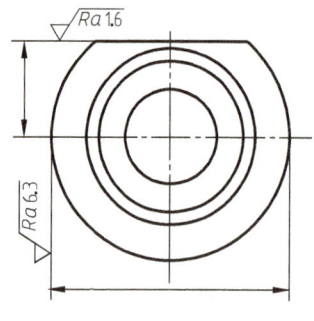

图 6-17 表面结构要求标注在几何公差框格的上方

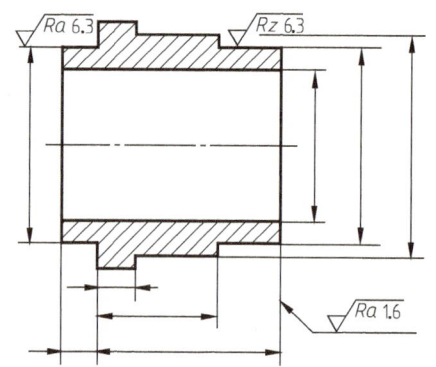

图 6-18 表面结构要求标注在圆柱特征的延长线上

课堂练习

找出左图中表面粗糙度标注的错误，将正确的注法标在右图中。

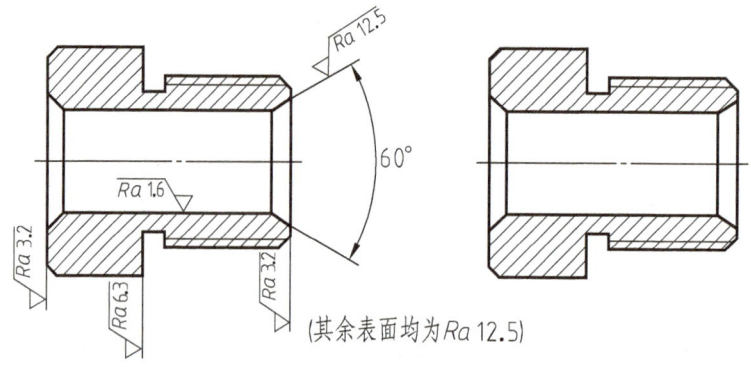

(其余表面均为 Ra 12.5)

二、极限与配合

现代化大规模生产要求零件具有互换性,即从同一规格的一批零件中任取一件,不经修配就能装到机器或部件上,并能保证使用要求。零件的互换性是机械产品批量化生产的前提。为了满足零件的互换性,就必须制定和执行统一的标准。

1. 尺寸公差与公差带

在实际生产中,零件的尺寸不可能加工得绝对准确,而是允许零件的实际尺寸在一个合理的范围内变动。这个允许尺寸的变动量就是尺寸公差,简称公差。

图6-19a所示轴的尺寸 $\phi 32_{-0.010}^{+0.015}$ mm,ϕ32mm 是设计时确定的尺寸,称为公称尺寸。写在公称尺寸 ϕ32mm 后面的 $_{-0.010}^{+0.015}$ 就是控制尺寸变动范围的数值,即尺寸偏差。图6-19b中+0.015mm为上极限偏差,-0.010mm为下极限偏差。因此,轴径允许的最大尺寸,即上极限尺寸为32mm+0.015mm=32.015mm,轴径允许的最小尺寸,即下极限尺寸为32mm-0.010mm=31.990mm。也就是说,加工后轴的实际尺寸只要在上极限尺寸和下极限尺寸之间即为合格。

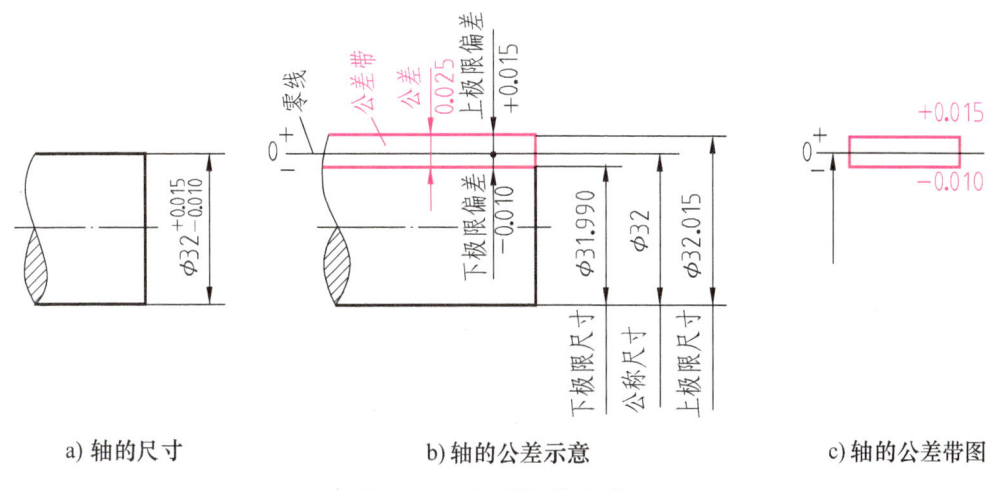

a) 轴的尺寸　　　b) 轴的公差示意　　　c) 轴的公差带图

图6-19　公差的基本术语

零件尺寸允许的变动量,其数值等于上极限尺寸与下极限尺寸之差,或者等于上极限偏差与下极限偏差之差。$\phi 32_{-0.010}^{+0.015}$ mm 的公差为 32.015mm-31.990mm=0.025mm 或 0.015mm-(-0.010mm)=0.025mm。

上极限偏差和下极限偏差统称为极限偏差,其数值可以为正值、负值或零。而公差是绝对值,没有正负之分,也不可能为零(恒为正值)。

为了便于分析尺寸公差和进行有关计算,以公称尺寸为基准(零线),用夸大了间距的两条直线表示上、下极限偏差，这两条直线所限定的区域称为公差带，用这种方法画出的图称为公差带图，如图 6-19c 所示。

在公差带图中，零线是确定正、负偏差的基准线，正偏差位于零线之上，负偏差位于零线之下。显然，公差带沿零线垂直方向的宽度反映了公差值的大小。公差值越小，零件尺寸的精度越高，反之则尺寸精度越低。

2. 标准公差与基本偏差

公差带包括两个要素，即公差带大小及其相对于零线的位置，分别由标准公差和基本偏差来确定。

公差带大小由标准公差确定。标准公差分为 20 个等级，即 IT01、IT0、IT1、IT2、…、IT18。IT 表示标准公差，IT 后面的数字表示公差等级，01 级公差值最小，精度最高；18 级公差值最大，精度最低。标准公差数值见表 6-5。

表 6-5 标准公差数值（摘自 GB/T 1800.1—2020）

公称尺寸/mm		标准公差等级																
		IT1	IT2	IT3	IT4	IT5	IT6	IT7	IT8	IT9	IT10	IT11	IT12	IT13	IT14	IT15	IT16	IT17	IT18
大于	至	标准公差数值																	
		μm										mm							
—	3	0.8	1.2	2	3	4	6	10	14	25	40	60	0.1	0.14	0.25	0.4	0.6	1	1.4
3	6	1	1.5	2.5	4	5	8	12	18	30	48	75	0.12	0.18	0.3	0.48	0.75	1.2	1.8
6	10	1	1.5	2.5	4	6	9	15	22	36	58	90	0.15	0.22	0.36	0.58	0.9	1.5	2.2
10	18	1.2	2	3	5	8	11	18	27	43	70	110	0.18	0.27	0.43	0.7	1.1	1.8	2.7
18	30	1.5	2.5	4	6	9	13	21	33	52	84	130	0.21	0.33	0.52	0.84	1.3	2.1	3.3
30	50	1.5	2.5	4	7	11	16	25	39	62	100	160	0.25	0.39	0.62	1	1.6	2.5	3.9
50	80	2	3	5	8	13	19	30	46	74	120	190	0.3	0.46	0.74	1.2	1.9	3	4.6
80	120	2.5	4	6	10	15	22	35	54	87	140	220	0.35	0.54	0.87	1.4	2.2	3.5	5.4
120	180	3.5	5	8	12	18	25	40	63	100	160	250	0.4	0.63	1	1.6	2.5	4	6.3
180	250	4.5	7	10	14	20	29	46	72	115	185	290	0.46	0.72	1.15	1.85	2.9	4.6	7.2
250	315	6	8	12	16	23	32	52	81	130	210	320	0.52	0.81	1.3	2.1	3.2	5.2	8.1

公差带相对零线的位置由基本偏差确定。为了确定公差带相对于零线的位置，将上、下极限偏差中的一个规定为基本偏差，一般为靠近零线（即绝对值较小）的那个偏差。如 $\phi 32^{+0.015}_{-0.010}$ mm 的基本偏差为下极限偏差；而 $\phi 32^{+0.007}_{-0.018}$ mm 的基本偏差是上极限偏差。基本偏差用代号表示。国家标准对孔和轴分别规定了 28 个基本偏差代号，用拉丁字母表示，大写字母表示孔，如 A、B、C、…；小写字母表示轴，如 a、b、c、…（基本偏差代号见表 I-1、表 I-2）。

孔或轴的尺寸公差可用公差带代号表示。公差带代号由基本偏差代号（字母）和标准公差等级（数字）组成。例如：

φ50 H 8（孔的公称尺寸、孔的公差带代号、孔的基本偏差代号、孔的标准公差等级）

φ50 f 7（轴的公称尺寸、轴的公差带代号、轴的基本偏差代号、轴的标准公差等级）

φ50H8 的含义：公称尺寸为 φ50mm，基本偏差为 H 的 8 级孔。

φ50f7 的含义：公称尺寸为 φ50mm，基本偏差为 f 的 7 级轴。

3. 配合

（1）配合的种类　公称尺寸相同并且相互结合的孔和轴公差带之间的关系称为配合。根据使用要求不同，孔和轴之间的配合有松有紧。图 6-20 所示为轴承座、轴套和轴三者之间的配合，轴套与轴承座之间不允许相对运动，应选择紧的配合，而轴在轴套内要求能转动，应选择松动的配合。为此，国家标准规定配合分为如下三类。

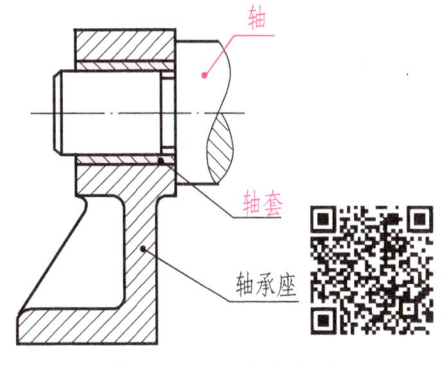

图 6-20　配合的概念

1）间隙配合。孔的实际尺寸总比轴的实际尺寸大，装配在一起后，轴与孔之间存在间隙（包括最小间隙为零的情况），轴在孔中能相对运动。

2）过盈配合。孔的实际尺寸总比轴的实际尺寸小，在装配时需要一定的外力或使带孔零件加热膨胀后，才能把轴压入孔中，所以轴与孔装配在一起后不能产生相对运动。

3）过渡配合。轴的实际尺寸比孔的实际尺寸时小时大。它们装在一起后，可能出现间隙或过盈，但间隙或过盈都相对较小。这种介于间隙与过盈之间的配合，即过渡配合。

（2）配合制　孔和轴公差带形成配合的一种制度，称为配合制。根据生产实际需要，国家标准规定了如下两种配合制。

1）基孔制配合。基本偏差一定的孔的公差带，与不同基本偏差的轴的公差带形成各种配合的一种制度。基孔制配合的孔称为基准孔，其基本偏差代号为 H，下极限偏差为零，即它的下极限尺寸等于公称尺寸。

2）基轴制配合。基本偏差一定的轴的公差带，与不同基本偏差的孔的公差带形成各种配合的一种制度。基轴制配合的轴称为基准轴，其基本偏差代号为 h，上极限偏差为零，即它的上极限尺寸等于公称尺寸。

（3）极限与配合的标注

1）在装配图上的标注方法。在装配图上标注配合代号时，采用组合式注法，如图6-21a所示，在公称尺寸后面用分式表示，分子为孔的公差带代号，分母为轴的公差带代号。

2）在零件图上的标注方法。在零件图上标注公差有三种形式：在公称尺寸后只注公差带代号（图6-21b），或者只注极限偏差（图6-21c），或者公差带代号和极限偏差均注（图6-21d）。

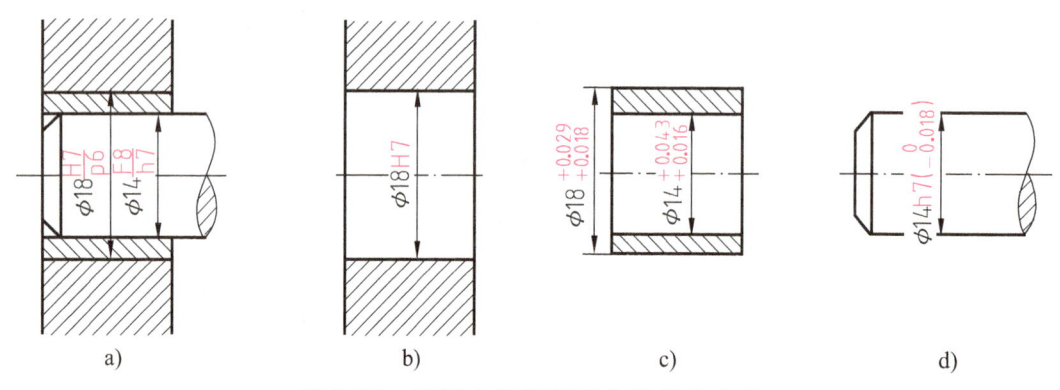

图 6-21　图样上极限与配合的标注方法

课堂讨论

实际生产中，通常是优先使用基孔制，因为加工相同公差等级的孔或轴时，加工轴比较容易。下图中的左图为轴、滚动轴承、座体三者之间的配合，请读者思考：与滚动轴承内圈配合的轴颈以及与滚动轴承外圈配合的座孔分别应采用基孔制还是基轴制？为什么？

根据孔和轴的极限偏差值（右图），查表确定其配合代号后分别在左图中标注，并解释配合代号的含义。

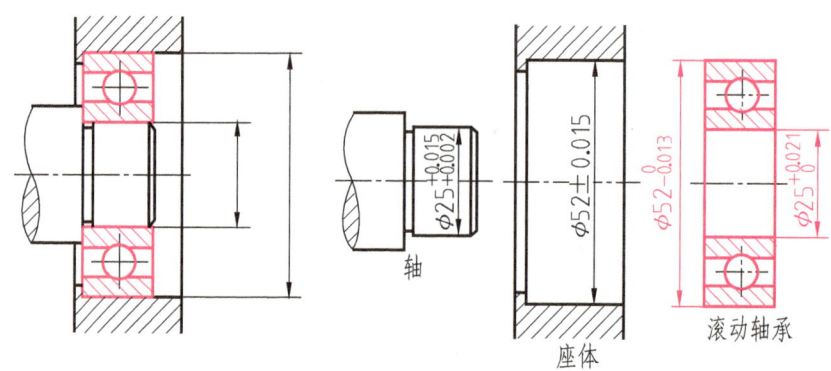

1) 轴与滚动轴承，属于基_____制_____配合。
2) 滚动轴承与座体，属于基_____制_____配合。

三、几何公差

零件加工过程中，不仅会产生尺寸误差，也会出现形状和相对位置的误差。例如，加工轴时可能会出现轴线弯曲，这种现象属于零件的形状误差。如图 6-22a 所示的销轴，除了注出直径的公差外，还标注了圆柱轴线的形状公差——直线度，它表示圆柱实际轴线应限定在 $\phi0.06$mm 的圆柱体内。又如图 6-22b 所示，箱体上两个安装锥齿轮轴的孔，如果两孔轴线歪斜太大，势必影响一对锥齿轮的啮合传动。为了保证正常的啮合，必须标注方向公差——垂直度。图中代号的含义：水平孔的轴线必须位于距离 0.05mm，且垂直于铅垂孔的轴线的两平行平面之间。

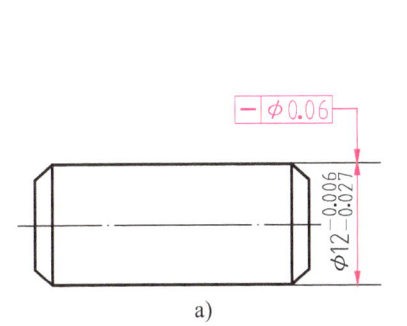 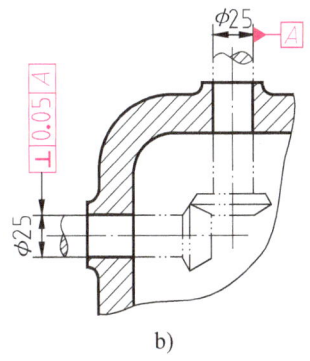

图 6-22 几何公差示例

由上例可见，为保证零件的装配和使用要求，在图样上除给出尺寸及其公差要求外，还必须给出几何公差（形状、方向、位置和跳动公差）要求。几何公差在图样上的注法应按照 GB/T 1182—2018 的规定。

1. 公差符号

几何公差的几何特征和符号见表 6-6。

2. 几何公差在图样上的标注

零件的几何公差一般用代号标注在图样中。几何公差包括几何特征符号、公差框格和指引线、基准符号、公差值等，如图 6-23 所示。

3. 几何公差标注示例

图 6-24 所示为一根气门阀杆。当被测要素为线或表面时，从框格引出的指引

表 6-6 几何公差的几何特征和符号

公差类型	几何特征	符号	有无基准	公差类型	几何特征	符号	有无基准
形状公差	直线度	─	无	位置公差	位置度	⊕	有或无
	平面度	▱	无		同心度（用于中心点）	◎	有
	圆度	○	无		同轴度（用于轴线）	◎	有
	圆柱度	⌭	无		对称度	═	有
	线轮廓度	⌒	无		线轮廓度	⌒	有
	面轮廓度	⌓	无		面轮廓度	⌓	有
方向公差	平行度	∥	有	跳动公差	圆跳动	↗	有
	垂直度	⊥	有		全跳动	⌰	有
	倾斜度	∠	有				
	线轮廓度	⌒	有				
	面轮廓度	⌓	有				

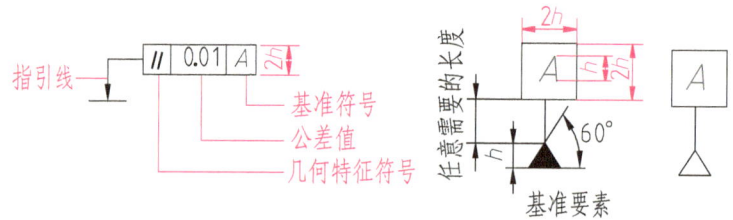

图 6-23 几何公差在图样上的标注

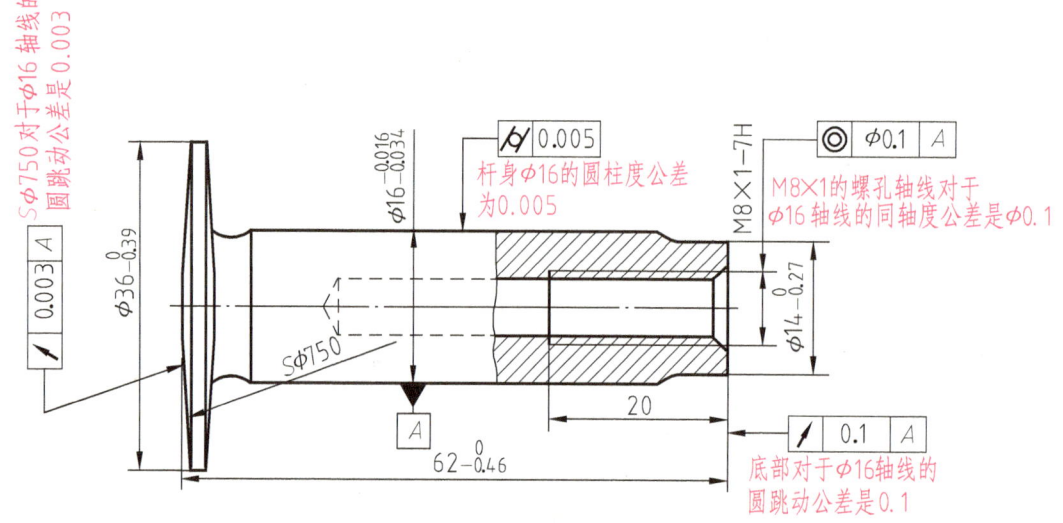

图 6-24 几何公差标注示例

线箭头应指在该要素的轮廓线或其延长线上。当被测要素是轴线时，应将箭头与该要素的尺寸线对齐，如 M8×1-7H 轴线的同轴度注法。当基准要素是轴线时，应将基准符号与该要素的尺寸线对齐，如基准 A。

四、材料热处理及表面处理

零件图中还有一些技术要求，如材料的热处理、表面处理及其他特定要求等，若需说明，可在标题栏附近用简明的文字注写。

材料热处理是指将工件放到一定的介质中加热、保温和冷却的工艺过程，其目的是通过上述过程来改变材料的组织结构，以改善其使用性能及加工性能，如提高硬度、增强韧性等。常用的热处理方法是退火、正火、淬火、回火等。

表面处理是指在金属表面增设保护层的加工方法。它具有改善材料表面力学性能、防止锈蚀并起装饰作用，如表面淬火、渗碳、发黑、发蓝、涂镀等。

第五节　读零件图

读零件图的目的是根据零件图想象零件的结构形状，了解零件的制造方法和技术要求。为了读懂零件图，最好能结合零件在机器或部件中的位置、功用以及与其他零件的装配关系来读图。

识读零件图是学习本课程的重点，是前阶段学习内容的综合运用。读零件图的基本要求：从标题栏了解零件名称、材料等，并根据给出的视图，分析、想象结构形状；分析零件的尺寸及其各个方向的主要基准；明确制造零件的各项技术要求，如表面粗糙度、尺寸公差、几何公差等，以便确定零件的加工方法。下面通过识读球阀中主要零件阀杆、阀盖和阀体，来介绍识读零件图的方法和步骤。

球阀是管路系统中的一个开关，从图 6-25 所示的球阀轴测分解图中可以看出，球阀通过旋转扳手带动阀杆和阀芯来控制球阀启闭。阀杆和阀芯包容在阀体内，阀盖通过四个螺柱与阀体连接。经以上分析，已初步了解球阀中主要零件的功用以及零件间的装配关系。

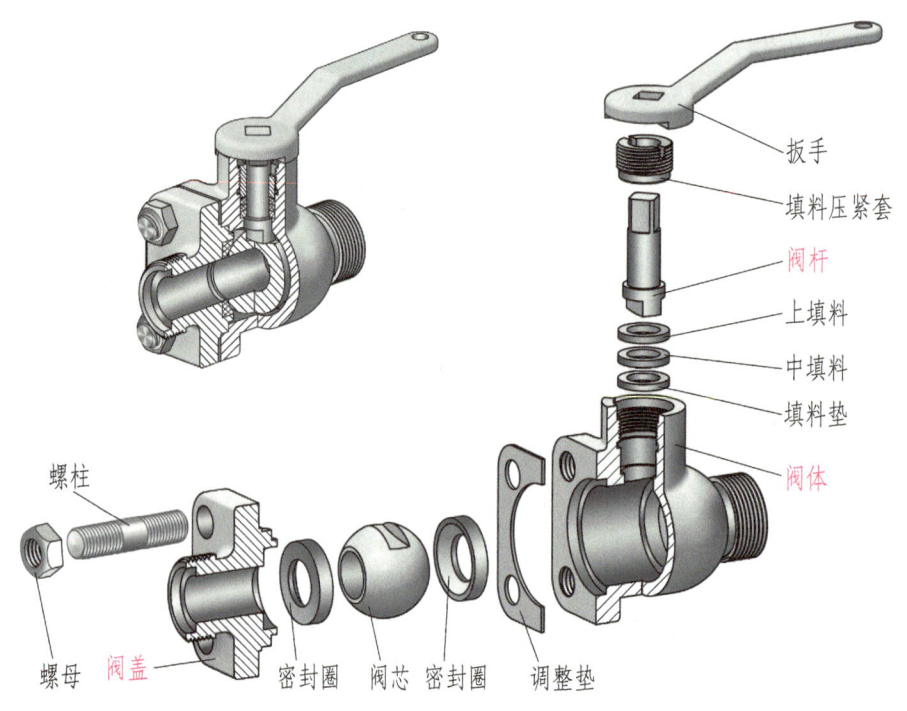

图 6-25 球阀轴测分解图

一、阀杆（图 6-26）

1. 结构分析

对照图 6-25 所示球阀轴测分解图可看出，阀杆的上部为四棱柱体，与扳手的方孔配合；阀杆下部带球面的凸榫插入阀芯上部的通槽内，以便使用扳手转动阀杆，带动阀芯旋转，控制球阀启闭，以控制流量。

2. 表达分析

阀杆零件图（图 6-26）用一个基本视图和一个断面图表达，主视图按加工位置将阀杆水平横放。左端的四棱柱体采用移出断面表示。

3. 尺寸分析

阀杆以水平轴线作为径向尺寸基准，也是高度和宽度方向的尺寸基准，由此注出径向各部分尺寸 $\phi 14mm$、$\phi 11mm$、$\phi 14c11 \left({}^{-0.095}_{-0.205} \right)$、$\phi 18c11 \left({}^{-0.095}_{-0.205} \right)$ 等。凡尺寸数字后面注写公差带代号或极限偏差值，一般指零件该部分与其他零件有配合关系。例如，$\phi 14c11 \left({}^{-0.095}_{-0.205} \right)$ 和 $\phi 18c11 \left({}^{-0.095}_{-0.205} \right)$ 分别与球阀中的填料压紧套和阀体有配合关系（图 6-26），所以表面粗糙度的要求较严，Ra 值为 $3.2\mu m$。

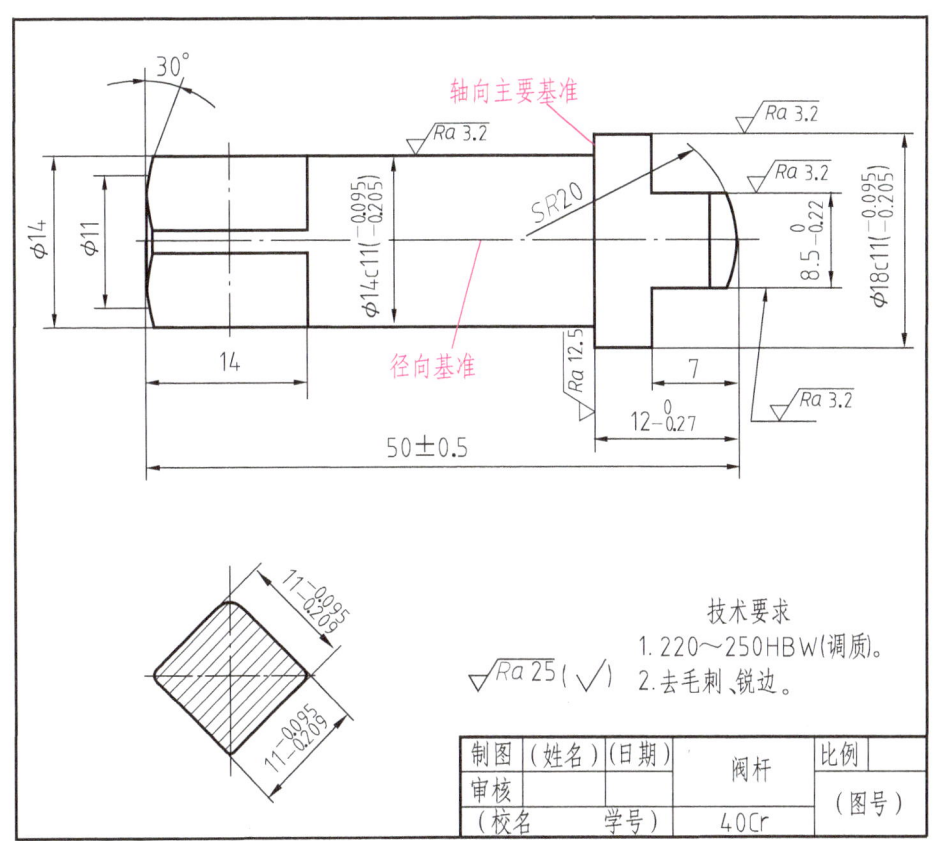

图 6-26 阀杆零件图

选择表面粗糙度值为 $Ra\ 12.5\mu m$ 的端面作为阀杆长度方向的主要尺寸基准，由此注出尺寸 $12_{-0.27}^{0}$ mm，以右端面为轴向的第一辅助基准，注出尺寸 7mm、(50±0.5)mm，以左端面为轴向的第二辅助基准，注出尺寸 14mm。

阀杆应经过调质处理硬度达到 220~250HBW，以提高材料的韧性和强度。

二、阀盖（图 6-27）

1. 结构分析

对照球阀轴测分解图，阀盖与阀体有相同的方形法兰盘结构。阀盖通过螺柱与阀体连接，中间的通孔与阀芯的通孔对应。阀盖与阀体有相同的螺纹连接管道，形成流体通道。

2. 表达分析

阀盖零件图（图 6-27）用两个基本视图表达，主视图采用全剖视图，表示零件的空腔结构及左端的外螺纹。主视图的配置既符合主要加工位置，也符合阀盖在部件中的工作位置。左视图表达了带圆角的方形凸缘和四个均布的通孔。

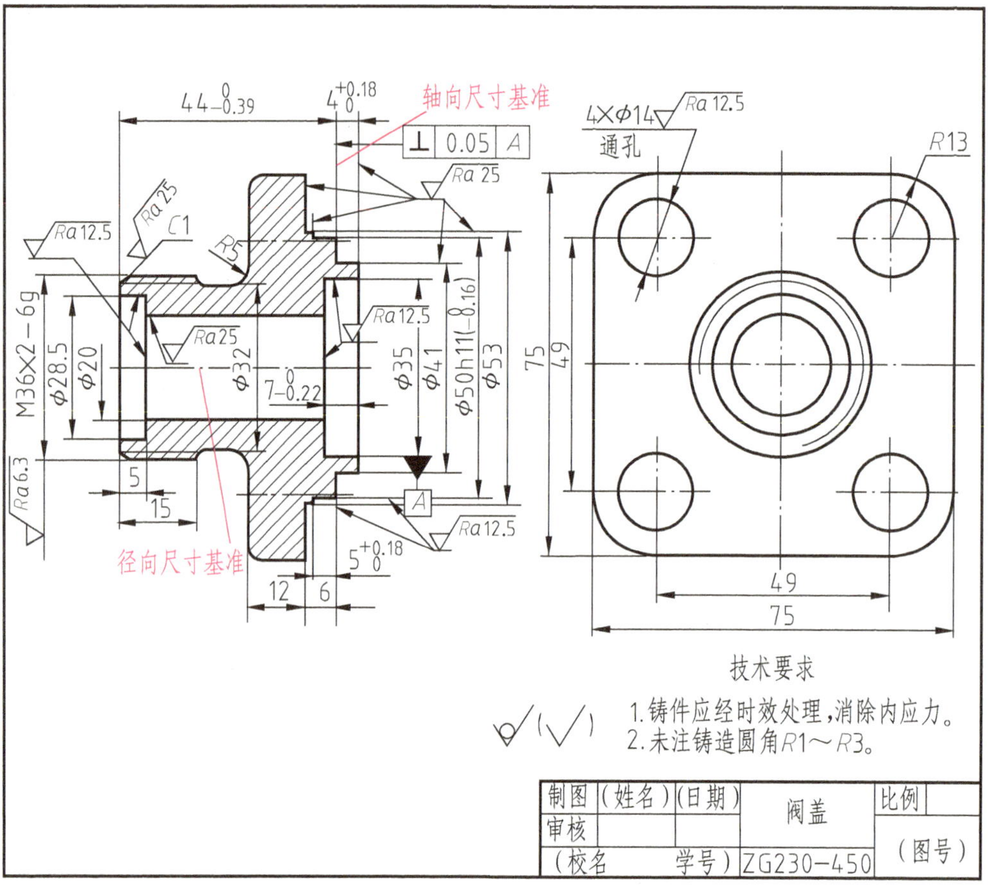

图 6-27 阀盖零件图

3. 尺寸分析

多数盘盖类零件的主体部分是回转体,所以通常以轴孔的轴线作为径向尺寸基准,由此注出阀盖各部分同轴线的直径尺寸,方形凸缘也用它作为高度和宽度方向的尺寸基准。注有公差的尺寸 $\phi 50h11(_{-0.16}^{\ 0})$,表明在这里阀盖与阀体有配合要求。

以阀盖的重要端面作为轴向尺寸基准,即长度方向的主要尺寸基准,此例为注有表面粗糙度值 $Ra12.5\mu m$ 的右端凸缘的端面,由此注出尺寸 $4_{\ 0}^{+0.18}$ mm、$44_{-0.39}^{\ 0}$ mm 以及 $5_{\ 0}^{+0.18}$ mm、6mm 等。有关长度方向的辅助基准和联系尺寸,请读者自行分析。

4. 了解技术要求

阀盖是铸件,需进行时效处理,消除内应力。视图中有小圆角(未注铸造圆角 $R1\sim R3$ mm)过渡的表面是不加工表面。注有公差的尺寸 $\phi 50h11(_{-0.16}^{\ 0})$,对照球阀轴测分解图可看出,其与阀体有配合关系,但由于相互之间没有相对运动,所以表面质量要求不严，Ra 值为 $12.5\mu m$。作为长度方向主要尺寸基准的端面相对阀盖水平轴线的垂直度公差为 0.05mm。

*三、阀体（图 6-28）

1. 结构分析

阀体的作用是支承和包容其他零件。阀体的结构特征明显，是一个具有三通管式空腔的零件。水平方向空腔容纳阀芯和密封圈（在空腔右侧 $\phi 35mm$ 圆柱形槽内放密封圈）；阀体右侧有外螺纹与管道相通，形成流体通道；阀体左侧有 $\phi 50H11 \left(^{+0.16}_{0} \right)$ 圆柱形槽与阀盖右侧 $\phi 50h11 \left(^{0}_{-0.16} \right)$ 圆柱形凸缘相配合。竖直

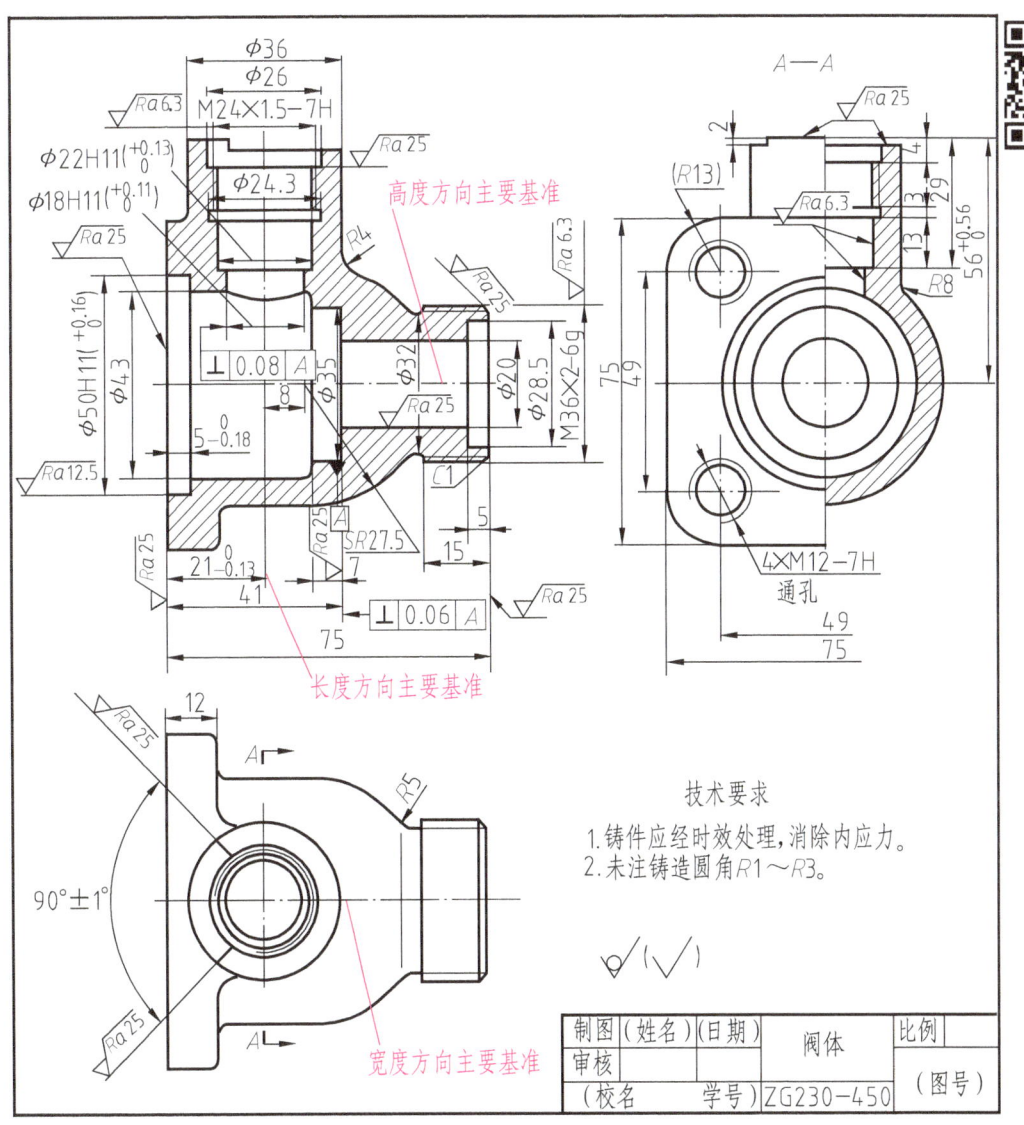

图 6-28 阀体零件图

方向的空腔容纳阀杆、填料和填料压紧套等零件，孔 $\phi 18H11\ \left(^{+0.11}_{\ 0}\right)$ 与阀杆下部凸缘 $\phi 18c11\ \left(^{-0.095}_{-0.205}\right)$ 相配合，阀杆的凸缘在这个孔内转动。

2．表达分析

阀体采用三个基本视图，主视图用全剖视图，表达零件的空腔结构；左视图的图形对称，采用半剖视图，既表达零件的空腔结构形状，也表达零件的外部结构形状；俯视图表达阀体俯视方向的外形。将三个视图综合起来想象阀体的结构形状，并仔细看懂各部分的局部结构。例如俯视图中标注其为 $90°±1°$ 的两段粗短线，对照主视图和左视图看懂其为 $90°$ 扇形限位块，它是用来控制扳手和阀杆旋转角度的。

阀体的结构形状参看图 6-25 所示球阀轴测分解图。

3．尺寸分析

阀体的结构形状比较复杂，标注的尺寸很多，这里仅分析其中一些主要尺寸，其余尺寸请读者自行分析。

1）以阀体水平孔轴线为高度方向主要尺寸基准，注出水平方向孔的直径尺寸 $\phi 50H11\ \left(^{+0.16}_{\ 0}\right)$、$\phi 43mm$、$\phi 35mm$、$\phi 32mm$、$\phi 20mm$、$\phi 28.5mm$ 以及右端外螺纹 $M36×2\text{-}6g$ 等，同时注出水平轴到顶端的高度尺寸 $56^{+0.56}_{\ 0}mm$（在左视图上）。

2）以阀体铅垂孔轴线为长度方向主要尺寸基准，注出 $\phi 36mm$、$\phi 26mm$、$M24×1.5\text{-}7H$、$\phi 22H11\ \left(^{+0.13}_{\ 0}\right)$、$\phi 18H11\ \left(^{+0.11}_{\ 0}\right)$ 等，同时注出铅垂孔轴线到左端面的距离 $21^{\ 0}_{-0.13}mm$。

3）以阀体前后对称面为宽度方向主要尺寸基准，在左视图上注出阀体的圆柱体外形尺寸 $\phi 55mm$，左端面方形凸缘外形尺寸 $75mm×75mm$，以及螺孔的宽度、高度方向定位尺寸 $49mm$，同时在俯视图上注出前后对称的扇形限位块的角度尺寸 $90°±1°$。

4．了解技术要求

通过上述尺寸分析可以看出，阀体中比较重要的尺寸都标注了极限偏差，与此对应的表面质量要求也较严，Ra 值一般为 $6.3\mu m$。阀体左端和空腔右端的阶梯孔 $\phi 50mm$、$\phi 35mm$ 分别与密封圈（垫）有配合关系，但因密封圈的材料是塑料，所以相应的表面质量要求稍低，Ra 的上限值为 $12.5\mu m$。零件上不太重要的加工表面粗糙度 Ra 值一般为 $25\mu m$。

主视图中对于阀体的几何公差要求：空腔右端面相对 $\phi 35mm$ 圆柱孔轴线的垂直度公差为 $0.06mm$；$\phi 18mm$ 圆柱孔轴线相对 $\phi 35mm$ 圆柱孔轴线的垂直度公差

为 0.08mm。

在零件图的标题栏和第七单元装配图的明细栏中均有零件材料一项，关于金属材料（钢铁材料和非铁金属）的牌号或代号以及有关说明可查阅相关国家标准。

课堂练习

读托架零件图想象结构形状，填空并回答下列问题。

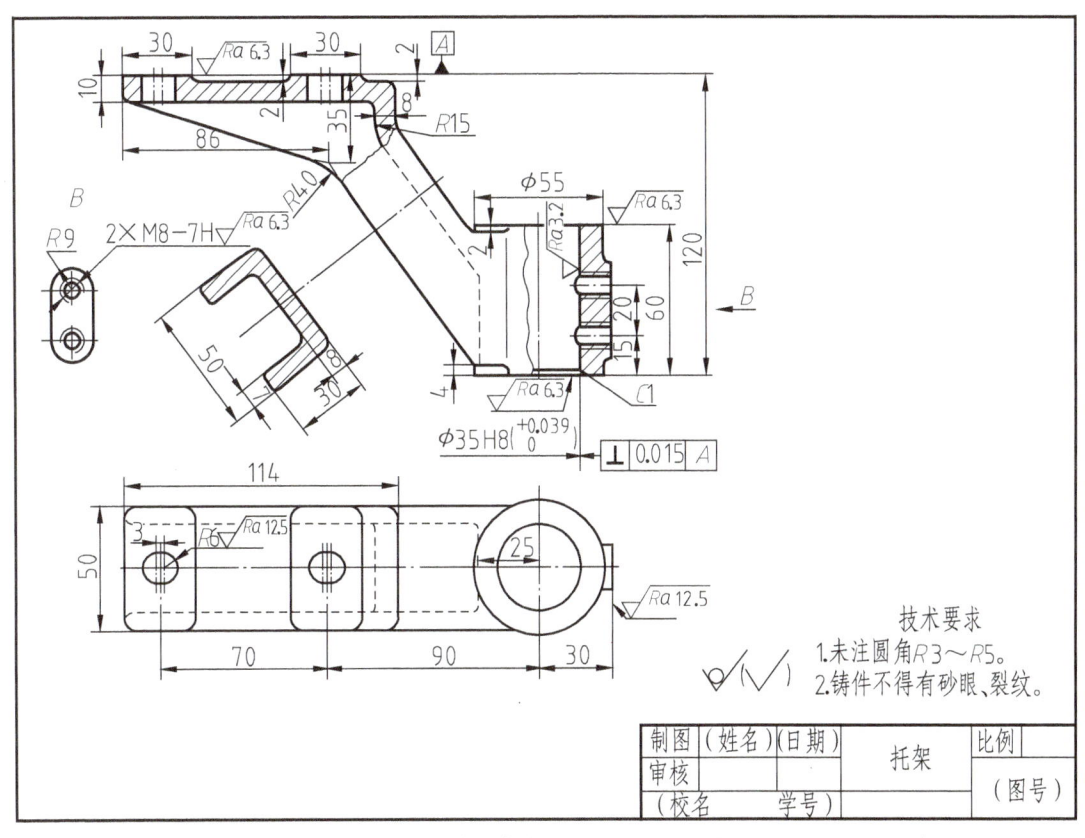

1）托架由四个图形表达，分别为_____图、_____图、_____图、_____图。

2）用符号▽指出长、宽、高方向的主要尺寸基准。

3）找出图中的定位尺寸：_____。

4）M8-7H 是_____螺纹，公称直径为_____，7H 是_____。

5）尺寸 φ35H8 中 H8 是_____代号，H 是_____代号，8 是_____代号。

6）几何公差框格 ⊥|0.015|A 表示_____的轴线对顶面的_____公差为_____。

7）零件表面粗糙度共有_____处，其中要求最严的表面粗糙度 Ra 值是_____。

第七单元

装 配 图

装配图是用来表达机器或部件的图样。表示一台完整机器的图样称为总装配图；表示一个部件的图样称为部件装配图。

装配图主要表达机器或部件的工作原理、装配关系、结构形状和技术要求，用以指导机器或部件的装配、检验、调试、安装、维修等。因此，装配图是机械设计、制造、使用、维修及进行技术交流的重要技术文件。

第一节　装配图概述

通过第六单元球阀主要零件的识读，对球阀已经有了初步了解，再来认识球阀的装配图就比较顺利了。本节对照球阀轴测分解图（图 6-25），初步理解装配图的内容及其表达方法。

一、零件图与装配图的作用和关系

装配图和零件图是机械制图中两种主要图样。零件图表示零件的结构形状、尺寸大小和技术要求，并根据它加工制造零件；装配图表示机器或部件的结构形状、装配关系、工作原理和技术要求。设计时，一般先画出装配图，再根据装配图绘制零件图；装配时，根据装配图的要求，把零件装配成部件或机器。因此，零件与部件、零件图和装配图之间的关系十分密切。在看或画装配图时，必须了解部件中主要零件的形状、结构和作用，各零件之间的相互关系。

下面通过识读球阀装配图（图 7-1）初步了解装配图的内容和表达方法，由于初次接触装配图，可以对照球阀轴测分解图（图 6-25）来帮助读懂装配图。

二、装配图的内容

在管道系统中，阀是用于启闭和调节流体流量的部件，球阀是阀的一种，它的阀芯是球形的，所以称为球阀。与零件图一样，装配图也包含以下四方面内容。

1. 一组图形

用一组视图表达部件中各零件的装配关系、连接方式和工作原理。图 7-1 中的主视图清楚地表示了球阀主要零件之间的装配关系：阀体 1 与阀盖 2 均带有方形凸缘，用四个螺柱 6 与螺母 7 连接，并用合适的调整垫 5 调节阀芯 4 与密封圈 3 之间的松紧（可从明细栏中了解它们的材料和数量），使阀芯转动灵活。在阀体上部有阀杆 12，阀杆下部用凸块榫接阀芯上的凹槽。为了密封，在阀体与阀杆之间加进填料垫 8、中填料 9、上填料 10，再旋入填料压紧套 11。从而看明白球阀

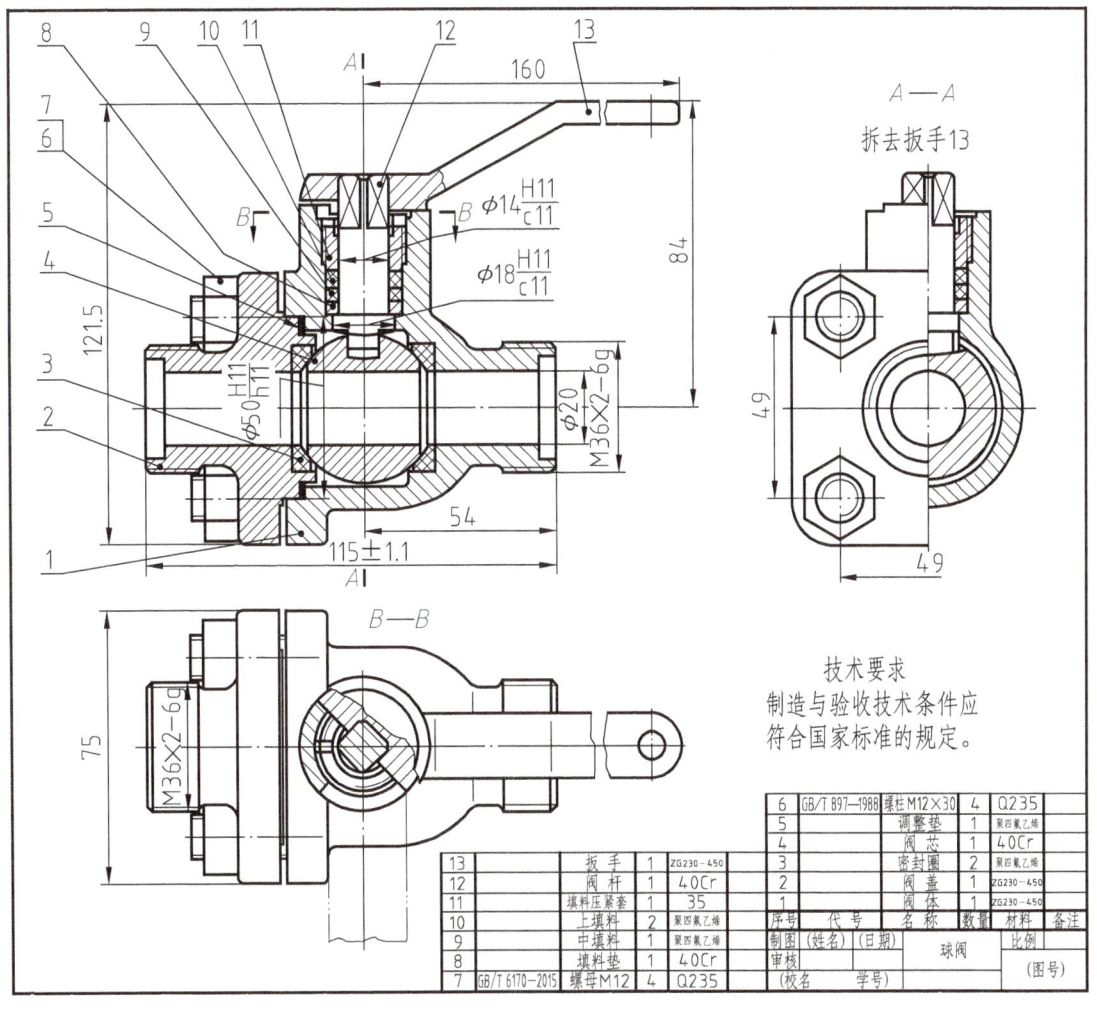

图 7-1 球阀装配图

的工作原理：阀杆 12 上部的四棱柱与扳手 13 的方孔连接，当扳手在如装配图所示的位置时，阀门全部开启，管道畅通；当扳手按顺时针方向旋转 90°（俯视图中细双点画线所示扳手位置），阀门全部关闭，管道断流。

俯视图主要表达球阀的外形，采用 B—B 局部剖视表示扳手与阀杆的连接关系，还可以看到阀体顶部定位凸块的形状，该凸块用来限制扳手的旋转位置（细双点画线）。

阀体的前后对称，左视图采用半剖视，表示阀盖的外形，并补充表达阀体、阀杆和阀芯的装配关系，由于扳手形状简单，主、俯视图已表达清楚，所以左视图中不必画出。

2. 必要的尺寸

装配图上标注尺寸与零件图标注尺寸目的不同，因为装配图不是制造零件的直接依据，所以在装配图中不必标注零件的全部尺寸，而只要注出下列几种必要的尺寸。

（1）规格（性能）尺寸　表示机器或部件规格或性能的尺寸，是设计和选用部件的主要依据，如图 7-1 中球阀的公称直径 $\phi 20$mm。

（2）装配尺寸　表示零件之间装配关系的尺寸，如配合尺寸和重要的相对位置尺寸，如图 7-1 中阀盖与阀体的配合尺寸 $\phi 50 H11/h11$ 等。

（3）安装尺寸　表示部件安装到机器上或将整机安装到基座上所需的尺寸，如图 7-1 中与安装有关的尺寸：84mm、54mm、M36×2-6g 等。

（4）外形尺寸　表示机器或部件外形轮廓的大小，即总体尺寸。为包装、运输、安装所需空间大小提供依据，如图 7-1 中球阀的总长、总宽、总高的尺寸为 (115±1.1)mm、75mm、121.5mm。

除上述尺寸外，必要时还要标注其他重要尺寸，如运动零件的极限位置尺寸、主要零件的重要结构尺寸等。

3. 技术要求

用符号、代号或文字说明装配体在装配、安装、调试等方面应达到的技术指标。

4. 标题栏、零件序号及明细栏

在装配图上，必须对每个零件编号，并在明细栏中依次列出零件序号、代号、名称、数量、材料等。在标题栏中，写明装配体的名称、图号、绘图比例及有关人员的签名等。

三、装配图中零部件序号和明细栏

为了便于看图和图样管理，对装配图中所有零部件均需编号。同时，在标题栏上方的明细栏中与图中序号一一对应地予以列出。

1. 零部件序号及其编排方法

如图 7-1 所示，在装配图中每个零件的可见轮廓范围内，画一小黑点，用细实线引出指引线，并在其末端的横线（画细实线）上注写零件序号。若所指的零件很薄或为涂黑者，要用箭头代替小黑点，如图 7-1 主视图中序号 5。

相同的零件只对其中一个进行编号，将其数量填写在明细栏内。一组紧固件或装配关系清楚的零件组，可采用公共的指引线编号，如图 7-1 中螺柱连接序号 6、7 的形式。

各指引线不能相交，当通过剖面区域时，指引线不能与剖面线平行。指引线可画成折线，但只可曲折一次，如图 7-1 中序号 8。

零件序号应按顺时针或逆时针方向顺序编号，并沿水平和垂直方向排列整齐。

2. 明细栏

零件明细栏在标题栏上方，序号由下向上排列，便于补充编排序号时被遗漏的零件。当标题栏上方位置不够时，可在标题栏左方继续列表由下向上接排，如图 7-1 球阀装配图中所示。

第二节　装配图的画法

识读装配图首先要知道在装配图上是怎样表达装配体的，装配图的表达方法与零件图的表达方法有很多相似之处，但因装配图主要是要表达组成零件间的装配关系及其相对位置，不必把每个零件的结构形状完整地表达清楚。针对这一特点，国家标准制定了装配图的规定画法和简化画法。

1. 相邻零件的轮廓线画法

两相邻零件的接触面或配合面，只画一条共有的轮廓线。非接触面，即使间隙很小也要画成两条线，如图 7-2 所示。

2. 相邻零件的剖面线画法

相邻两个（或两个以上）金属零件，剖面线的倾斜方向应相反，或者方向一致但间隔不等以示区别，如图 7-2 中三个相邻零件的剖面线画法。

3. 夸大画法

在装配图中，对于薄片零件或微小间隙，无法按其实际尺寸画出，或者图线密集难以区分时，可不按比例夸大画出。如图 7-1 中调整垫的厚度和图 7-2 中的小间隙都采用了夸大画法。

4. 假想画法

为了表示运动零件的运动范围或极限位置，可用粗实线画出

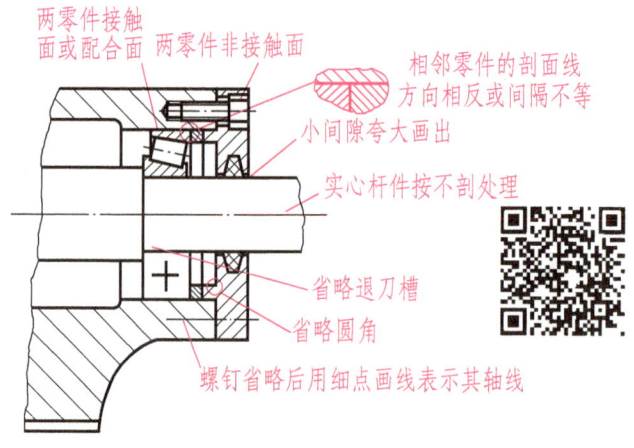

图 7-2 装配图的规定画法和简化画法

该零件的一个极限位置，另一个极限位置则用细双点画线表示。如图 7-1 中俯视图的下方，用细双点画线画出了扳手的另一个极限位置。

5. 简化画法

1）实心零件画法。在装配图中，对于紧固件以及轴、键、销等实心零件，若按纵向剖切，且剖切平面通过其对称平面或轴线时，这些零件均按不剖绘制，如图 7-2 中的轴、螺钉等。

2）在装配图中，零件的工艺结构如倒角、圆角、退刀槽等允许省略不画，如图 7-2 所示。

3）装配图中对于规格相同的零件组（如螺钉连接），可详细地画出一处，其余用细点画线表示其装配位置，如图 7-2 所示。

4）沿零件的结合面剖切和拆卸画法。在装配图中，当某些零件遮住了需要表达的结构和装配关系时，可假想沿某些零件的结合面剖切或假想将某些零件拆卸后绘制。需要说明时，可在相应的视图上方加注"拆去××等"。如图 7-1 中左视图是拆去扳手 13 后画出的。

5）单独表示某个零件的画法。在装配图中可以单独画出某一零件的视图，但必须在所画视图上方注写该零件的视图名称，在相应的视图附近用箭头指明投射方向，并注写同样的字母，如图 7-3 中的 B 向局部视图。

第三节 读装配图

通过读装配图，能够了解到装配体的名称、规格、性能、功能和工作原理；

了解其组成零件的相互位置、装配关系及传动路线；了解其每个零件的作用以及主要零件的结构形状和使用方法等。

下面以图7-3所示推杆阀装配图为例，说明读装配图的一般步骤。

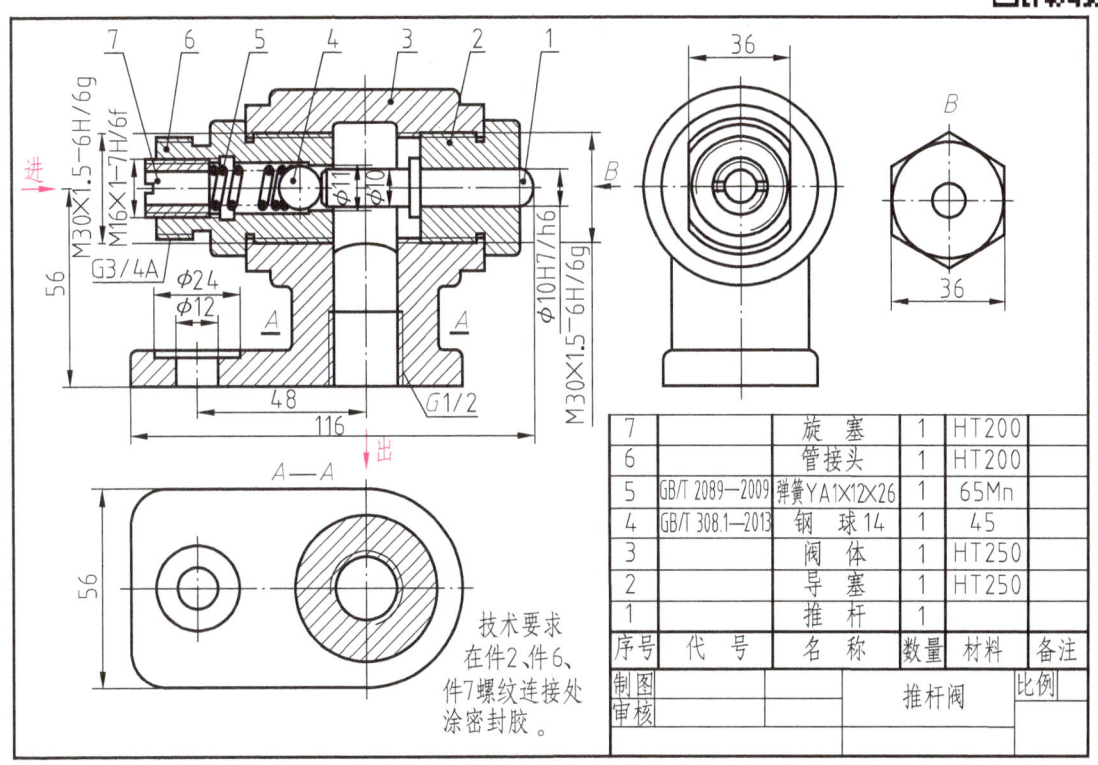

图7-3 推杆阀装配图

1. 概括了解

从标题栏可知，该装配体的名称为推杆阀，阀通常是用于管道系统中的部件。由序号可知，推杆阀由七种零件组成，其中标准件有两种，其他都是专用件，是比较简单的部件。

2. 表达分析

推杆阀装配图由三个基本视图和一个B向局部视图构成。主视图采用全剖视图，表达了通过阀孔轴线上各零件间的装配关系。俯视图采用了A—A全剖视图，以突出表明底座和阀体3下部的断面形状及φ12mm光孔的位置。左视图则表达了阀体3、管接头6的形状。B向局部视图表达了导塞2的六棱柱结构，省略了右视图。

3. 工作原理

经过仔细识读分析主视图，看懂推杆阀的工作原理和装配关系：当推杆1在外力作用下向左移动时，推杆通过钢球 4 压缩弹簧 5，使钢球向左移动离开 φ11mm 孔，管路中的流体就可以从进口处经过 φ11mm 孔的通道流到出口处。当外力消失时，在弹簧作用下钢球向右移动，将 φ11mm 的孔道堵上，这时流体就被阻而"不通"。弹簧左面的旋塞 7 是用来调节弹簧作用力大小的。主视图清楚地表达了推杆阀七种零件在装配体中的功用和相互之间的位置关系。

4. 分析零件

分析零件的目的是弄清零件的功用及其主要结构，并加深对零件与零件之间装配关系的理解，同时也为拆画零件图和分析零件形状做准备。

分析零件的关键是将该零件从装配体中分离出来（分离零件的依据是画装配图的三条基本规定），再通过对投影、想形体，弄清该零件的结构形状。例如阀体零件，先从主视图中剖面线方向、间隔一致的四个封闭线框确定阀体的轮廓和范围，再对照俯视图、左视图想象出阀体的完整形状。阀体结构分为上、中、下三部分：上部右侧制有螺孔，连接导塞，支承和容纳推杆，上部左侧也制有螺孔，连接管接头，支承和容纳钢球、弹簧和旋塞，而在这两个螺孔之间的空腔与进、出口连通，形成流体通道；下部是安装底板，底板的左侧有安装固定用的 φ12mm 沉孔，在底板下部中间有 G1/2 的螺孔，连接管路；阀体的中部是轴线铅垂的圆柱筒，连接上、下两部分，内孔是流体的通道。推杆阀中的其他零件及其工艺结构请读者自行分析。

5. 尺寸分析

推杆阀装配图的性能规格尺寸为 φ11mm，装配尺寸有推杆与导塞的 φ10H7/h6、导塞和管接头与阀体的 M30×1.5-6H/6g 以及管接头与旋塞的 M16×1-7H/6f，安装尺寸为 G3/4A、G1/2、48mm、116mm、56mm。

通过上述分析，对推杆阀部件的工作原理、主要零件的结构及其在部件中的功用和零件间的装配关系有了完整、清晰的概念。

第八单元 专用图样

专用图样包括焊接图、展开图、管路图，供不同专业按需选学。

第一节 焊 接 图

通过加热或加压，并用填充材料，使焊接件达到结合的方法称为焊接。焊接不仅可以解决各种钢材的连接，还可以解决铝、铜等非铁金属以及钛、锆等特种金属材料的连接，所以广泛应用于机械制造、造船、石油化工、航天技术及建筑等部门。常见的焊接形式有对接接头、搭接接头、T形接头和角接接头等。

一、焊缝符号及其标注方法

焊缝符号由基本符号与指引线组成，必要时还可以加上补充符号和焊缝尺寸符号。焊缝符号按 GB/T 324—2008《焊缝符号表示法》绘制。

1. 基本符号

基本符号表示焊缝横截面的基本形式或特征，采用近似焊缝横截面形状的符号来表示。基本符号用粗实线绘制。常用焊缝的基本符号、图示法及标注方法示例见表 8-1，其他焊缝的基本符号可查阅 GB/T 12212—2012《技术制图 焊缝符号的尺寸、比例及简化表示法》。

表 8-1 常用焊缝的基本符号、图示法及标注方法示例

名称	符号	示意图	图示法	标注方法
I形焊缝	‖		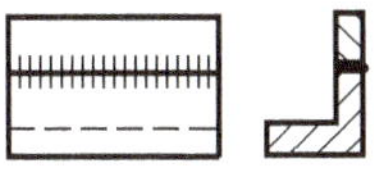	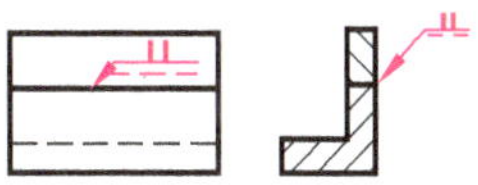

（续）

名称	符号	示意图	图示法	标注方法
I 形焊缝	∥		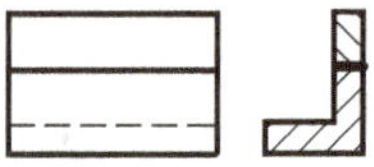	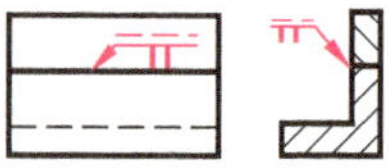
V 形焊缝	V		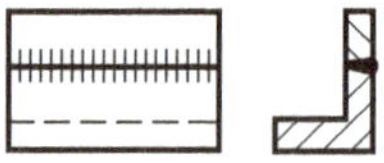	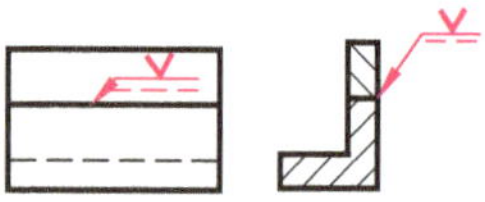
			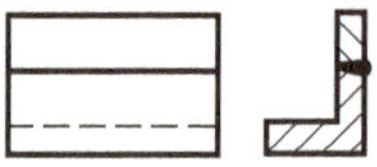	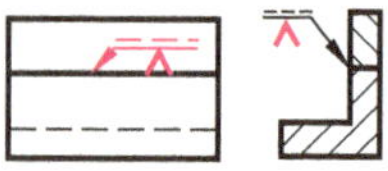
角焊缝	◿	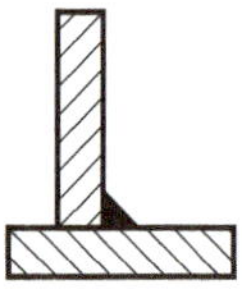	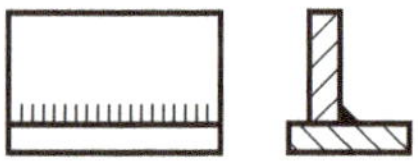	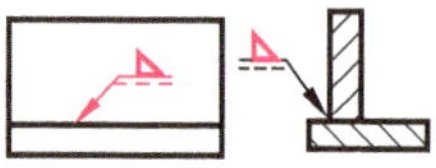
			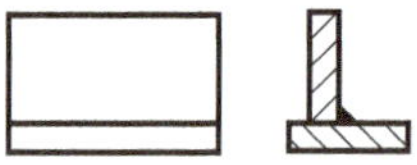	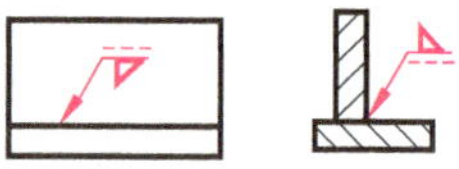
点焊缝	○		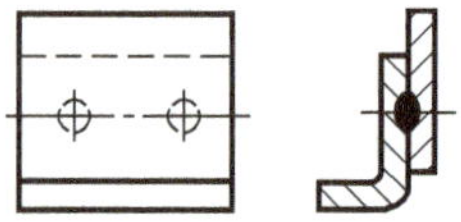	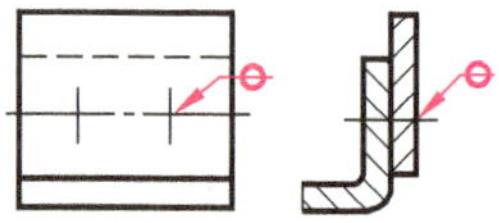

2. 补充符号

补充符号用来补充说明有关焊缝或接头的某些特征，用粗实线绘制。补充符号及标注示例见表 8-3。

表 8-2 补充符号及标注示例

名 称	符号	形式及标注示例	说 明
平面	—	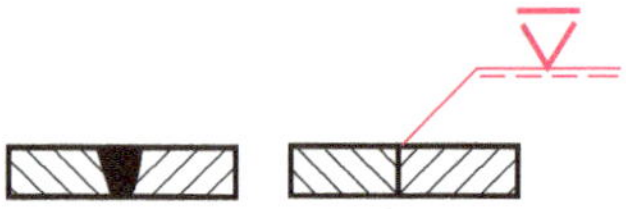	表示 V 形对接焊缝表面平齐（一般通过加工）
凹面	⌣	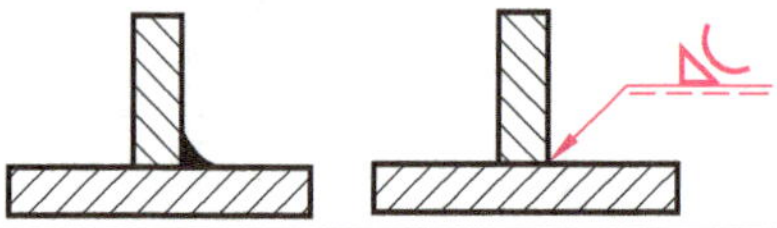	表示角焊缝表面凹陷

(续)

名　称	符号	形式及标注示例	说　明
凸面	⌢	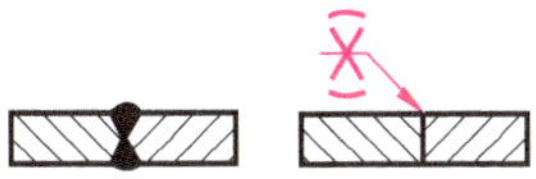	表示 X 形对接焊缝表面凸起
永久衬垫	⎕M	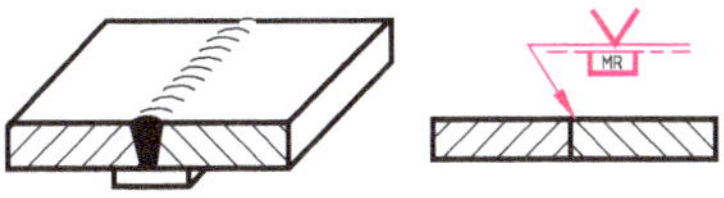	表示 V 形焊缝的背面底部有临时衬垫
临时衬垫	⎕MR		
三面焊缝	⊏		工件三面施焊，开口方向与实际方向一致
周围焊缝	○	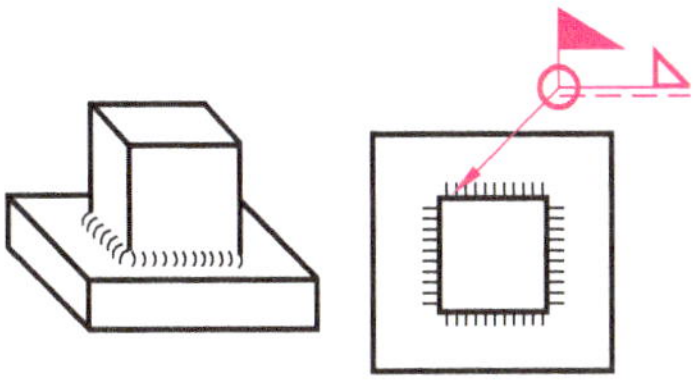	表示在现场沿工件周围施焊
现场焊缝	▶		
尾部	<	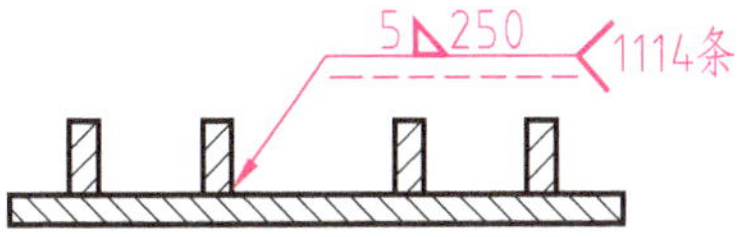	可以表示所需的信息。示例表示用焊条电弧焊，有四条相同的角焊缝

3. 指引线

指引线一般由箭头线（细实线）和两条基准线（一条为细实线，一条为细虚线）组成，如图 8-1 所示。箭头线用来将整个焊缝符号指引到图样上的有关焊缝处，必要时允许弯折一次。基准线一般应与图样的底边平行，必要时也可与底边垂直。基准线的上面和下面用来标注各种符号及尺寸，基准线的细虚线可画在基准线的实线上侧或下侧。必要时，可在基准线末端加一尾部符号，作为其他说明之用，如焊接方法和焊缝数量等。

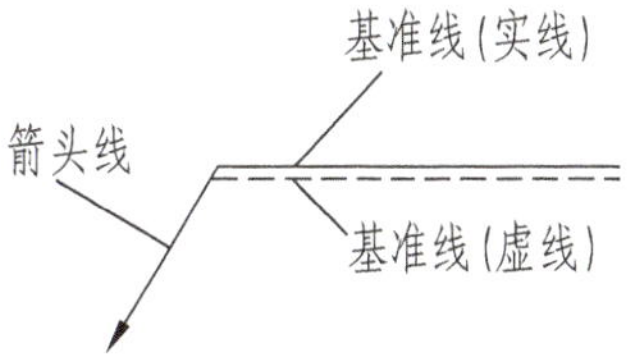

图 8-1　指引线的画法

4. 焊缝尺寸符号

焊缝尺寸符号用来表示坡口及焊缝尺寸，一般不必标注。当设计或生产需要注明焊缝尺寸时，可按 GB/T 324—2008 的规定标注。常用焊缝尺寸符号见表 8-3。

表 8-3　常用焊缝尺寸符号

名　称	符　号	名　称	符　号
板材厚度	δ	焊缝间距	e
坡口角度	α	焊脚尺寸	K
根部间隙	b	熔核直径(孔径)	d
钝边高度	p	焊缝宽度	c
焊缝长度	l	余高	h

二、焊接方法及数字代号

焊接的方法很多，常用的有电弧焊、电渣焊、点焊和钎焊等，其中以焊条电弧焊应用最广。焊接方法可用文字在技术要求中注明，也可用数字代号直接注写在指引线的尾部。常用焊接方法及数字代号见表 8-4。

表 8-4　常用焊接方法及数字代号

焊接方法	数字代号	焊接方法	数字代号
焊条电弧焊	111	激光焊	52
埋弧焊	12	氧乙炔焊	311
电渣焊	72	硬钎焊	91
电子束焊	51	点焊	21

三、焊缝标注示例

焊缝标注示例见表 8-5。

表 8-5　焊缝标注示例

接头形式	焊缝形式	标注示例	说　明
对接接头			111 表示用焊条电弧焊，V 形坡口，坡口角度为 α，根部间隙为 b，有 n 段焊缝，焊缝长度为 l
T 形接头			▶表示在现场或工地上进行焊接 表示双面角焊缝，焊脚尺寸为 K
			表示有 n 段断续双面角焊缝，l 表示焊缝长度，e 表示焊缝间距

(续)

接头形式	焊缝形式	标注示例	说 明
T形接头			Z 表示交错断续角焊缝
角接接头			⊏ 表示三面焊缝 △ 表示单面角焊缝
角接接头			⊨ 表示双面焊缝,上面为带钝边的单边V形焊缝,下面为角焊缝
搭接接头			○ 表示点焊缝,d 表示焊点直径,e 表示焊缝间距,n 为点焊数量,l 表示起始焊点中心至板边的间距

四、读焊接图举例

金属焊接件图除了将构件的形状、尺寸表示清楚外,还要把焊接的有关内容表达清楚。图 8-2 所示弯头是化工设备上的一个焊接件,它由底盘、弯管和方形凸缘三个零件组成。

图样中不仅表达了各零件的装配和焊接要求,而且表达了零件的形状、尺寸及加工要求,因此不必另画零件图。

焊接图识读要点如下。

1) 底盘和弯管间焊缝代号为 ○——◁111,其中 "2" 表示 I 形焊缝,对接间隙 $b=2$ mm;"111" 表示全部焊缝均采用焊条电弧焊。

2) 方形凸缘和弯管外壁的焊缝代号为 ○——△,其中 "○" 表示环绕工件周围焊接;"△" 表示角焊缝,焊脚高度为 6mm。

3) 方形凸缘和弯管的内焊缝代号为 ○⌣△,其中 "⌣" 表示焊缝表面凹陷。

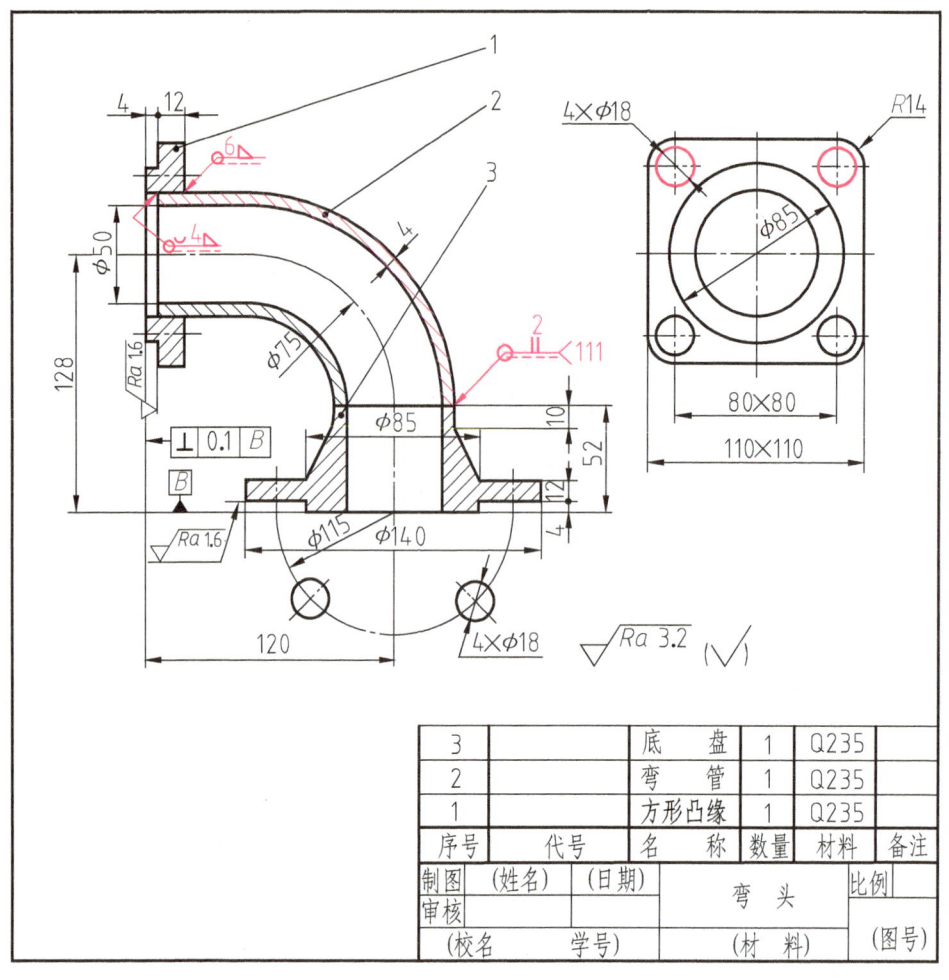

图 8-2 弯头焊接图

第二节 展 开 图

在生产中，经常用到各种薄板制件，如油罐、水箱、防护罩及各种管接头等。图 8-3 所示的集粉筒即为其实例之一。制造这类制件时，通常先在金属薄板上放样画出表面展开图，然后下料弯制成形，最后经焊接或铆接而成。

将制件各表面按其实际大小和形状依次连续地展开在一个平面上，称为制件的表面展开，展开所得图形称为表面展开图，简称展开图。

一、平面立体制件的展开图画法

由于平面立体的表面都是平面，所以平面立体制件的展开，只要作出各表面的实形,并将它们依次连续地画在一个平面上,即可得到平面立体制件的展开图。

1. 斜口直四棱柱管

如图 8-4a 所示的斜口直四棱柱管,从制件的投影图(图 8-4b)中可直接量得各表面的边长和实形,作图比较简单,其步骤如下(图 8-4c)。

1)将各底边的实长展开成一条水平线,标出 Ⅰ、Ⅱ、Ⅲ、Ⅳ、Ⅰ 诸点。

2)过这些点作铅垂线,在其上量取各棱线的实长,即得各顶点 A、B、C、D、A。

3)用直线依次连接各顶点,即为斜口直四棱柱管的展开图。

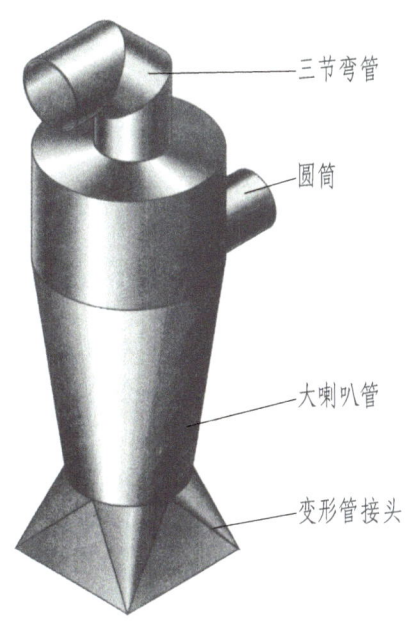

图 8-3　薄板制件——集粉筒

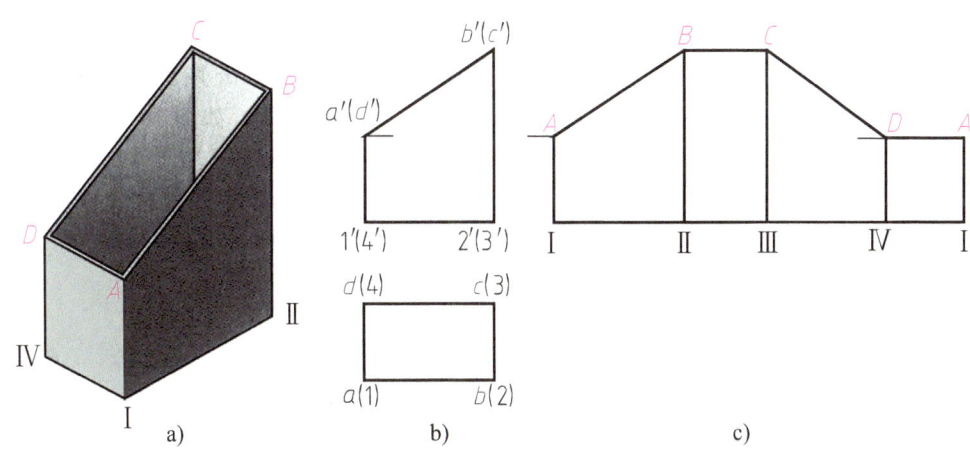

图 8-4　斜口直四棱柱管的展开

2. 吸气罩(四棱台管)

分析

图 8-5a 所示为吸气罩的两面投影,图 8-5b 所示为吸气罩轴测图。从图中可知,吸气罩由四个梯形平面围成,其前后、左右对应相等,在其投影图上并不反映实形。要依次画出四个梯形平面的实形,可先求出四棱台管各棱线的实长(四条棱线相等),以此为半径画出扇形,再在扇形内作出四个等腰梯形,其中对应面梯形相等。

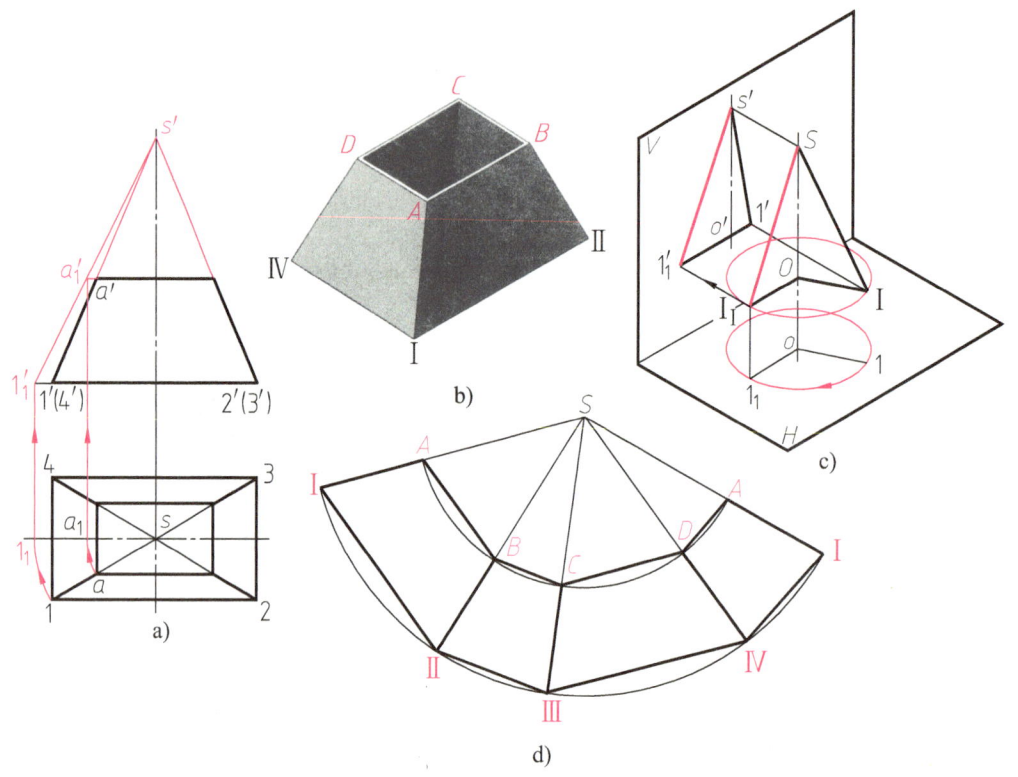

图 8-5 吸气罩（四棱台管）的展开

作图

1）将主视图中的棱线延长得交点 s'，用旋转法（参阅图 8-5c 所示用旋转法求作一般位置直线实长的作图方法）求出棱线 SI、SA 的实长为 $s'1_1'$、$s'a_1'$，如图 8-5a 所示。

2）以 S 为圆心，$s'1_1'$、$s'a_1'$ 为半径画圆弧，在圆弧上依次截取 I II = 12、II III = 23、III IV = 34、IV I = 41，并过 I、II、III、IV、I 各点向 S 连线，再过点 A 依次作底边的平行线，得 AB、BC、CD、DA，即为吸气罩的表面展开图，如图 8-5d 所示。

二、圆管制件的展开图画法

1. 圆管

如图 8-6 所示，圆管的展开图为一矩形，矩形底边的边长为圆管（底圆的）周长 πD，高为管高 H。

2. 斜截口圆管

分析

如图 8-7 所示，圆管被斜切后（图 8-7a），表面素线的高度有了差异，但仍互

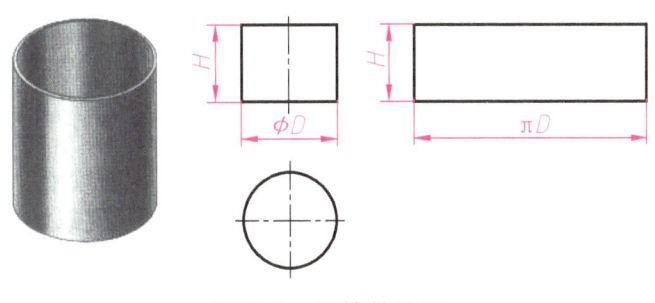

图 8-6 圆管的展开

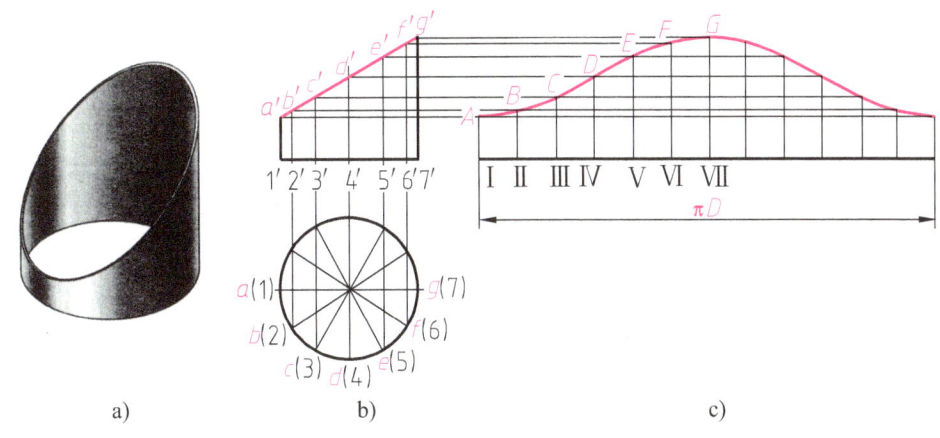

图 8-7 斜截口圆管的展开

相平行,且与底面垂直,其正面投影反映实长,斜截口展开后成为曲线。

作图

1) 在俯视图上将圆周 12 等分(等分越多,展开图越准确),过各分点在主视图上作出相应素线的投影 $1'a'$、$2'b'$、$3'c'$、…(图 8-7b)。

2) 将底圆展开成直线,其长度为 πD,量取 12 段等距离,使每段等于相应的弧长(如 ⅠⅡ = $\widehat{12}$),得 Ⅰ、Ⅱ、Ⅲ、…诸点。过 Ⅰ、Ⅱ、Ⅲ、…各点作直线的垂线,并在垂线上量取相应素线的长度 ⅠA = $1'a'$、ⅡB = $2'b'$、ⅢC = $3'c'$、…。最后,将各素线的端点连成光滑的曲线,即为斜截口圆管的表面展开图,如图 8-7c 所示。

3. 等径直角弯管

分析

在通风管道中,如果要垂直地改变风道的方向,可采用直角弯管。根据通风要求,一般将直角弯管分成若干节(本例为三节,中间节只有一节,实例可参阅图 8-3 所示集粉筒上部的三节弯管),每节为一斜截正圆柱面,两端的端节是中间各节的一半，各中间节的长度和形状都相同，且各中间节与各自中部的横截面相对称，可按图 8-7 所示的展开画法画出每节展开图。

为了节省材料和提高工效，把三节斜口圆管拼合成一圆管来展开，即把中间节绕其轴线旋转 180°，再拼合上节和下节，如图 8-8a 主视图中两个端节和一个中间节的投影图所示，然后一次画出图 8-8b 所示的三节直角弯管的展开图。

作图

如图 8-8 所示，上、下两节均为一端是斜口的圆管，展开图画法与图 8-7 所示斜截口圆管的展开图画法完全相同，两曲线的中间部分（套红部分）则是中间节的展开图。

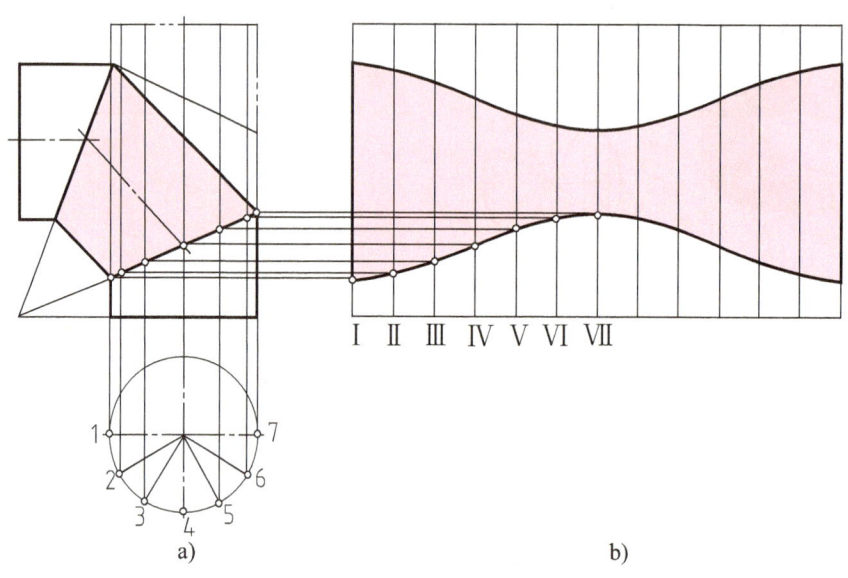

图 8-8 三节直角弯管的展开

4. 异径直角三通管

分析

异径直角三通管是由两个不等径的圆管垂直正交而成的，如图 8-9c 所示。根据它的投影图作展开图时，必须先在投影图上准确地作出相贯线的投影，然后分别作出大、小圆管的展开图。为了简化作图，可以不画水平投影，而把铅垂的小圆管的水平投影用半个圆周画在正面和侧面投影上，如图 8-9b 所示，从而作出相贯线的正面投影和两圆管的展开图。

作图

1) 小圆管的展开图画法与前述斜口圆管的展开图画法相同。先画出小圆管上端面圆周的展开线 AB，并分成若干等份（与求作相贯线一致，分成 12 等份），

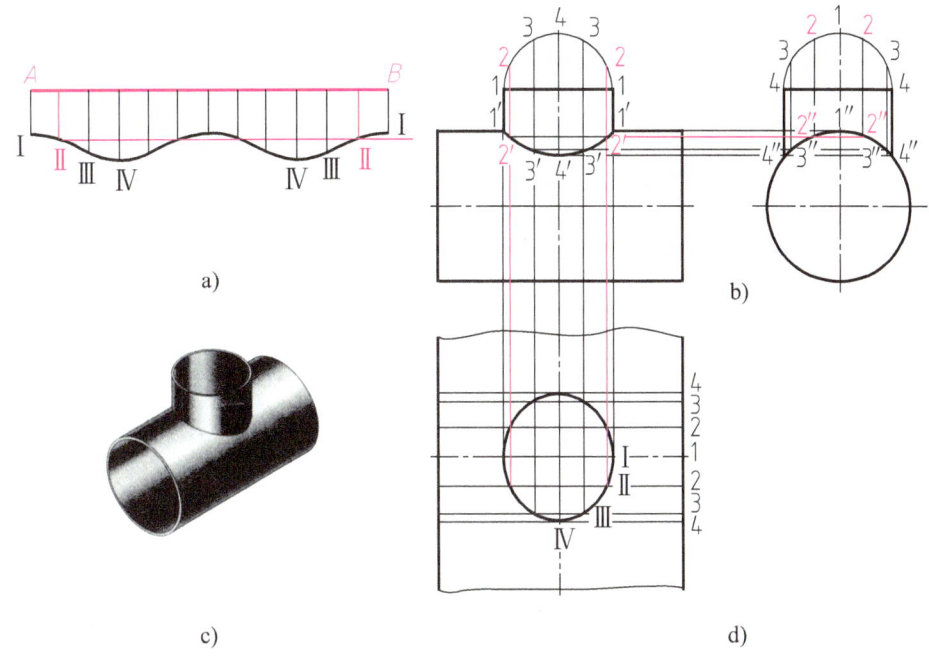

图 8-9 异径直角三通管的展开

再从各分点作垂线，在各垂线上分别量取其对应素线的长度，得各点 Ⅰ、Ⅱ、Ⅲ、…，然后光滑连接，即得小圆管的展开图，如图 8-9a 所示。

2）大圆管的展开图画法主要是求作相贯线展开后的图形。如图 8-9d 所示，先将大圆管展开成一矩形（图中仅画局部），画出对称中心线，量取 12 = 1″2″、23 = 2″3″、34 = 3″4″（取弦长代替弧长），过俯视图上 1、2、3、4 各点引水平线，与过主视图上 1、2、3、4 各点向下引铅垂线相交，得相应素线的交点 Ⅰ、Ⅱ、Ⅲ、Ⅳ，然后光滑连接，即得相贯线展开后的图形。

实际生产中，特别是单件制作这种金属薄板制件时，通常不在大圆管的展开图上开孔，而是将小圆管展开，弯卷焊接后，定位在大圆管画有中心线的位置上，描画曲线形状，然后气割开孔，把两圆管焊接而成，这样可避免大圆管弯卷时产生变形。

三、圆锥管制件的展开图画法

1. 正圆锥管

完整的正圆锥的表面展开图为一扇形，可计算出相应参数直接作图，其中，扇形的直线边等于圆锥素线的实长，圆弧长度等于圆锥底圆的周长 πD，扇形中心角 $\alpha = 360°\pi D/(2\pi R) = 180°D/R$，如图 8-10a 所示。

近似作图时，可将正圆锥表面看成由很多三角形（即棱面）组成，那么这些三角形的展开图近似地为锥管表面的展开图，具体作图步骤如下（图 8-10b）。

1）将水平投影圆周 12 等分，在正面投影图上作出相应投影 $s'1'$、$s'2'$、…。

2）以素线实长 $s'7'$ 为半径画弧，在圆弧上量取 12 段等距离，此时以底圆上的分段弦长近似代替分段弧长，即 $\overset{\frown}{ⅠⅡ}$ = 12、$\overset{\frown}{ⅡⅢ}$ = 23、…，将首尾两点与圆心相连，得正圆锥管展开图。

若需展开图 8-3 中大喇叭管，只需在正圆锥管展开图上截去下面小圆锥面即可。

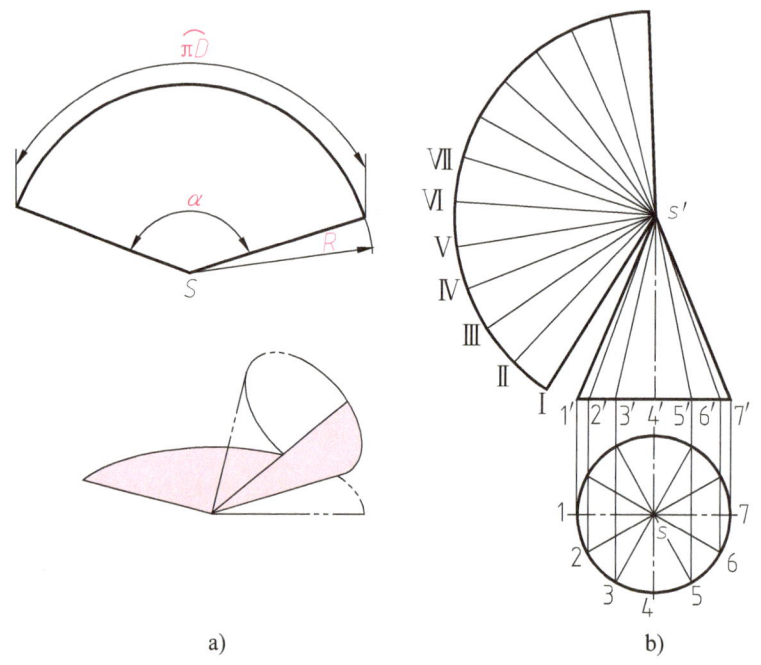

图 8-10 正圆锥管的展开

2. 斜截口正圆锥管

图 8-11a 所示为斜截口正圆锥管，它的近似展开图如图 8-11b、c 所示，作图步骤如下。

1）将水平投影圆周 12 等分，在正面投影图上作出相应素线投影 $s'1'$、$s'2'$、…。

2）过正面投影图上各条素线与斜顶面交点 a'、b'、…分别作水平线，与圆锥转向线 $s'1'$ 分别交于 a'_1、b'_1、…各点，则 $1'a'_1$、$1'b'_1$、…为斜截口正圆锥管上相应素线的实长。

3）作出完整圆锥表面的展开图。在相应棱线上截取 $ⅠA = 1'a'_1$、$ⅡB = 1'b'_1$、…，得 A、B、… 各点。

4）用光滑曲线连接 A、B、… 各端点，得到斜截口正圆锥管的表面展开图，如图 8-11c 所示。

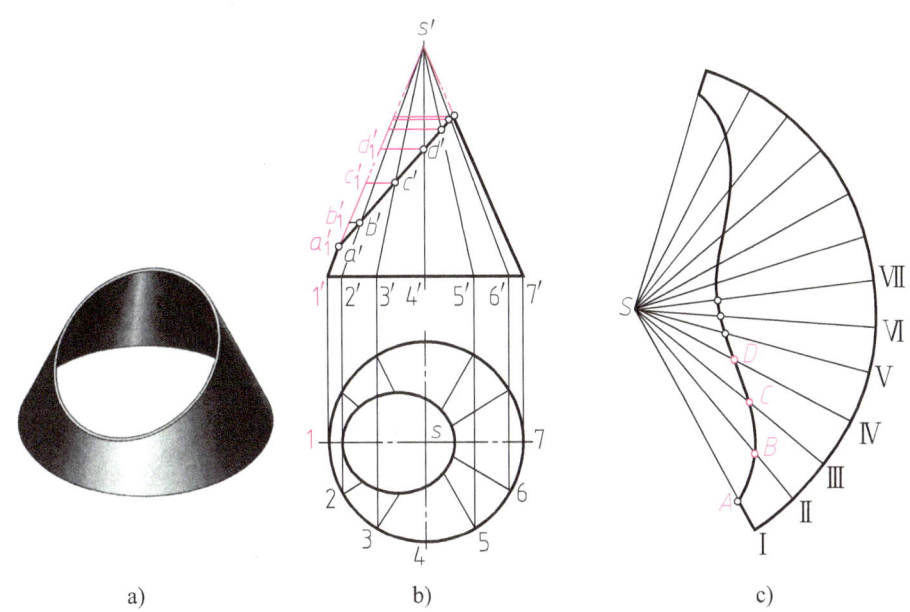

图 8-11　斜截口正圆锥管的展开

四、变形管接头的展开图画法

图 8-12a 所示为上圆下方变形管接头的两视图，它的表面由四个全等的等腰三角形和四个相同的局部斜圆锥面组成。变形管接头的上口和下口的水平投影反映实形和实长；三角形的两腰 AⅠ、BⅠ以及锥面上的所有素线均为一般位置直线，必须求出它们的实长，才能画出展开图。其作图步骤如下。

1）将上口 1/4 圆周 3 等分，并与下口顶点相连，得斜圆锥面上四条素线的投影。用旋转法作素线实长 AⅠ = AⅣ = $a'4_1'$、AⅡ = AⅢ = $a'3_1'$。

2）以后面等腰三角形的中垂线为接缝展开，则展开图与前面的等腰三角形的高对称。如图 8-12b 所示，首先以水平线 AB = ab 为底，AⅠ = BⅠ = $a'4_1'$ 为两腰，作出等腰三角形 ABⅠ。

3）以 A 为圆心，$a'3_1'$ 为半径画弧，再以Ⅰ为圆心，上口等分弧的弦长为半径画弧，两弧交得Ⅱ，作出 △AⅠⅡ。用同样的方法作出 △AⅡⅢ、△AⅢⅣ，再将Ⅰ、Ⅱ、Ⅲ、Ⅳ各点光滑地连接，得一斜圆锥面的展开图。

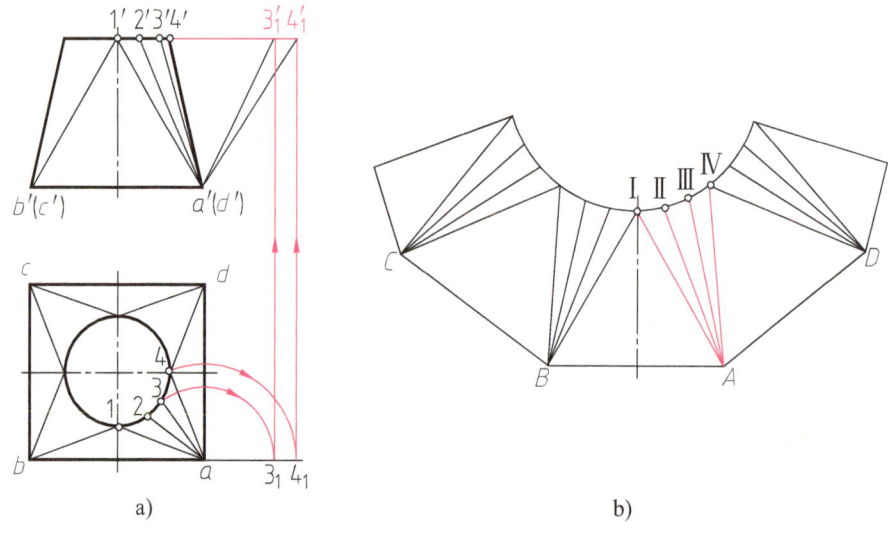

图 8-12 变形管接头的展开

4）用上述方法向两侧继续作图，最后在两侧分别作出一个直角三角形，也就是相当于上述等腰三角形的一半，即得这个变形管接头的展开图。

五、放边和收边工件的展开

放边和收边工件是由薄板弯折成的整体工件。这类薄壁工件的下料，按可展表面展开，其成形需加工变形，使一边伸长，局部变薄。

1. 圆形放边工件的展开

图 8-13 所示为圆形放边工件及其展开，其展开形状为长方形。

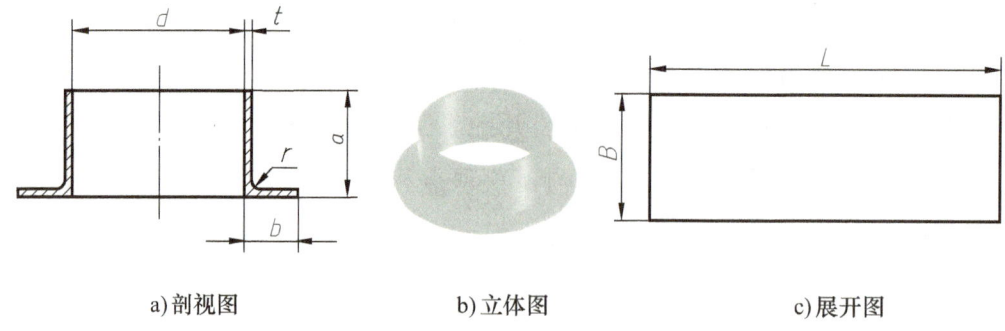

a）剖视图　　　　　b）立体图　　　　　c）展开图

图 8-13 圆形放边工件及其展开

展开图长方形的宽度 B 和长度 L 可按下列经验公式计算，即

$$B = a + b - (r/2 - t)$$
$$L = \pi(d + t)$$

2. 圆角放边工件的展开

圆角放边工件，是由1/4圆形放边工件和互成直角的两段直线型放边工件组成的整体工件，如图8-14所示。

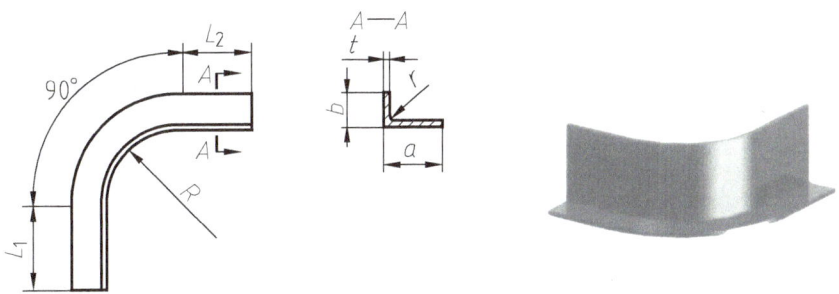

图8-14　圆角放边工件

圆角放边工件的展开与圆形放边工件的展开基本相同，展开图形也为长方形。所以，长方形宽度B的算法相同，长度L的计算公式为

$$L=L_1+L_2+\pi(2R+t)/4$$

3. 圆形收边工件的展开

圆形收边工件的边是向内弯折的，所以称为收边，如图8-15所示。

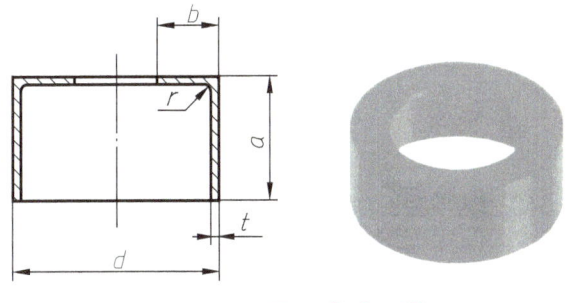

图8-15　圆形收边工件

圆形收边工件的展开图也为长方形。其宽度B的计算方式与圆形放边工件展开图相同。

长度L的计算公式为

$$L=\pi(d+2b)$$

4. 圆角收边工件的展开

圆角收边工件，是由1/4圆形收边工件和互成直角的两段直线型收边工件组成的整体工件，如图8-16所示。

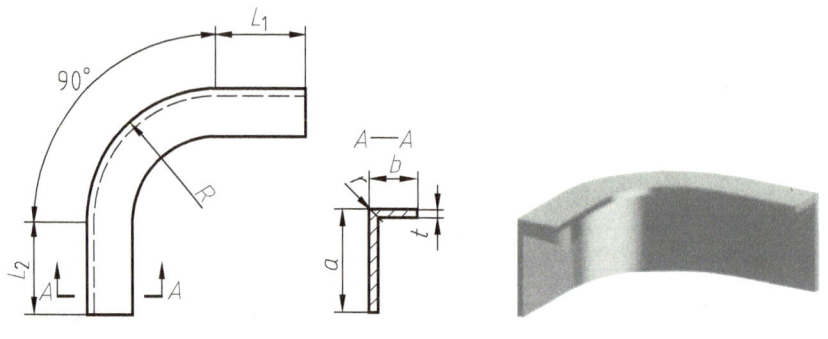

图 8-16 圆角收边工件

圆角收边工件的展开与圆形收边工件的展开基本相同,展开图形也为长方形。所以,长方形宽度 B 的算法相同,长度 L 的计算公式为

$$L=L_1+L_2+\pi(2R-t)/4$$

第三节 管 路 图

管路图是用于表达管道设施的工艺流程和施工要求的图样。在冶金、石油、化工、建筑等行业中,都要用管道输送各种液体或气体。管路图用国家标准规定的各种图形符号和代号绘制而成,包括管道、管件、阀门和控制元件等图示符号和物料代号。

一、管路系统的图示方法

国家标准 GB/T 6567.1~5—2008 规定了管路系统的管路、管件、阀门和控制元件的图形符号。

1. 管路图形符号

1)管路工程中的管路一般用单线表示(图 8-17a),对于大径或重要管线也可用双线表示(图 8-17b),只画出一小段管线时,应在中断处画出断裂符号(波浪线),如图 8-17 所示。

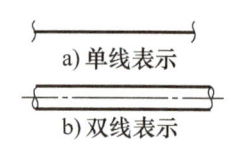

图 8-17 直管的图示

2)管道弯折的画法(表 8-6)。管道多数是通过 90°弯头实现弯折的。当弯头向上弯折 90°时,在平面图上立管的投影画成带圆心点的小圆;当弯头向下弯折 90°时,平面图上的立管画到小圆的圆心。大于 90°的管道弯折画法和二次弯折的画法见表 8-6。

表 8-6 管道弯折的画法

名 称	单 线	双 线	名 称	单 线	双 线
管道向上弯折 90°			左右二次弯折		
管道向下弯折 90°			左右前后二次弯折		
管道大于 90°弯折					

3）管道交叉和重叠的画法（表 8-7）。当管子交叉重叠时，可把下面或后面被遮挡部分的投影断开表示，也可将上面或前面管子的投影断开表示，如表 8-7 中管道交叉图例所示。

当管子的投影重叠而必须表示出不可见的管子时，可将上面或前面管子的投影用断裂表示，下面或后面管子的投影画到重影处稍留间隙断开表示，如表 8-7 中管道重叠（上）图例所示。

若为多根管子投影重叠，可用双重断裂符号对应被断裂的每根管子，或不用双重断裂符号，分别注写管子代号以示区别，如表 8-7 中管道重叠（下）图例所示。

表 8-7 管道交叉和重叠的画法

名 称		图 示 方 法	
管道交叉	图例		
	说明	采用遮挡画法，将被遮挡管子断开	采用断开画法，将可见管子断开使被遮挡管子可见

（续）

名称	图示方法		
管道重叠	图例	(前/上面管子断开图示)	(管子转折后重叠图示)
	说明	将前（或上）面的管子断开，后（或下）面的管子投影画至重影处留出一定间隙	当管子转折后重叠，将前（或上）面可见的管子画完整，后（或下）面的管子画到重叠处留间隙
	图例	(多根管子重叠图示)	(标注字母a b c b a图示)
	说明	多根管子重叠时，可采用将最前（或上）面管子用"双重断裂"符号表示	多根管子重叠时，也可以采用标注字母或管子代号区别

4) 管路连接的画法。两直管连接常用的四种形式：法兰连接、承插连接、螺纹连接和焊接连接，其画法（单线）如图 8-18 所示。

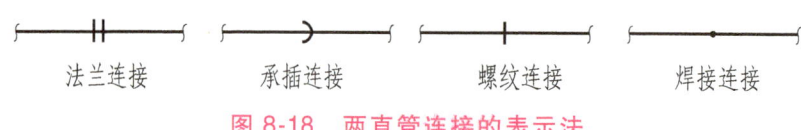

法兰连接　　承插连接　　螺纹连接　　焊接连接

图 8-18　两直管连接的表示法

用弯头、三通等管件连接的画法如图 8-19 所示。

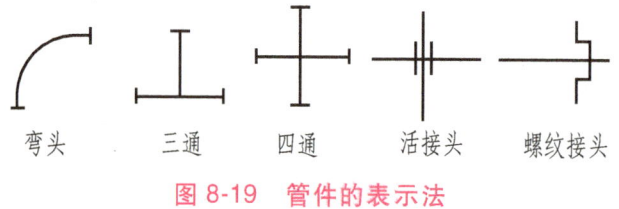

弯头　　三通　　四通　　活接头　　螺纹接头

图 8-19　管件的表示法

2. 阀门及阀门与管路连接

阀门在管路图中的绘制方式通常是在阀门符号中表示阀门的连接方式和控制方法。阀门符号如图 8-20a 所示，控制元件符号如图 8-20b 所示，阀门与管路的连接方式如图 8-20c 所示。

二、管路轴测图

管路轴测图又称为管段图或管路空视图，是表达一个设备到另一个设备之间的一段管线的空间走向，以及管路上所附管件、阀门、仪表控制点等安装布置情

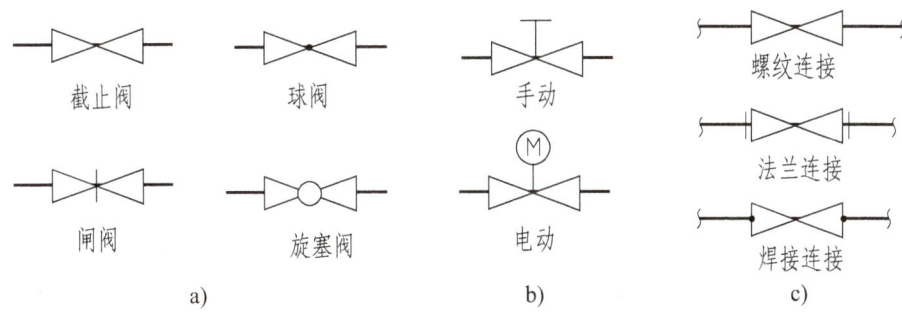

截止阀	球阀	手动	螺纹连接
闸阀	旋塞阀	电动	法兰连接
			焊接连接
a)		b)	c)

图 8-20　阀门在管路图中的画法

况的立体图样，如图 8-21 所示。管段图采用正等轴测图绘制，立体感强，便于阅读，有利于管段的预制和安装施工。

管段号	起止点		管道等级	设计压力/MPa	设计温度/℃	管子			法兰					垫片(PN、DN同法兰)			螺柱、螺母		
	起点	终点				名称及规格	材料	数量	PN	DN	密封形式	材料	数量	标准号或图号	代号	厚度	密封代号	数量	连接套数	特殊长度
1280						100	10	8	0.6	100	RF板式	Q235A	4	HGJ/T45	1Ad	3	MF	4	16	

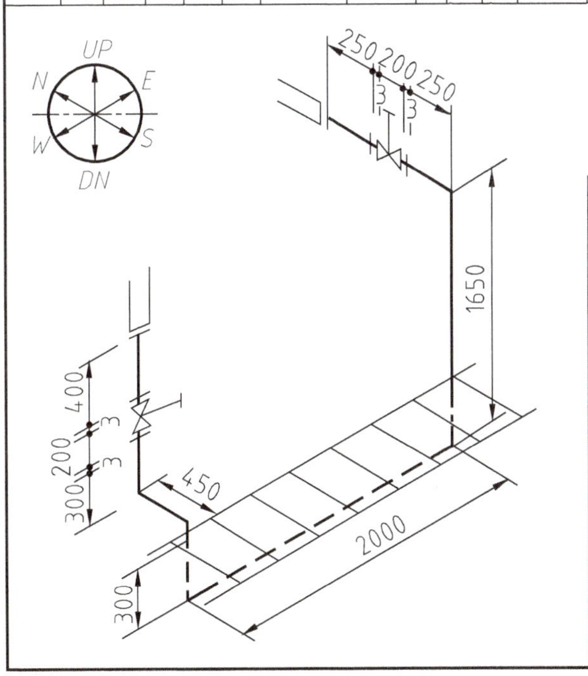

图 8-21　管路轴测图

1. 管路轴测图的内容

（1）图形　用正等轴测图表示管路以及所附管件、阀门等符号和图形。

（2）尺寸及标注　标注管段编号、管段所接设备的位号及其管口序号和安装尺寸。

（3）方向标　安装方位的基准。

（4）材料表　列表说明管段图中所需的材料、名称、规格、数量等。

(5) 标题栏 填写图名、图号及责任者签名。

2. 管路轴测图的表示方法

1) 一个管段号画一张管路轴测图。对较复杂的管段可断开分张绘制，但必须用同一图号并注明页数。

2) 管路轴测图不必按比例绘制，但各种阀门、管件之间比例要协调，它们在管段中位置的相对比例也要协调。

3) 管路一律用粗实线单线表示，管件（弯头、三通除外）、阀门、控制元件则用细实线以规定的图形符号绘制，相接的设备可用细双点画线绘制，弯头可以不画成圆弧。

4) 阀门的手轮用一短线表示，短线与管道平行。阀杆中心线按所设计的方向画出，如图 8-22 所示。

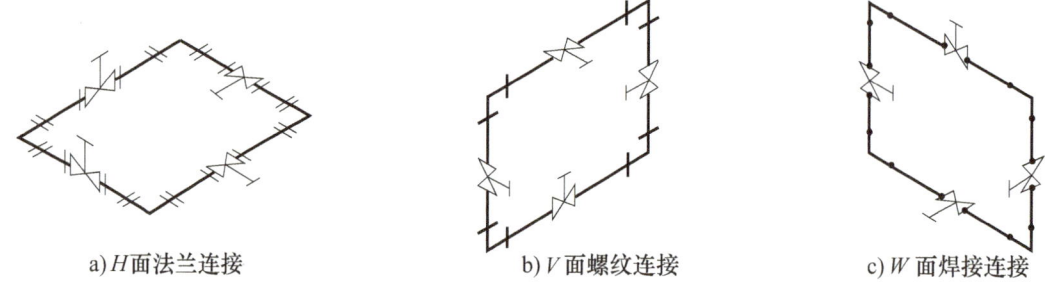

a) H 面法兰连接　　b) V 面螺纹连接　　c) W 面焊接连接

图 8-22　空间管道及阀门连接在不同投影面上的表示法

5) 管路与管件和阀门连接时，注意保持线向的一致，如图 8-22 所示。

6) 为便于安装维修、操作管理及整齐美观，管路布置力求平直，使管路走向与三个轴测方向一致，但也可将管道偏置，如图 8-23 所示。

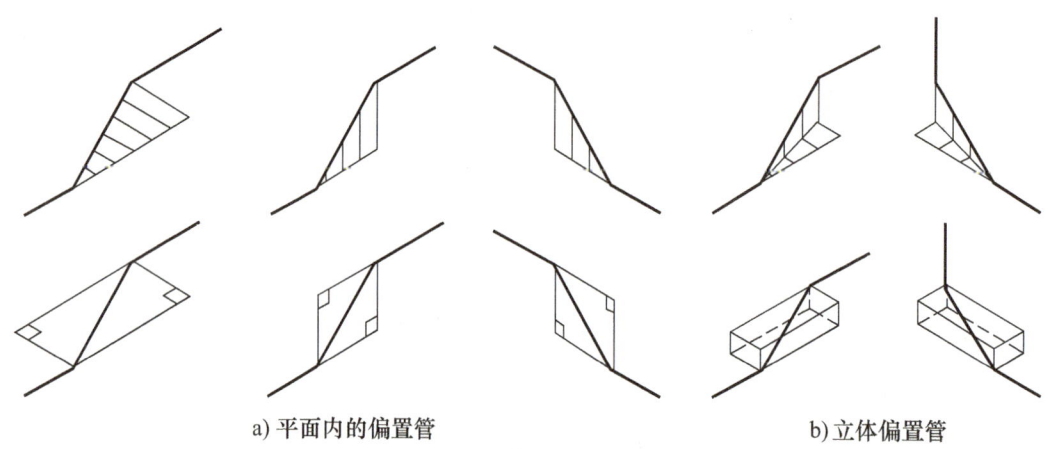

a) 平面内的偏置管　　b) 立体偏置管

图 8-23　管道偏置的轴测图表示法

图 8-24a 所示为热交换器配管的平面图和立面图,其正等轴测图如图 8-24b 所示。

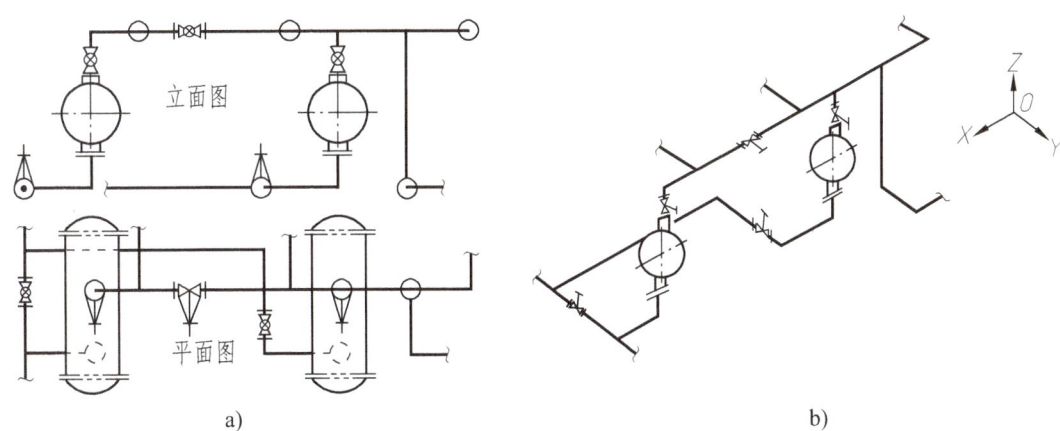

图 8-24 热交换器配管的平面图、立面图及正等轴测图

附录

附录A 螺 纹

表A-1 普通螺纹直径与螺距、基本尺寸（GB/T 193—2003 和 GB/T 196—2003）

（单位：mm）

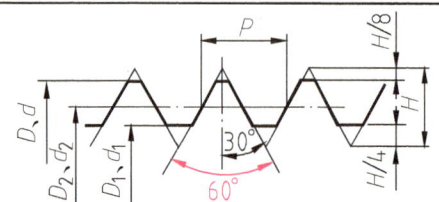

标记示例

公称直径24mm，螺距3mm，右旋粗牙普通螺纹，其标记为 M24

公称直径24mm，螺距1.5mm，左旋细牙普通螺纹，公差带代号7H，其标记为 M24×1.5-7H-LH

公称直径 D、d		螺距 P		粗牙小径 D_1、d_1	公称直径 D、d		螺距 P		粗牙小径 D_1、d_1
第一系列	第二系列	粗牙	细牙		第一系列	第二系列	粗牙	细牙	
3		0.5	0.35	2.459	16		2	1.5,1	13.835
4		0.7	0.5	3.242		18	2.5	2,1.5,1	15.294
5		0.8		4.134	20				17.294
6		1	0.75	4.917		22			19.294
8		1.25	1,0.75	6.647	24		3		20.752
10		1.5	1.25,1,0.75	8.376		30	3.5	(3),2,1.5,1	26.211
12		1.75	1.25,1	10.106	36		4	3,2,1.5	31.670
	14	2	1.5,1.25*,1	11.835		39			34.670

注：应优先选用第一系列，括号内尺寸尽可能不用，带*号仅用于火花塞。

附录B 螺 栓

表B-1 六角头螺栓

（单位：mm）

六角头螺栓—A和B级（GB/T 5782—2016）
六角头螺栓—全螺纹（GB/T 5783—2016）

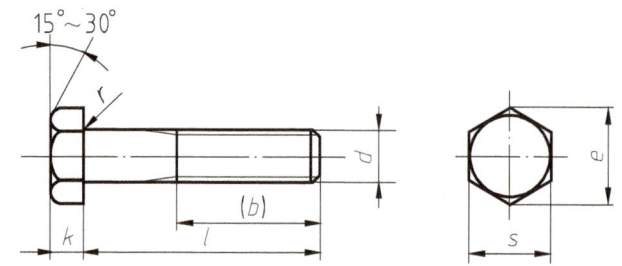

标记示例

螺纹规格 d=M12、公称长度 l=80mm、性能等级为8.8级、表面不经处理、产品等级为A级的六角头螺栓，其标记为

螺栓 GB/T 5782 M12×80

(续)

螺纹规格 d		M3	M4	M5	M6	M8	M10	M12	M16	M20	M24	M30	M36
$s_{公称}=s_{max}$		5.5	7	8	10	13	16	18	24	30	36	46	55
$k_{公称}$		2	2.8	3.5	4	5.3	6.4	7.5	10	12.5	15	18.7	22.5
r_{min}		0.1	0.2	0.2	0.25	0.4	0.4	0.6	0.6	0.8	0.8	1	1
e_{min}	A	6.01	7.66	8.79	11.05	14.38	17.77	20.03	26.75	33.53	39.98	—	—
	B	5.88	7.50	8.63	10.89	14.20	17.59	19.85	26.17	32.95	39.55	50.85	60.79
(b) GB/T 5782	$l \leqslant 125$	12	14	16	18	22	26	30	38	46	54	66	—
	$125 < l \leqslant 200$	18	20	22	24	28	32	36	44	52	60	72	84
	$l > 200$	31	33	35	37	41	45	49	57	65	73	85	97
$l_{范围}$ (GB/T 5782)		20~30	25~40	25~50	30~60	40~80	45~100	50~120	65~160	80~200	90~240	110~300	140~360
$l_{范围}$ (GB/T 5783)		6~30	8~40	10~50	12~60	16~80	20~100	25~120	30~150	40~150	50~150	60~200	70~200
l 系列		6,8,10,12,16,20,25,30,35,40,45,50,55,60,65,70,80,90,100,110,120,130,140,150,160,180,200,220,240,260,280,300,320,340,360,380,400,420,440,460,480,500												

附录 C 螺　　柱

表 C-1 双头螺柱　　　　　　　　　　　　（单位：mm）

GB/T 897—1988 ($b_m = 1d$)
GB/T 898—1988 ($b_m = 1.25d$)
GB/T 899—1988 ($b_m = 1.5d$)
GB/T 900—1988 ($b_m = 2d$)

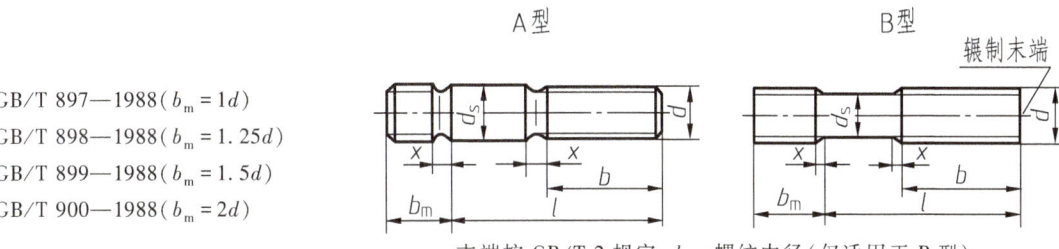

末端按 GB/T 2 规定；$d_s \approx$ 螺纹中径（仅适用于 B 型）；
$x_{max} = 2.5P$（P 为粗牙螺纹的螺距）

标记示例

两端均为粗牙普通螺纹，$d=10$mm、$l=50$mm、性能等级为 4.8 级、不经表面处理、B 型、$b_m = 1d$ 的双头螺柱，其标记为

螺柱　GB/T 897　M10×50

旋入机体一端为粗牙普通螺纹，旋螺母一端为螺距 $P=1$mm 的细牙普通螺纹，$d=10$mm、$l=50$mm、性能等级为 4.8 级、不经表面处理、A 型、$b_m=1d$ 的双头螺柱，其标记为

螺柱　GB/T 897　AM10-M10×1×50

(续)

螺纹规格 d		M3	M4	M5	M6	M8
b_m 公称	GB/T 897—1988			5	6	8
	GB/T 898—1988			6	8	10
	GB/T 899—1988	4.5	6	8	10	12
	GB/T 900—1988	6	8	10	12	16
$\dfrac{l}{b}$		$\dfrac{16\sim 20}{6}$ $\dfrac{(22)\sim 40}{12}$	$\dfrac{16\sim (22)}{8}$ $\dfrac{25\sim 40}{14}$	$\dfrac{16\sim (22)}{10}$ $\dfrac{25\sim 50}{16}$	$\dfrac{20\sim (22)}{10}$ $\dfrac{25\sim 30}{14}$ $\dfrac{(32)\sim (75)}{18}$	$\dfrac{20\sim (22)}{12}$ $\dfrac{25\sim 30}{16}$ $\dfrac{(32)\sim 90}{22}$

螺纹规格 d		M10	M12	M16	M20	M24
b_m 公称	GB/T 897—1988	10	12	16	20	24
	GB/T 898—1988	12	15	20	25	30
	GB/T 899—1988	15	18	24	30	36
	GB/T 900—1988	20	24	32	40	48
$\dfrac{l}{b}$		$\dfrac{25\sim (28)}{14}$ $\dfrac{30\sim (38)}{16}$ $\dfrac{40\sim 120}{26}$ $\dfrac{130}{32}$	$\dfrac{25\sim 30}{16}$ $\dfrac{(32)\sim 40}{20}$ $\dfrac{45\sim 120}{30}$ $\dfrac{130\sim 180}{36}$	$\dfrac{30\sim (38)}{20}$ $\dfrac{40\sim (55)}{30}$ $\dfrac{60\sim 120}{38}$ $\dfrac{130\sim 200}{44}$	$\dfrac{35\sim 40}{25}$ $\dfrac{(45)\sim (65)}{35}$ $\dfrac{70\sim 120}{46}$ $\dfrac{130\sim 200}{52}$	$\dfrac{45\sim 50}{30}$ $\dfrac{(55)\sim (75)}{45}$ $\dfrac{80\sim 120}{54}$ $\dfrac{130\sim 200}{60}$

注：1. GB/T 897—1988 和 GB/T 898—1988 规定螺柱的螺纹规格 d = M5～M48，公称长度 l = 16～300mm；GB/T 899—1988 和 GB/T 900—1988 规定螺柱的螺纹规格 d = M2～M48，公称长度 l = 12～300mm。
2. 螺柱公称长度 l（系列）：12，(14)，16，(18)，20，(22)，25，(28)，30，(32)，35，(38)，40，45，50，(55)，60，(65)，70，(75)，80，(85)，90，(95)，100～260（10 进位），280，300，尽可能不采用括号内的数值。
3. 材料为钢的螺柱性能等级有 4.8、5.8、6.8、8.8、10.9、12.9 级，其中 4.8 级为常用。

附录 D　螺　母

表 D-1　1 型六角螺母（GB/T 6170—2015）　　（单位：mm）

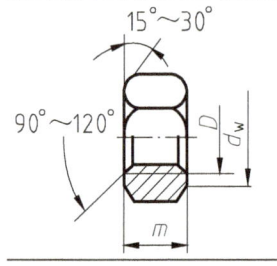
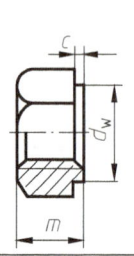
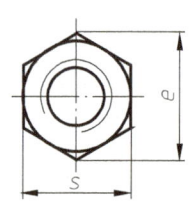

标记示例
螺纹规格 D = M12、性能等级为 8 级、不经表面处理、产品等级为 A 级的 1 型六角螺母，其标记为
　　螺母　GB/T 6170　M12

（续）

螺纹规格 d		M3	M4	M5	M6	M8	M10	M12	M16	M20	M24	M30	M36
e	(min)	6.01	7.66	8.79	11.05	14.38	17.77	20.03	26.75	32.95	39.55	50.85	60.79
s	(max)	5.5	7	8	10	13	16	18	24	30	36	46	55
	(min)	5.32	6.78	7.78	9.78	12.73	15.73	17.73	23.67	29.16	35	45	53.8
c	(max)	0.4	0.4	0.5	0.5	0.6	0.6	0.6	0.8	0.8	0.8	0.8	0.8
d_w	(min)	4.6	5.9	6.9	8.9	11.6	14.6	16.6	22.5	27.7	33.2	42.7	51.1
m	(max)	2.4	3.2	4.7	5.2	6.8	8.4	10.8	14.8	18	21.5	25.6	31
	(min)	2.15	2.9	4.4	4.9	6.44	8.04	10.37	14.1	16.9	20.2	24.3	29.4

附录 E 垫 圈

表 E-1 平垫圈—A 级（GB/T 97.1—2002）、平垫圈（倒角型）—A 级（GB/T 97.2—2002）

（单位：mm）

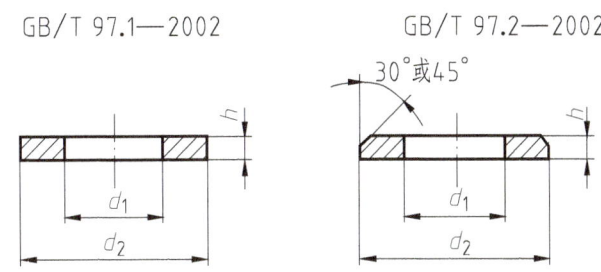

标记示例

标准系列、公称规格 8mm、由钢制造的硬度等级为 200HV 级、不经表面处理、产品等级为 A 级的平垫圈，其标记为

垫圈 GB/T 97.1 8

公称规格（螺纹大径 d）	2	2.5	3	4	5	6	8	10	12	16	20	24	30
内径 d_1(min)	2.2	2.7	3.2	4.3	5.3	6.4	8.4	10.5	13	17	21	25	31
外径 d_2(max)	5	6	7	9	10	12	16	20	24	30	37	44	56
厚度 h(公称)	0.3	0.5	0.5	0.8	1	1.6	1.6	2	2.5	3	3	4	4

表 E-2　标准型弹簧垫圈（GB/T 93—1987）　　（单位：mm）

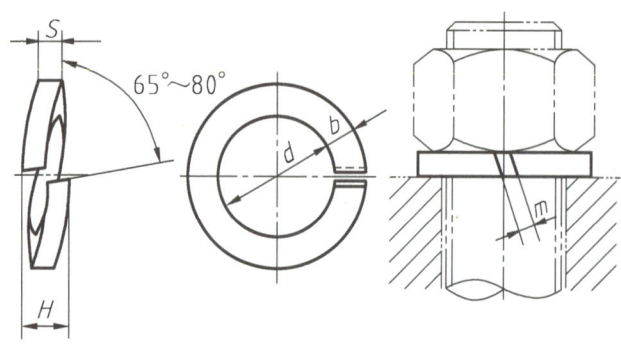

规格16mm、材料为65Mn、表面氧化的标准型弹簧垫圈的标记示例：垫圈　GB/T 93　16

规格 （螺纹大径）			2	2.5	3	4	5	6	8	10	12	16	20	24	30	36	42	48
d	min		2.1	2.6	3.1	4.1	5.1	6.1	8.1	10.2	12.2	16.2	20.2	24.5	30.5	36.5	42.5	48.5
	max		2.35	2.85	3.4	4.4	5.4	6.68	8.68	10.9	12.9	16.9	21.04	25.5	31.5	37.7	43.7	49.7
S (b)	公称		0.5	0.65	0.8	1.1	1.3	1.6	2.1	2.6	3.1	4.1	5	6	7.5	9	10.5	12
	min		0.42	0.57	0.7	1	1.2	1.5	2	2.45	2.95	3.9	4.8	5.8	7.2	8.7	10.2	11.7
	max		0.58	0.73	0.9	1.2	1.4	1.7	2.2	2.75	3.25	4.3	5.2	6.2	7.8	9.3	10.8	12.3
H	min		1	1.3	1.6	2.2	2.6	3.2	4.2	5.2	6.2	8.2	10	12	15	18	21	24
	max		1.25	1.63	2	2.75	3.25	4	5.25	6.5	7.75	10.25	12.5	15	18.75	22.5	26.25	30
$m \leqslant$			0.25	0.33	0.4	0.55	0.65	0.8	1.05	1.3	1.55	2.05	2.5	3	3.75	4.5	5.25	6

表 E-3　轻型弹簧垫圈（GB/T 859—1987）　　（单位：mm）

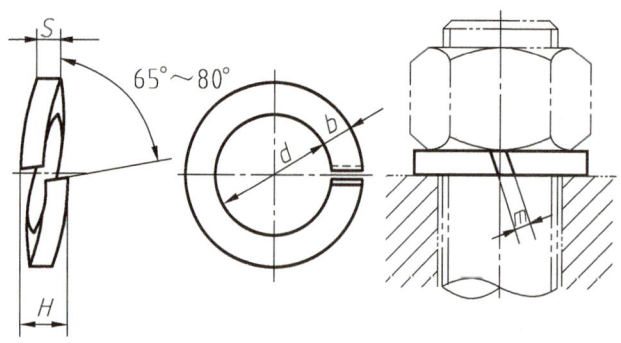

规格16mm、材料为65Mn、表面氧化的轻型弹簧垫圈的标记示例：垫圈　GB/T 859　16

规格 （螺纹大径）			3	4	5	6	8	10	12	16	20	24	30
d	min		3.1	4.1	5.1	6.1	8.1	10.2	12.2	16.2	20.2	24.5	30.5
	max		3.4	4.4	5.4	6.68	8.68	10.9	12.9	16.9	21.04	25.5	31.5

(续)

规格（螺纹大径）		3	4	5	6	8	10	12	16	20	24	30
S	公称	0.6	0.8	1.1	1.3	1.6	2	2.5	3.2	4	5	6
	min	0.52	0.70	1	1.2	1.5	1.9	2.35	3	3.8	4.8	5.8
	min	0.68	0.90	1.2	1.4	1.7	2.1	2.65	3.4	4.2	5.2	6.2
b	公称	1	1.2	1.5	2	2.5	3	3.5	4.5	5.5	7	9
	min	0.9	1.1	1.4	1.9	2.35	2.85	3.3	4.3	5.3	6.7	8.7
	max	1.1	1.3	1.6	2.1	2.65	3.15	3.7	4.7	5.7	7.3	9.3
H	min	1.2	1.6	2.2	2.6	3.2	4	5	6.4	8	10	12
	max	1.5	2	2.75	3.25	4	5	6.25	8	10	12.5	15
$m \leqslant$		0.3	0.4	0.55	0.65	0.8	1	1.25	1.6	2	2.5	3

附录 F 螺 钉

表 F-1 开槽圆柱头螺钉（GB/T 65—2016）、开槽盘头螺钉（GB/T 67—2016）、开槽沉头螺钉（GB/T 68—2016） （单位：mm）

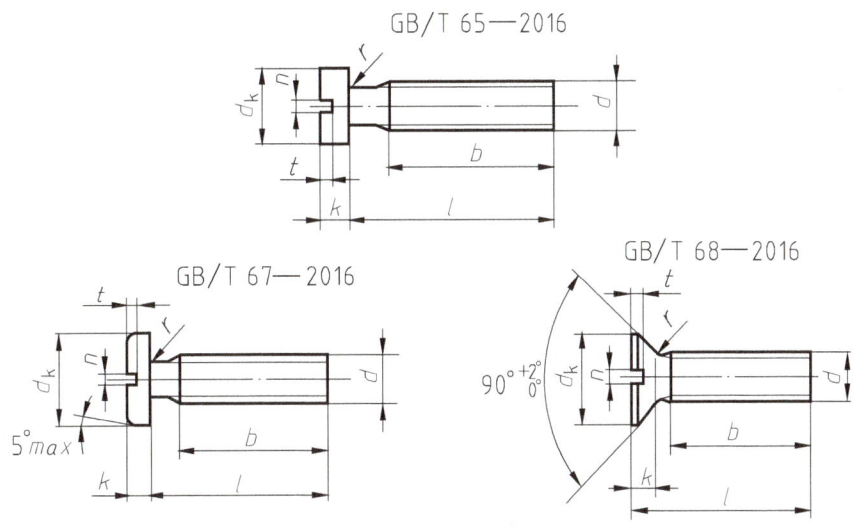

标记示例

螺纹规格 $d=$ M5、公称长度 $l=$ 20mm、性能等级为 4.8 级、不经表面处理的 A 级开槽圆柱头螺钉，其标记为
螺钉　GB/T 65　M5×20

（续）

螺纹规格 d		M1.6	M2	M2.5	M3	M4	M5	M6	M8	M10
GB/T 65—2016	d_k（公称=max）	3	3.8	4.5	5.5	7	8.5	10	13	16
	k（公称=max）	1.1	1.4	1.8	2	2.6	3.3	3.9	5	6
	t_{min}	0.45	0.6	0.7	0.85	1.1	1.3	1.6	2	2.4
	r_{min}	0.1	0.1	0.1	0.1	0.2	0.2	0.25	0.4	0.4
	l	2~16	3~20	3~25	4~30	5~40	6~50	8~60	10~80	12~80
	全螺纹时最大长度	30	30	30	30	40	40	40	40	40
GB/T 67—2016	d_k（公称=max）	3.2	4	5	5.6	8	9.5	12	16	20
	k（公称=max）	1	1.3	1.5	1.8	2.4	3	3.6	4.8	6
	t_{min}	0.35	0.5	0.6	0.7	1	1.2	1.4	1.9	2.4
	r_{min}	0.1	0.1	0.1	0.1	0.2	0.2	0.25	0.4	0.4
	l	2~16	2.5~20	3~25	4~30	5~40	6~50	8~60	10~80	12~80
	全螺纹时最大长度	30	30	30	30	40	40	40	40	40
GB/T 68—2016	d_k（公称=max）	3	3.8	4.7	5.5	8.4	9.3	11.3	15.8	18.3
	k（公称=max）	1	1.2	1.5	1.65	2.7	2.7	3.3	4.65	5
	t_{min}	0.32	0.4	0.5	0.6	1	1.1	1.2	1.8	2
	r_{max}	0.4	0.5	0.6	0.8	1	1.3	1.5	2	2.5
	l	2.5~16	3~20	4~25	5~30	6~40	8~50	8~60	10~80	12~80
	全螺纹时最大长度	30	30	30	30	45	45	45	45	45
n		0.4	0.5	0.6	0.8	1.2	1.2	1.6	2	2.5
b_{min}		25					38			
l 系列		2、2.5、3、4、5、6、8、10、12、(14)、16、20、25、30、35、40、45、50、(55)、60、(65)、70、(75)、80								

附录 G 销

表 G-1 圆柱销（不淬硬钢和奥氏体不锈钢）（GB/T 119.1—2000）、圆柱销（淬硬钢和马氏体不锈钢）（GB/T 119.2—2000）（单位：mm）

末端形状，由制造者确定，允许倒圆或凹穴

标记示例

公称直径 $d=6$ mm、公差为 m6、公称长度 $l=30$ mm、材料为钢、不经淬火、不经表面处理的圆柱销，其标记为

  销 GB/T 119.1 6 m6×30

公称直径 $d=6$ mm、公差为 m6、公称长度 $l=30$ mm、材料为钢、普通淬火（A 型）、表面氧化处理的圆柱销，其标记为

  销 GB/T 119.2 6×30

公称直径 d		3	4	5	6	8	10	12	16	20	25	30	40	50
$c\approx$		0.50	0.63	0.80	1.2	1.6	2.0	2.5	3.0	3.5	4.0	5.0	6.3	8.0
公称长度 l	GB/T 119.1	8~30	8~40	10~50	12~60	14~80	18~95	22~140	26~180	35~200	50~200	60~200	80~200	95~200
	GB/T 119.2	8~30	10~40	12~50	14~60	18~80	22~100	26~100	40~100	50~100	—	—	—	—
l 系列		2,3,4,5,6,8,10,12,14,16,18,20,22,24,26,28,30,32,35,40,45,50,55,60,65,70,75,80,85,90,95,100,120,140,160,180,200												

注：1. GB/T 119.1—2000 规定圆柱销的公称直径 $d=0.6$ ~ 50mm，公称长度 $l=2$ ~ 200mm，公差有 m6 和 h8。
  2. GB/T 119.2—2000 规定圆柱销的公称直径 $d=1$ ~ 20mm，公称长度 $l=3$ ~ 100mm，公差仅有 m6。
  3. 当圆柱销公差为 h8 时，其表面粗糙度 $Ra\leqslant 1.6\mu m$。

表 G-2 圆锥销（GB/T 117—2000）（单位：mm）

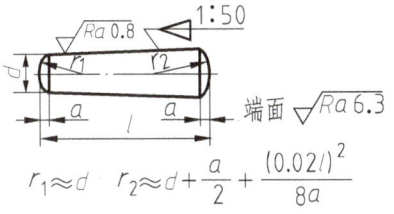

$r_1\approx d$ $r_2\approx d+\dfrac{a}{2}+\dfrac{(0.021)^2}{8a}$

标记示例

公称直径 $d=10$ mm、公称长度 $l=60$ mm、材料为 35 钢、热处理硬度 28~38HRC、表面氧化处理的 A 型圆锥销，其标记为

  销 GB/T 117 10×60

（续）

公称直径 d	4	5	6	8	10	12	16	20	25	30	40	50
a ≈	0.5	0.63	0.8	1	1.2	1.6	2	2.5	3	4	5	6.3
公称长度 l	14~55	18~60	22~90	22~120	26~160	32~180	40~200	45~200	50~200	55~200	60~200	65~200
l 系列	2,3,4,5,6,8,10,12,14,16,18,20,22,24,26,28,30,32,35,40,45,50,55,60,65,70,75,80,85,90,95,100,120,140,160,180,200												

注：1. 标准规定圆锥销的公称直径 $d = 0.6 \sim 50$ mm。
2. 有 A 型和 B 型。A 型为磨削，锥面表面粗糙度 $Ra = 0.8 \mu m$；B 型为切削或冷镦，锥面表面粗糙度 $Ra = 3.2 \mu m$。

附录 H 键

表 H-1 普通平键及键槽的尺寸与公差（GB/T 1095—2003、GB/T 1096—2003）

（单位：mm）

轴	键		键槽									
			宽度 b					深度			半径 r	
公称直径 d（参考）	公称尺寸 b×h	长度 L	公称尺寸 b	极限偏差				轴 t_1		毂 t_2		
				松连接		正常连接		紧密连接				
				轴 H9	毂 D10	轴 N9	毂 JS9	轴和毂 P9	公称尺寸	极限偏差	公称尺寸	极限偏差	最小	最大
>10~12	4×4	8~45	4	+0.030 0	+0.078 +0.030	0 -0.030	±0.015	-0.012 -0.042	2.5	+0.1 0	1.8	+0.1 0	0.08	0.16
>12~17	5×5	10~56	5						3.0		2.3			
>17~22	6×6	14~70	6						3.5		2.8		0.16	0.25
>22~30	8×7	18~90	8	+0.036 0	+0.098 +0.040	0 -0.036	±0.018	-0.015 -0.051	4.0		3.3			
>30~38	10×8	22~110	10						5.0		3.3			
>38~44	12×8	28~140	12	+0.043 0	+0.120 +0.050	0 -0.043	±0.0215	-0.018 -0.061	5.0	+0.2 0	3.3	+0.2 0	0.25	0.40
>44~50	14×9	36~160	14						5.5		3.8			
>50~58	16×10	45~180	16						6.0		4.3			
>58~65	18×11	50~200	18						7.0		4.4			
L（系列）	…16、18、20、22、25、28、32、36、40、45、50、56、63、70、80、90、100、110、125、140、160、180…												

注：GB/T 1095—2003 已将表中轴径 d 取消，这里列出仅作为选用键尺寸的参考。

附录 I 公   差

表 I-1 轴的极限偏差表公称尺寸至 500mm（摘自 GB/T 1800.2—2020）（单位：μm）

公称尺寸/mm		c	d	f	g	h				k	n	p	s	u
		公差等级												
大于	至	11	9	7	6	6	7	9	11	6	6	6	6	6
—	3	−60 −120	−20 −45	−6 −16	−2 −8	0 −6	0 −10	0 −25	0 −60	+6 0	+10 +4	+12 +6	+20 +14	+24 +18
3	6	−70 −145	−30 −60	−10 −22	−4 −22	0 −8	0 −12	0 −30	0 −75	+9 +1	+16 +8	+20 +12	+27 +19	+31 +23
6	10	−80 −170	−40 −76	−13 −28	−5 −14	0 −9	0 −15	0 −36	0 −90	+10 +1	+19 +10	+24 +15	+32 +23	+37 +28
10	14	−95 −205	−50 −93	−16 −34	−6 −17	0 −11	0 −18	0 −43	0 −110	+12 +1	+23 +12	+29 +18	+39 +28	+44 +33
14	18													
18	24	−110 −240	−65 −117	−20 −41	−7 −20	0 −13	0 −21	0 −52	0 −130	+15 +2	+28 +15	+35 +22	+48 +35	+54 +41
24	30													+61 +48
30	40	−120 −280	−80 −142	−25 −50	−9 −25	0 −16	0 −25	0 −62	0 −160	+18 +2	+33 +17	+42 +26	+59 +43	+76 +60
40	50	−130 −290												+86 +70
50	65	−140 −330	−100 −174	−30 −60	−10 −29	0 −19	0 −30	0 −74	0 −190	+21 +2	+39 +20	+51 +32	+72 +53	+106 +87
65	80	−150 −340											+78 +59	+121 +102
80	100	−170 −390	−120 −207	−36 −71	−12 −34	0 −22	0 −35	0 −87	0 −220	+25 +3	+45 +23	+59 +37	+93 +71	+146 +124
100	120	−180 −400											+101 +79	+166 +144
120	140	−200 −450	−145 −245	−43 −83	−14 −39	0 −25	0 −40	0 −100	0 −250	+28 +3	+52 +27	+68 +43	+117 +92	+195 +170
140	160	−210 −460											+125 +100	+215 +190
160	180	−230 −480											+133 +108	+235 +210
180	200	−240 −530	−170 −285	−50 −96	−15 −44	0 −29	0 −46	0 −115	0 −290	+33 +4	+60 +31	+79 +50	+151 +122	+265 +236
200	225	−260 −550											+159 +130	+287 +258
225	250	−280 −570											+169 +140	+313 +284

（续）

公称尺寸 /mm		c	d	f	g	h				k	n	p	s	u
		公差等级												
大于	至	11	9	7	6	6	7	9	11	6	6	6	6	6
250	280	−300 −620	−190 −320	−56 −108	−17 −49	0 −32	0 −52	0 −130	0 −320	+36 +4	+66 +34	+88 +56	+190 +158	+347 +315
280	315	−330 −650											+202 +170	+382 +350
315	355	−360 −720	−210 −350	−62 −119	−18 −54	0 −36	0 −57	0 −140	0 −360	+40 +4	+73 +37	+98 +62	+226 +190	+426 +390
355	400	−400 −760											+244 +208	+471 +435
400	450	−440 −840	−230 −385	−68 −131	−20 −60	0 −40	0 −63	0 −155	0 −400	+45 +5	+80 +40	+108 +68	+272 +232	+530 +490
450	500	−480 −880											+292 +252	+580 +540

表 I-2　孔的极限偏差表公称尺寸至500mm（摘自GB/T 1800.2—2020）　（单位：μm）

公称尺寸 /mm		C	D	F	G	H				K	N	P	S	U
		公差等级												
大于	至	11	9	8	7	7	8	9	11	7	7	7	7	7
—	3	+120 +60	+45 +20	+20 +6	+12 +2	+10 0	+14 0	+25 0	+60 0	0 −10	−4 −14	−6 −16	−14 −24	−18 −28
3	6	+145 +70	+60 +30	+28 +10	+16 +4	+12 0	+18 0	+30 0	+75 0	+3 −9	−4 −16	−8 −20	−15 −27	−19 −31
6	10	+170 +80	+76 +40	+35 +13	+20 +5	+15 0	+22 0	+36 0	+90 0	+5 −10	−4 −19	−9 −24	−17 −32	−22 −37
10	14	+205 +95	+93 +50	+43 +16	+24 +6	+18 0	+27 0	+43 0	+110 0	+6 −12	−5 −23	−11 −29	−21 −39	−26 −44
14	18													
18	24	+240 +110	+117 +65	+53 +20	+28 +7	+21 0	+33 0	+52 0	+130 0	+6 −15	−7 −28	−14 −35	−27 −48	−33 −54
24	30													−40 −61
30	40	+280 +120	+142 +80	+64 +25	+34 +9	+25 0	+39 0	+62 0	+160 0	+7 −18	−8 −33	−17 −42	−34 −59	−51 −76
40	50	+290 +130												−61 −86
50	65	+330 +140	+174 +100	+76 +30	+40 +10	+30 0	+46 0	+74 0	+190 0	+9 −21	−9 −39	−21 −51	−42 −72	−76 −106
65	80	+340 +150											−48 −78	−91 −121
80	100	+390 +170	+207 +120	+90 +36	+47 +12	+35 0	+54 0	+87 0	+220 0	+10 −25	−10 −45	−24 −59	−58 −93	−111 −146
100	120	+400 +180											−66 −101	−131 −166

（续）

公称尺寸/mm		C	D	F	G	H				K	N	P	S	U
		公差等级												
大于	至	11	9	8	7	7	8	9	11	7	7	7	7	7
120	140	+450 +200											−77 −117	−155 −195
140	160	+460 +210	+245 +145	+106 +43	+54 +14	+40 0	+63 0	+100 0	+250 0	+12 −28	−12 −52	−28 −68	−85 −125	−175 −215
160	180	+480 +230											−93 −133	−195 −235
180	200	+530 +240											−105 −151	−219 −265
200	225	+550 +260	+285 +170	+122 +50	+61 +15	+46 0	+72 0	+115 0	+290 0	+13 −33	−14 −60	−33 −79	−113 −159	−241 −287
225	250	+570 +280											−123 −169	−267 −313
250	280	+620 +300	+320 +190	+137 +56	+69 +17	+52 0	+81 0	+130 0	+320 0	+16 −36	−14 −66	−36 −88	−138 −190	−295 −347
280	315	+650 +330											−150 −202	−330 −382
315	355	+720 +360	+350 +210	+151 +62	+75 +18	+57 0	+89 0	+140 0	+360 0	+17 −40	−16 −73	−41 −98	−169 −226	−369 −426
355	400	+760 +400											−187 −244	−414 −471
400	450	+840 +440	+385 +230	+165 +68	+83 +20	+63 0	+97 0	+155 0	+400 0	+18 −45	−17 −80	−45 −108	−209 −272	−467 −530
450	500	+880 +480											−229 −292	−517 −580

参 考 文 献

[1] 钱可强,姜尤德. 机械制图:多学时[M]. 2版. 北京:机械工业出版社,2016.

[2] 钱可强. 机械制图[M]. 6版. 北京:高等教育出版社,2022.

[3] 许纪倩,万静. 机械工人速成识图[M]. 3版. 北京:机械工业出版社,2013.

[4] 李平,周洁. 化工制图[M]. 2版. 北京:高等教育出版社,2018.

[5] 王怀英. 电气工程制图[M]. 北京:高等教育出版社,2010.

[6] 王幼龙,孙簃. 机械制图:机械类[M]. 5版. 北京:高等教育出版社,2019.

[7] 柳海强. 机械制图[M]. 北京:机械工业出版社,2019.